Reine und angewandte Metallkunde in Einzeldarstellungen

Herausgegeben von W. Köster

Band 20

Pulvermetallurgie elektrischer Kontakte

Von

Horst Schreiner

Dipl.-Ing Dr. techn habil.

Wissenschaftlicher Mitarbeiter der Siemens-Schuckertwerke AG, Erlangen

(Laboratorium der Zentral-Werksverwaltung, Erlangen-Nurnberg)

Dozent fur physikalische Chemie an der Technischen Hochschule Graz

Mit 197 Abbildungen

Springer-Verlag Berlin Heidelberg GmbH

1964

Ursprünglich erschienen bei Springer-Verlag OHG., Berlin/Göttingen/Heidelberg 1964
Softcover reprint of the hardcover 1st edition 1964

Library of Congress Catalog Card Number 64-15602

ISBN 978-3-642-49079-8 ISBN 978-3-642-94905-0 (eBook)
DOI 10.1007/978-3-642-94905-0

Titel Nr 6278

Vorwort

Bei der Anwendung der elektrischen Kontakte ist man in den vergangenen 10 Jahren speziell in der Starkstromtechnik immer mehr von Reinmetallen und Schmelzlegierungen auf Sintermetalle ubergegangen. Diese Tendenz wurde durch zwei Gesichtspunkte maßgeblich beeinflußt: Bei den immer größeren Anforderungen an die Schaltgerate sowohl kleiner, mittlerer als auch größerer Leistungen war mit den Kontakten aus Reinmetallen und Schmelzlegierungen eine Grenze erreicht, die auch bei Ausnutzung der konstruktiven Möglichkeiten nicht mehr überschritten werden konnte. Zum anderen sollte die Forderung erfullt werden, die derzeit angewandten Schaltgerate mit festgelegter Schaltleistung in kleinerem Volumen unterzubringen. Diese Ziele konnen nur durch Einsatz leistungsfahiger Kontaktstoffe erreicht werden. In dieser Richtung bietet gerade die Methode der Pulvermetallurgie Moglichkeiten, heterogene Legierungen zu realisieren, die Kontakteigenschaften besitzen, mit denen einige der geschilderten Forderungen erfullt werden können.

In den zusammenfassenden Darstellungen der Pulvermetallurgie von F. SKAUPY „Metallkeramik", von R. KIEFFER und W. HOTOP „Pulvermetallurgie und Sinterwerkstoffe", von C. G. GOETZEL „Treatise on Powdermetallurgy" können die elektrischen Kontakte bei der großen Zahl der Sinterwerkstoffe nur in einem Kapitel behandelt werden. Die mir von Herrn Prof. Dr. W. KOSTER gebotene Möglichkeit, eine Monographie uber die Pulvermetallurgie der elektrischen Kontakte im Rahmen der Sammlung „Reine und angewandte Metallkunde in Einzeldarstellungen" erscheinen zu lassen, habe ich daher gern aufgegriffen.

Die Zahl der speziell in der Patentliteratur fur elektrische Kontakte vorgeschlagenen Sinterwerkstoffe ist sehr groß; die fur elektrische Kontakte in Frage kommenden Stoffe sind in einer Systematik zusammengefaßt. Um den Rahmen des vorliegenden Buches nicht zu sprengen, konnten von den Hauptgruppen nur die wichtigsten und in der Praxis bewahrten Kontaktstoffe ausgewahlt werden. Neben den Herstellungsbedingungen sind auch die Eigenschaften und Anwendungen dieser Kontakte beschrieben. Die getroffene Auswahl soll einem Bedürfnis der elektrotechnischen Industrie nachkommen, um dem Konstrukteur von Schaltgeraten die pulvermetallurgische Herstellung und die möglichen Eigenschaftskombinationen dieser Sinterwerkstoffe aufzuzeigen. Zum anderen erhält auch der Anwender von Schaltgeräten die Möglichkeit, sich ein Bild von den Herstellungsverfahren und der Leistungsfähigkeit der verwendeten Kontaktstoffe zu machen. Darüber hinaus wendet sich das Buch auch an den Studierenden der Elektrotechnik, den Metallkundler und den Werkstoffachmann. Im Sinne einer geschlossenen Darstellung konnte auf die Behandlung der Metallpulverherstellung, der Pulveraufbereitung, der Vorgänge beim Pressen und Sintern und die Sintertheorien nicht verzichtet werden. Die Pulveraufbereitung, besonders die Granulation nicht fließfähiger Metallpulver ist für die wirtschaftliche Herstellung von Fertigformteilen von entscheidender Bedeutung. Für das Verständnis der Eigenschaften und des Gefüges der Kontakte ist die Behandlung des gesamten Herstellungsprozesses erforderlich, wobei auch auf die theoretische Seite der Sintervorgänge einzugehen ist. Von der umfassenden Literatur wurden in der Darstellung nur die wichtigsten Literaturstellen zitiert. Darüber hinaus sind auch eigene noch nicht veröffentlichte Meßergebnisse verwendet worden. Bezüglich weiterer Literatur wird auf die zusammenfassenden Literaturdarstellungen auf dem Gebiet der elektrischen Kontakte in Bibliography and Abstracts on Electrical Contacts, C. G. GOETZEL „Treatise on Powdermetallurgy", Band III sowie auf die mehr die technische Physik der elektrischen Kontakte und die Schaltvorgänge behandelnden Bücher von R. HOLM, W. BURSTYN, F. LL. JONES und G. WINDRED hingewiesen.

Herrn Dir. Dr. A. SIEMENS möchte ich für die Förderung meiner Arbeiten und für die freundliche Genehmigung, das Buch zu veröffentlichen, meinen herzlichen Dank sagen.

Für die kritische Durchsicht des Manuskriptes und wertvolle Ratschläge gilt den Herren Prof. Dr. R. KIEFFER, Dir. Dr. F. BENESOVSKY und Baurat Dipl.-Ing. H. OHMANN mein ganz besonderer Dank. Schließlich gilt mein Dank all meinen Mitarbeitern für die umfangreichen experimentellen Arbeiten.

Den Herren des Springer-Verlages danke ich für ihr freundliches Entgegenkommen bei allen Wünschen und die exakte Durchführung bei der Drucklegung ganz besonders.

Nürnberg, im Februar 1964

Horst Schreiner

Inhaltsverzeichnis

1. Geschichtliche Entwicklung

Die Geschichte der Pulvermetallurgie ist deshalb von besonderem Interesse, weil sie in wesentlichen Punkten gleichzeitig auch die Frühgeschichte der Metallurgie ist [*1*, *3*, *4*, *5*, *5a*]. Ein Grund für die Anwendung der Sintertechnik ist das Unvermögen der frühgeschichtlichen Metallurgen die Schmelztemperaturen der höher schmelzenden Metalle wie Eisen, Stahl und auch mancher Edelmetalle zu erreichen. Bei der Reduktion von Metalloxyden (Erzen) wurden die meisten Metalle zunächst in Form eines porösen Agglomerates erhalten, das leicht zu Pulver zerkleinert werden konnte. Die bei der Eisenreduktion gebildeten Eisenkuchen werden als Luppen bezeichnet [*2*]. Bei den höher schmelzenden Metallen wurden die erhitzten reduzierten Erze in der porösen schwammartigen Form durch Hämmern verdichtet; diese Technik bezeichnet man als Feuerschweißen. Das Feuerschweißen kann als ein Vorläufer für das heutige Drucksintern bzw. Warmpressen angesprochen werden. In der modernen Technik sind diese Verfahren erst in letzter Zeit zur Anwendung gekommen.

Der Wunsch der Menschen nach der Herstellung und dem Besitz von metallenen Gebrauchs- und Schmuckgegenständen sowie Waffen ist fast so alt wie die Menschheit selbst. In der Frühgeschichte, im Altertum und Mittelalter verwendeten die Metallurgen das Feuerschweißen zur Herstellung von Waffen (Schwertern) sowie von Schmuckstücken insbesondere aus Edelmetallen. Diese Technik wurde auch um 1900 bei der Herstellung von Teilen aus hochschmelzenden Edelmetallen wie Platin (Fp 1773 °C) oder Iridium (Fp 1250 °C) angewendet [*3*]. Die Schmelzverfahren konnten nicht angewendet werden, da man zum Erreichen der hohen Schmelztemperaturen noch keine geeigneten Öfen zur Verfügung hatte. Reinplatin wurde zunächst als niedrig schmelzendes Pt-As-Eutektikum (Fp 597 °C, 13 Gew.-% As) hergestellt, aus dem das Arsen durch Glühen an Luft ausgetrieben wurde [*7*]. Platin konnte auch durch chemische oder elektrochemische Verfahren als Pulver oder Schwamm erhalten werden [*8*]. Zunächst wurden diese porösen Edelmetalle unter Druck und darauf weiter durch Erhitzen verdichtet. R. Knight [*9*] (1809) gelangte ausgehend von Platinsalmiak durch Pressen und Glühen zu schmiedbarem Platin. W. H. Wollaston beschrieb 1829 ein Verfahren zum Sintern von Platin [*10*]. Dieses Verfahren wurde 1848 von J. W. Staite [*11*] zur Herstellung von Iridium und im Jahre 1909 von C. Coolidge zur Herstellung von duktilem Wolfram verwendet [*12*]. Gesinterte Platinmunzen wurden etwa im Jahre 1826 im kaiserlichen Rußland als Zahlungsmittel in Umlauf gebracht. Äußerlich besaßen die Munzen eine glatte nahezu porenfreie Oberflache Spater wurden diese Munzen durch solche aus erschmolzenem Gold und Silber ersetzt. Um 1909 wurden Wolfram (Fp 3400 °C) und Molybdan (Fp 2600 °C) ebenfalls nach dem pulvermetallurgischen Verfahren industriell hergestellt. 1897 hat K. Auer von Welsbach Osmiumdrahte nach dem Pasteverfahren hergestellt [*13*]. Die Fertigungsverfahren fur die Herstellung von duktilem Wolfram und Molybdan wurden in erster Linie durch die Elektroindustrie fur Gluhlampen entwickelt und erst ab 1900 angewendet.

Mit der Entwicklung der Dynamomaschinen und von Elektromotoren wurden um 1900 gesinterte Metallkohlen (Kupfer-Graphit, Bronze-Graphit) fur Stromabnehmer hergestellt. Bei den Kohlebursten bestand das Problem darin, nicht legierbare Komponenten wie Kupfer und Graphit bzw. Silber und Graphit in einem Verbundstoff zu vereinigen. Die Vereinigung der beiden Komponenten war aus elektrischen Grunden erwünscht: dem Graphit mit guten Gleiteigenschaften sollte durch Metallzusatz eine hohere elektrische Leitfahigkeit verliehen werden. Wegen der gegenseitigen Unloslichkeit und der unterschiedlichen Schmelzpunkte ist die Herstellung auf dem Schmelzwege nicht anwendbar. Spater wurden auch metallreiche Metall-Graphit-Verbundstoffe fur elektrische Kontakte und Gleitkontakte verwendet. Die ersten Verbundmetalle aus Kupfer-Graphit und Silber-Graphit für elektrische Kontakte wurden im Jahre 1909 in der deutschen Patentliteratur von den Gebr. Siemens und Co. [*14*] beschrieben. Der im Silber oder Kupfer feinverteilte Graphit verringert die Klebe- und Schweißneigung der reinen Metalle. Verbundmetalle als elektrische Kontakte wurden zwischen 1917 und 1921 in der amerikanischen Patentliteratur [*15*] beschrieben.

Sinterhartmetalle wurden aus den lange bekannten Hartstoffen wie Wolframkarbiden erst dadurch in eine technisch verwendbare Form gebracht, indem die harten Wolframmonokarbid-Kristallite in das Bindemetall Kobalt eingelagert wurden (Schroter 1922) [*16*].

Die geschichtliche Entwicklung der gesinterten elektrischen Kontakte, der selbstschmierenden Lager und Filter sowie der Hartmetalle und Diamantlegierungen geht in den letzten 60 Jahren etwa parallel nebeneinander vor sich.

Im Fall der Verbundmetalle Wolfram-Kupfer, Molybdan-Kupfer [*15*] und Silber-Nickel [*17*] will man die Eigenschaften der Komponenten kombinieren. Dabei steuern die Metalle Wolfram oder Molybdan ihre hohe Abbrandfestigkeit und die Metalle Silber oder Kupfer ihre hohe elektrische und Warmeleitfahigkeit zu den Eigenschaften der Verbundmetalle bei. Mit dem pulvermetallurgischen Verfahren ist man in der Lage, die im flussigen Zustand nahezu unloslichen Komponenten dieser Systeme fein und gleichmäßig ineinander zu verteilen. Im Jahre 1938 wurden von G. H. Price, J. Smithells und S. V. Williams [*18*] nickelhaltige Wolfram-Kupfer-Verbundmetalle beschrieben und spater als Abbrennkontakte und Schwermetalle eingesetzt. Mit den Verbundmetallen des Systems Silber-Nickel, meist mit uberwiegendem Silbergehalt, konnten die Abbrandfestigkeit des Reinsilbers erhöht und andere gunstige Kontakteigenschaften erzielt werden. Kurz danach wurden von F. R. Hensel und E. I. Larsen [*19*] die Verbundstoffe durch das System Metall-Metalloxyd mit Silber-Kadmiumoxyd erweitert. Durch den Verfasser wurde das bis dahin fur Lagermetalle bekannte System Kupfer-Blei fur elektrische Kontakte eingefuhrt [*20*].

In letzter Zeit konnten bei Verbundstoffen bekannter Systeme durch Gefüge- und Verfahrensverbesserungen Leistungssteigerungen erreicht werden.

Wahrend bei den elektrischen Kontakten der Zwang zur Anwendung des pulvermetallurgischen Verfahrens vorherrscht, wie Vereinigung unlöslicher Komponenten in Verbundstoffen, Herstellung duktiler hochschmelzender Metalle sowie porenhaltiger Kontaktstoffe, wird auf anderen Gebieten das Sinterverfahren in Konkurrenz zu anderen Verfahren eingesetzt, z.B. bei massen- und maßgenauen Fertigformteilen aus Eisen Stahlen und Buntmetallen. Das Pragen zur genauen Endform wurde bereits bei den Münzen angewandt und wurde spater auf gesinterte Massenteile aus Eisen und Buntmetallen ubertragen. Dadurch ist eine spangebende Nachbearbeitung wie Bohren, Drehen, Frasen, Schleifen usw. nicht notwendig.

Auf Grund der geschichtlichen Entwicklung laßt sich erkennen, welche Probleme die Pulvermetallurgie bewaltigt hat:

1. Herstellung hochschmelzender Metalle in duktiler Form.

2. Vereinen von Metallen, die im flüssigen Zustand keine oder keine ausreichende Löslichkeit besitzen, z.B. Metall-Metall-, Metall-Metalloid-, Metall-Metallverbindung-Systeme.

3. Herstellung von porenhaltigen Stoffen, wie Filter, selbstschmierende Lager, neuerdings auch porenhaltige Kontakte.

4. Erzielung besonderer Eigenschaften, wie geringer Gasgehalt, hohe Reinheit fur elektrische Kontakte und Baustoffe in der Vakuumtechnik.

Wahrend bei den obigen Punkten ein technischer Zwang fur die Anwendung des pulvermetallurgischen Verfahrens vorlag, sind es bei den folgenden Anwendungen im wesentlichen wirtschaftliche Vorteile:

5. Herstellung von maß- und gewichtsgenauen Fertigformteilen aus Eisen, Stahl, Buntmetallen und anderen Reinmetallen und -legierungen.

6. Beachtung technischer und wirtschaftlicher Gesichtspunkte bei Dauermagneten, wie Feinkörnigkeit, Bearbeitbarkeit, Formgestaltung, Verbesserung mechanischer Eigenschaften, geringe Nachbearbeitung und damit hohe Materialausbeute, geringer Ausschuß und damit niedrige Kosten.

Literatur zu 1

[1] GREENWOOD, H. W.: Met. Ind., London: 60 (1942) S. 77–79 u. 112–114.
[2] KIEFFER, R., u. W. HOTOP: Sintereisen und Sinterstahl, Wien: Springer 1948, S. 3.
[3] KIEFFER, R., u. W. HOTOP: Pulvermetallurgie und Sinterwerkstoffe, 2. Aufl. (Reine und angewandte Metallkunde in Einzeldarstellungen, Band 9), Berlin/Gottingen/Heidelberg Springer 1948, S. 1–12 u. S. 382 u. 383.
[4] GOETZEL, C. G.: Treatise on Powder Metallurgy, New York; Interscience Publ. Vol I (1949), Vol II (1950), Vol III (1952).
[5] EISENKOLB, F.: Die neuere Entwicklung der Pulvermetallurgie, Berlin: Verlag Technik 1955.
[5a] EISENKOLB, F.: Fortschritte der Pulvermetallurgie, Bd I: Grundlagen der Pulvermetallurgie und Bd. II: Technologische Einrichtungen und pulvermetallurgische Werkstoffe, Berlin: Akademie-Verlag 1963.
[6] JONES, W. D.: Fundamental Principles of Powder Metallurgy, London: Arnold 1960.
[7] Gmelins Handbuch der Anorg. Chemie System Nr. 68, Platin Teil C, 8. Aufl., Weinheim: Verlag Chemie 1942, S. 137.
[8] Gmelins Handbuch der Anorg. Chemie System Nr. 68, Teil A, Weinheim: Verlag Chemie 1951, S. 7, 8, 367 u. 378.
[9] Siehe F. ULLMANN: Enzyklopadie der technischen Chemie, 2. Aufl. Bd. 8., Berlin/Wien: Urban & Schwarzenberg 1931, S. 480.
[10] WOLLASTON, W. H.: Phil. Trans. Roy. Soc. London 119 (1829) 1–8.
[11] STAITE, J. W.: Brit. Pat. 12212 (1848).
[12] COOLIDGE, C.: J. Amer. Inst. Electr. Engng. 29 (1910) 953.
[13] Siehe F. ULLMANN: Enzyklopadie der technischen Chemie, 2. Aufl. Band 5, S. 787. Berlin/Wien: Urban & Schwarzenberg 1931.
[14] *Gebr. Siemens & Co*: DP 182.445 (1907).
[15] A.P. 1,232.322.
[16] SCHROTER, K.: DRP 420.689 (1923) u. DRP 434.527 (1925).
[17] COMSTOCK, G. J.: Metal Progress 35 (1939) 576–581.
[18] PRICE, G. H. S., C. J. SMITHELLS u. S. V. WILLIAMS. J. Inst. Metals 62 (1938) 239–254.
[19] HENSEL, F. R., u. E. I. LARSEN: Transact. Am. Inst. Mining Met. Engrs. 161 (1945) 569–579.
[20] SCHREINER, H., u. R. SCHERBAUM: DP 1 087.813 (1961), Belg. Pat. 566.636 (1958), Ital. Pat. 587.894 (1958) u. OP 205.705 (1959).

2. Elektrische Kontakte

Die elektrischen Kontakte haben die Aufgabe, Stromkreise zu schließen, vorubergehend oder fur langere Zeit die Stromleitung zu ubernehmen und geschlossene Stromkreise wieder zu offnen und damit den Strom zu unterbrechen. Nach einer großeren Zahl von Schaltzyklen, nach langerer Schaltpause oder nach längerer Stromfuhrung darf dabei der Kontaktstoff seine Wirkungsweise nicht verändern. Auch sollen die Kontakte eine moglichst große Lebensdauer haben, d.h. der Materialverlust soll möglichst klein sein.

2.1 Kontakteigenschaften und Eigenschaftsforderungen

Diese Grundforderungen, die an elektrische Kontakte gestellt werden, bedingen von vornherein bestimmte physikalische, chemische, mechanische und elektrisch-technologische Eigenschaften [*1* bis *5a*]. In Tab. 1 sind die Eigenschaften elektrischer Kontakte, die den Schaltvorgang beeinflussen, zusammengestellt.

Gute elektrische und thermische Leitfahigkeit sind wesentlich fur geringe Erwarmung des Kontaktstoffes und gute Warmeableitung. Oberhalb der Bogengrenzspannung entsteht beim Öffnen der Kontakte ein Lichtbogen. Der Fußpunkt dieses Bogens erwarmt den Kontakt örtlich sehr stark, so daß hohe Schmelztemperatur, Schmelzwarme, Siedetemperatur und hohe Verdampfungswärme günstig sind. Neben der zu- und abgefuhrten Warme bestimmen die spezifische Warme und die Masse des Kontaktstoffes die Erwarmung der Kontakte. Fur die Verdampfung des Kontaktstoffes ist der Dampfdruck in Abhangigkeit von der Temperatur maßgebend. Die Bogengrenzspannung und der Bogengrenzstrom sind zwar keine Stoffkonstanten, aber fur den Kontaktstoff unter bestimmten Schaltbedingungen charakteristische Größen. Struktur und Kristallausrichtung sowie die Rekristallisationstemperatur des Werkstoffs sind ebenfalls von Einfluß. Bei gesinterten Kontaktwerkstoffen ist außerdem die Dichte wesentlich, die möglichst nahe an die des entsprechend zusammengesetzten Kompaktstoffes herankommen soll.

Die bisher besprochenen physikalischen Eigenschaften bezogen sich auf den kompakten Kontaktstoff. Ebenso wichtig wie die physikalischen Eigenschaften des Kontaktmaterials sind die Eigenschaften der sich ausbildenden Kontaktoberflache, so z.B. der Kontaktubergangswiderstand von zwei aufeinandergedruckten Kontakten. Dabei sind die an der Kontaktoberflache adsorbierten Gase und Dampfe infolge ihrer geringen Bindungsfestigkeit von untergeordneter Bedeutung. Die Oberflachenbeschaffenheit der Kontakte hangt von den chemischen Eigenschaften des Kontaktstoffs ab, d.h. von der chemischen Affinitat des Kontaktstoffs zur Umgebung. Neben den Atmospharilien können auch reaktive Gase (gasformiger), Dampfe (flüssiger) und Stäube (fester Aggregatzustand der Reaktionspartner) mit dem Kontaktstoff chemisch reagieren. Nach R. Holm [*1*] rufen einmolekulare Oberflachenschichten noch keine Isolation hervor, die Elektronen konnen diese Schichten „durchtunneln" (Tunneleffekt). Erst viele Molekülschichten erhöhen den Übergangswiderstand bis zur völligen Isolation. Ist der Kontaktdruck so groß, daß der Kontaktstoff plastisch verformt wird, so werden auch die Oberflächenfremdschichten zerstört, und es erfolgt wieder metallische Berührung. Eine Reibebewegung der beiden Kontakte gegeneinander erleichtert die Zerstörung der Fremdschichten. Bei den chemischen Oberflächenreaktionen kann meist auch mit elektrochemischen Vorgängen (Korrosion) gerechnet werden. Praktisch chemisch inaktiv sind nur die Platinmetalle, deren allgemeiner Verwendung als Starkstromkontakt jedoch der hohe Preis entgegensteht.

Tabelle 1. *Zusammenstellung der für den Schaltvorgang wichtigen Eigenschaften von elektrischen Kontakten*

Physikalische Eigenschaften	Chemische Eigenschaften	Mechanische Eigenschaften	Elektrisch-technologische Eigenschaften
Elektrische Leitfähigkeit Wärmeleitfähigkeit	Chemische Affinität zur Umgebung Atmosphärilien Gase Dämpfe Stäube	Elastizitätsmodul Zugfestigkeit Dehnung Härte geglüht kaltverformt Reibungskoeffizient und Temperaturabhängigkeit dieser Eigenschaften	Elektrische Verschleißfestigkeit Materialwanderung bei Gleichstrom Zerpratzen von Schmelzbrücken Abbrand im Lichtbogen Schweißneigung Klebefestigkeit Bearbeitbarkeit Loteigenschaften
Schmelztemperatur Schmelzwärme Siedetemperatur Verdampfungswärme Spezifische Wärme			
Dampfdruck und Abhängigkeit von der Temperatur	Reaktionsgeschwindigkeit und ihre Temperaturabhängigkeit		
Bogengrenzspannung Bogengrenzstrom			
Struktur Kristallausrichtung Rekristallisationstemperatur	Elektrochemisches Potential Korrosionsverhalten		
Dichte	Reaktionsprodukte Oxyde, Sulfide usw. Fremdschichten		
Oberflächeneigenschaften (Kontaktübergangswiderstand)			

Die für Kontakte wesentlich mechanischen Eigenschaften, wie elastische und plastische Eigenschaften, Härte und Reibungskoeffizient, sind ebenfalls in Tab. 1 angegeben. Da die Temperatur in der Kontaktoberfläche meist wesentlich über der Raumtemperatur liegt, muß auch die Temperaturabhängigkeit dieser Eigenschaften bekannt sein. Für die Eignung als elektrische Kontakte sind darüber hinaus noch die elektrisch-technologischen Eigenschaften wichtig, zu denen die elektrischen Verschleißeigenschaften (Abbrand), Schweißneigung, Klebefestigkeit und beim Schalten von Gleichstrom die Materialwanderung zu zählen sind. Außerdem ist eine gute Abriebfestigkeit und Lotfahigkeit erwünscht.

Welche der in Tab. 1 zusammengestellten Kontakteigenschaften bevorzugt erfullt werden mussen, hangt natürlich von der Schalterkonstruktion, dem Schaltkreis und den dadurch gegebenen Schaltbedingungen ab. Diese sind in Tab. 2 zusammengestellt. Neben der zu schaltenden Nennstromstarke sind die Höchststromstarke, z.B. bei Überlast- oder Kurzschlußbedingungen sowie die Stromanstiegsgeschwindigkeit für die Belastung der Kontaktstoffe wesentlich. Weiterhin sind Spannung, Frequenz und Art der elektrischen Belastung von Einfluß.

Tabelle 2. *Schaltbedingungen fur elektrische Kontakte*

Elektrische Bedingungen	Mechanische Bedingungen	Chemische Bedingungen
Nenn- und Hochst-		
stromstarke		
Kurzschluß-	Geometrie	Art der
bedingungen	Kontaktgroße	Umgebung
Spannung	Kontaktform	Atmospharilien
Frequenz	Kontaktdruck	Gase
Schaltleistung	insgesamt	Dampfe
Stromanstiegs-	spezifisch	Staube
geschwindigkeit	Offnungskraft	
Belastung	Kinetik des	
ohmisch	Schaltvorganges	
kapazitiv	Geschwindigkeit	
induktiv	Frequenz	
Schutzschaltungen	Haufigkeit	
Lichtbogen	Kontaktbewegung	
laufend	Reibung	
Blasfeld	Prellen	
nicht laufend		
Unterbrechung		
einpolig		
mehrpolig		

Häufig werden Schutzschaltungen zur Unterdrückung von Lichtbogen verwendet. Auch ist darauf zu achten, ob der Lichtbogen auf der Kontaktoberflache laufen soll, was durch Stromführung (Kontaktform) oder durch ein zusätzliches Magnetfeld erreicht wird, oder ob der Lichtbogen schlecht oder gar nicht laufen soll, damit er zwischen den Kontakten geloscht werden kann. Weiter sind in Tab. 2 noch die mechanischen und chemischen Schaltbedingungen angegeben, die bei der Wahl des Kontaktstoffs ebenfalls berücksichtigt werden müssen.

Bei verschiedenen Schaltbedingungen werden somit vom Kontaktstoff verschiedene Eigenschaften gefordert. Kontakte für das Schalten von Schwachstrom verlangen andere Eigenschaften als bei Starkstrom mittlerer und hoher Schaltleistung. Bei schwachen Strömen und kleiner

Kontaktlast sind die Oberflächeneigenschaften von primärer Bedeutung. Reaktions- oder Fremdschichten auf der Kontaktfläche führen zum Ansteigen des Übergangswiderstands und schließlich zu Störungen. Ein kleiner Kontaktdruck kann die Oberflächenschicht nicht mehr durchdrücken, und eine Metallberührung bleibt schließlich aus. Bei Gleichstrom stört die Materialwanderung, die zur Stift- oder Bergbildung führen kann. Bei Schwachstromkontakten sind insbesondere diese Erscheinungen zu vermeiden.

Bei den Starkstromkontakten werden in erster Linie eine hohe elektrische und thermische Abbrandfestigkeit, geringe Schweißneigung und beim Schalten von Gleichstrom geringe Materialwanderung gefordert.

Die bei dem breiten Kontaktanwendungsbereich sehr unterschiedlichen Eigenschaftsforderungen machen es klar, daß es nicht „den Kontaktstoff" geben kann, sondern daß für jeden Einsatzzweck Stoffe mit optimalen Eigenschaftskombinationen ausgewählt werden müssen.

2.2 Eigenschaftsspektren der Stoffe

Welche Möglichkeiten stehen zur Verfügung, die in Tab. 1 zusammengestellten Kontakteigenschaften in *einem* Material gleichzeitig zu verwirklichen? Auf Grund des BOYLEschen Stoffgesetzes sind bei den Elementen oder Verbindungen bei Festlegung einer oder mehrerer Eigenschaften alle anderen Eigenschaften bereits vorgegeben. Deshalb ist es z.B. nicht möglich, unter Beibehaltung der elektrischen Leitfähigkeit eines Metalls den Schmelzpunkt oder die Härte oder eine andere Eigenschaft zu verändern. Die chemischen Elemente bieten somit nur ganz bestimmte, genau festgelegte Eigenschaftskombinationen (Eigenschaftsspektren). In erweitertem Sinne ist das BOYLEsche Stoffgesetz auch auf die chemischen Verbindungen und Metallegierungen anwendbar. Es ist danach nicht möglich, einen gewünschten Eigenschaftswert einzustellen, ohne daß sich dadurch zwangsläufig nicht auch andere Eigenschaftswerte ändern. Zwar bringen die Legierungen gegenüber den reinen Metallen eine Bereicherung an möglichen Eigenschaftswerten und Eigenschaftsspektren. Es gelingt jedoch nicht, nur eine Eigenschaft bei Konstanthaltung aller anderer Eigenschaften zu verändern. Wird z.B. die Härte des Silbers durch Legieren mit einem anderen Metall erhöht, so sinkt damit gleichzeitig die elektrische Leitfähigkeit.

Die Legierungen bestehen aus zwei oder mehreren Atomarten. Es sind homogene und heterogene Legierungen zu unterscheiden (s. Tab. 3). Die homogenen Legierungen können aus Mischkristallen (Substitutions- oder Einlagerungsmischkristalle) oder aus einer intermetallischen Verbindung bestehen. Die heterogenen Legierungen sind im festen Zustand ineinander unlöslich oder begrenzt löslich. Falls die Komponenten im flüssigen Zustand ineinander loslich sind, lassen sich diese heterogenen Legierungen auf dem Schmelzwege herstellen. Sind die Komponenten auch im flüssigen Zustand unloslich, so konnen diese Legierungen durch Schmelzen nicht gleichmaßig ineinander verteilt werden. Diese heterogenen Legierungen, häufig auch Verbundmetalle oder Verbundstoffe genannt, sind meist nur nach dem pulvermetallurgischen Verfahren in gleichmaßiger Verteilung herstellbar. Sie ermöglichen Eigenschaftskombinationen, die fur das Gebiet der Kontaktwerkstoffe eine Erweiterung darstellen.

In der Festkorperphysik sehen verschiedene Eingriffe in den Bau eines Stoffs (z.B. Dotierung bei Halbleitern) gelegentlich so aus, als ob das klassische Stoffgesetz keine Gültigkeit besaße, wenn z.B. eine Eigenschaft (magnetische, elektrische oder optische Eigenschaften) ganz wesentlich verandert wird, ohne daß sich andere Eigenschaften (Harte, Festigkeit usw.) dabei spürbar ändern. In solchen Fällen müßte das gesamte Eigenschaftsbild betrachtet werden.

Die theoretisch und praktisch möglichen Stoffe sind in ihren Eigenschaftskombinationen durch ihre Eigenschaftsspektren genau festgelegt. Nach dem oben Gesagten gibt es unter den insgesamt vorhandenen bekannten bzw. realisierbaren Stoffen keine beliebigen Eigenschaftsvariationen (keine Kontinuitat der Eigenschaftsspektren). Die Auswahl eines Kontaktstoffs für eine bestimmte Schaltaufgabe muß daher ein Kompromiß bleiben. Die Stoffauswahl erfolgt derart, daß die wesentlichen Eigenschaften erfullt werden („Haupteigenschaft") während die Nebeneigenschaften bei mehreren verfügbaren Stoffen den geforderten Eigenschaftswerten möglichst angeglichen werden.

2.3 Systematik der Kontaktstoffe

Tab. 3 gibt eine Systematik der Kontaktstoffe, in die sich alle Stoffkombinationen einordnen lassen. Im folgenden werden fur die Hauptgruppen Beispiele angegeben, die als Kontaktstoffe geeignet sind.

2.31 Elemente

Die chemischen Elemente werden am zweckmaßigsten anhand des periodischen Systems besprochen. In Tab. 4 sind diejenigen chemischen Elemente, die in Kontaktwerkstoffen Verwendung gefunden haben, besonders gekennzeichnet. Kohlenstoff nimmt hauptsächlich in Form von Graphit eine Sonderstellung bei den Schleifkontakten ein. In gebundener Form findet der Kohlenstoff insbesondere in Form von Metallkarbiden der 4. bis 6. Gruppe des periodischen Systems als Zusatzstoff bei Kontakten Anwendung.

Tabelle 3. *Systematik der Kontaktstoffe*

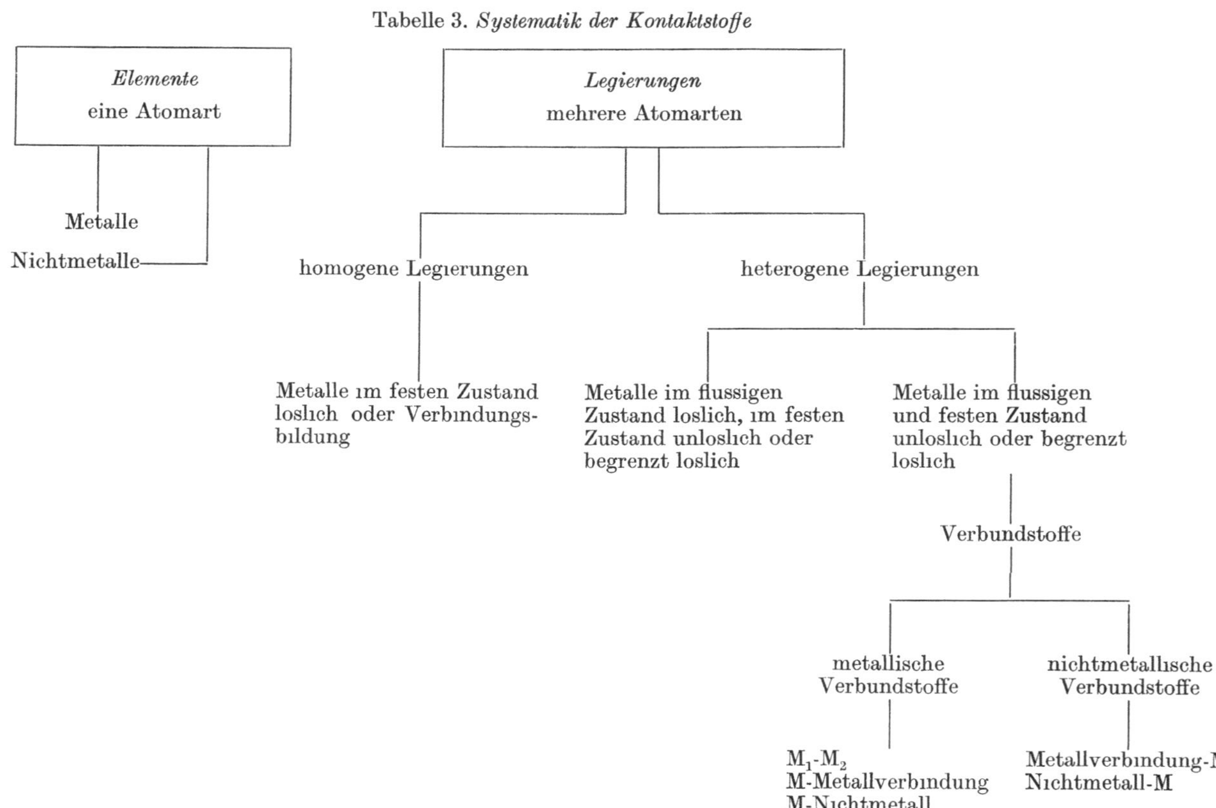

Tabelle 4

Gruppe	Ia	IIa	IIIb	IVb	Vb	VIb	VIIb	VIIIb			Ib	IIb	IIIa	IVa	Va	VIa	VIIa
Periode I																	
II	3 Li	4 Be											5 B	6 C	7 N	8 O	9 F
III	11 Na	12 Mg											13 Al	14 Si	15 P	16 S	17 Cl
IV	19 K	20 Ca	21 Sc	22 Ti	23 V	24 Cr	25 Mn	26 Fe	27 Co	28 Ni	29 Cu	30 Zn	31 Ga	32 Ge	33 As	34 Se	35 Br
V	37 Rb	38 Sr	39 Y	40 Zr	41 Nb	42 Mo	43 Tc	44 Ru	45 Rh	46 Pd	47 Ag	48 Cd	49 In	50 Sn	51 Sb	52 Te	53 J
VI	55 Cs	56 Ba	57 La 1)	72 Hf	73 Ta	74 W	75 Re	76 Os	77 Ir	78 Pt	79 Au	80 Hg	81 Tl	82 Pb	83 Bi	84 Po	85 At
VII	87 Fr	88 Ra	89 Ac	90 Th	91 Pa	92 U											

1) seltene Erden	58 Ce	59 Pr	60 Nd	61 Pm	62 Sm	63 Eu	64 Gd	65 Tb	66 Dy	67 Ho	68 Er	69 Tm	70 Yb	71 Lu

□ Schwachstromkontakte ▣ Starkstromkontakte ○ Zusatzmetalle

Von den insgesamt zur Verfugung stehenden Elementen sind über die Halfte in irgendeiner Form fur Kontaktstoffe vorgeschlagen worden, doch hat nur ein kleiner Teil davon technische Anwendung gefunden.

Als Reinmetall hat das Silber fur Kontakte eine besondere Stellung, die durch viele gunstige physikalische Eigenschaften bedingt ist. Fur Schwachstromkontakte werden daneben noch Rhenium und Edelmetalle wie Gold- und Platinmetalle, fur Starkstromkontakte neben Silber noch Kupfer, Nickel, Molybdan und Wolfram in reiner Form verwendet. Alle anderen Metalle kommen als Zusatzmetalle zur Anwendung.

2.32 Legierungen

Bei den Legierungen überwiegt meist eine Metallkomponente, das Grundmetall, in dem ein oder mehrere Metalle legiert sind. In Tab. 5 sind die Grundmetalle mit den Legierungszusatzen erprobter binarer Kontaktlegierungen angegeben. Bei den ternaren mehrkomponentigen Kontaktlegierungen werden meist die gleichen Basismetalle verwendet. Wegen der großen Zahl der vorgeschlagenen Kontaktlegierungen sei hier auf die entsprechende Patentliteratur verwiesen [*6*].

Die Legierungszusatze betragen bis zu 50 Gew.-%. Im Vergleich zum reinen Grundmetall haben die Legierungen eine hohere Harte und Festigkeit und eine niedrigere elektrische und Warmeleitfähigkeit (s. Tab. 14, S. 98). Als Beispiele werden die in der Schwachstromtechnik verwendeten Kontaktlegierungen Ag-Cu mit 3 bis 10% Cu, Ag-Pd mit 30 bis 50% Pd, Pt-W mit bis 10% W, Pt-Ni mit bis 10% Ni, Pt-Ir mit bis 25% Ir, Au-Ni mit bis 10% Ni, Au-Pt mit bis 10% Pt, Ir-W mit bis 50% W und

Rh-Ni mit bis 20% Ni angefuhrt. Die Legierungszusatze beeinflussen auch die Kontakteigenschaften. In dieser Richtung liegt die Verminde-

Tabelle 5. *Zusammenstellung erprobter Zwei- und Mehrstofflegierungen fur Kontakte*

Zweistofflegierungen	
Grundmetall	Legierungszusatz
Ag	Cu, Au, Be, Mg, Zn, Cd, Hg, Al, Ga, In, Si, Ge, Sn, Pb, Ru, Rh, Pd, Pt
Cu	Ag, Au, Be, Zn, Cd
Pd	Cu, Ag, Au, Be, Zn, Cr, Mn, Fe, Co, Ni, Ru, Rh, Pt, W
Pt	Cu, Ag, Au, Ni, Ru, Ir, Pd, W
Au	Ni, Ag, In, Cu, Pt
Ir	W
Rh	Ni
Drei- und Mehrstofflegierungen aus folgenden Komponenten	
Cu, Ag, Au, Be, Mg, Zn, Cd, B, Al, Ti, Sn, Pb, Co, Ni, Ru, Rh, Pd, Os, Ir, Pt, In	

Tabelle 6. *Systematische Zusammenstellung von heterogenen Legierungen fur elektrische Kontakte mit Beispielen (Verbundmetalle und Verbundstoffe)*

Verbundstoffe

aus zwei Komponenten	
Metall-Metall	
Grundmetall	Zusatzmetall
Ag	V, Ta, Cr, (Mn), Fe, Co, Ni, Mo, W, Ir
Cu	V, Cr, Mo, W, Pb
W	Cu, Ag, Au
Mo	Cu, Ag, Au
Metall-Metallverbindung	
Boride	TiB_2, ZrB_2, VB_2
Karbide	WC, TiC
Nitride	TiN, ZrN
Oxyde	MgO, ZnO, CdO, In_2O_3, GdO_2, PbO, MoO_3
Silizide	$MoSi_2$
Metall-Nichtmetall	
Silber, Kupfer, Bronze mit Graphit	

aus drei und mehr Komponenten
Metall-Metall-Metall Ag-Ni-Cu, Ag-Ni-Cd
Metall-Metall-Metalloxyd (Metall-Metall ineinander loslich oder unloslich) Ag-Ni-CdO, Ag-Ni-MgO, Ag-Cu-CdO
Metall-Metalloxyd-Metalloxyd Ag-CdO-SnO_2, Ag-CdO-Al_2O_3
Metall-Metall-Metallverbindung Ag-Ni-WC

rung der Materialwanderung (Feinwanderung); durch einen Ni-Zusatz bis 10% zu Gold wird die Feinwanderung in bestimmten Stromspannungsbereichen deutlich herabgesetzt. Gewisse Legierungszusatze bewirken eine Verminderung der chemischen Reaktivitat des Grundmetalls. Besonderes Interesse besitzt die dadurch mogliche Erhöhung der chemischen Beständigkeit und die damit erreichbare Verminderung der Bildung von Reaktionsschichten auf der Kontaktoberflache. So laßt sich durch einen Pd-Zusatz zu Ag in schwefelhaltiger Atmosphare (H_2S) die Reaktionsgeschwindigkeit der Ag_2S-Bildung wesentlich verzögern. Durch Zulegieren von Cd zu Ag werden Schweißneigung und Klebefestigkeit gegenüber Reinsilber verringert und unter bestimmten Schaltbedingungen der Lichtbogen zwischen den Kontakten geloscht. Kontaktlegierungen aus Ag-Cd mit bis 20% Cd finden als Starkstromkontakte Anwendung.

2.33 Heterogene Legierungen (Verbundstoffe)

Wie oben bereits ausgeführt, stellen die Verbundstoffe ein heterogenes Gemenge dar. Der im Grundmetall verteilte Stoff kann ein darin im flussigen oder festen Zustand unlösliches Metall oder eine Metallverbindung oder ein Metalloid sein. Die erwahnten Stoffkombinationen und der Aufbau der Verbundstoffe schließen zu deren Herstellung das für Legierungen übliche Schmelzverfahren aus. Die Herstellung der Verbundstoffe erfolgt nach dem pulvermetallurgischen Verfahren als Sinter- oder Trankwerkstoff. In den meisten Fällen bietet die Pulvermetallurgie den einzig moglichen Herstellungsweg [*7* bis *11*].

In Tab. 6 ist eine Systematik der zwei- und mehrkomponentigen Verbundstoffe mit einigen Beispielen für elektrische Kontakte wiedergegeben. Verbundstoffe, die aus Metallen aufgebaut sind, werden Verbundmetalle genannt. Als Grundmetalle werden Silber, Kupfer, Wolfram und Molybdan verwendet und als Zusatzmetalle die darin im flussigen und festen Zustand unlöslichen Metalle.

Die im Grundmetall feinteilig und gleichmaßig eingelagerte Komponente kann auch eine Metallverbindung sein. Fur elektrische Kontakte, insbesondere fur mittlere und große Schaltleistung, werden Verbundstoffe aus Silber oder Kupfer mit Boriden, Karbiden, Siliziden oder Nitriden der Übergangsmetalle der 4. bis 6. Gruppe des periodischen Systems verwendet. Auch die Metall-Metalloxyd-Verbundstoffe finden fur mittlere bis hohe Schaltleistung mit Silber als Grundmetall Verwendung. Dabei ist der Dampfdruck der Metalloxyde für das Bogenloschverhalten von Bedeutung. Die Metall-Metalloid-Verbundstoffe sind als Metallkohlen die am langsten bekannten Verbundstoffe. Mit uberwiegendem Graphitgehalt besitzen diese Verbundstoffe gute Gleiteigenschaften und durch den Metallzusatz gegenuber Graphit bessere elektrische Leitfahigkeit, so daß sie als elektrisch hochbelastete Gleitkontakte verwendet werden. Beispiele sind Silber-Graphit, Kupfer-Graphit und Bronze-Graphit. Silber mit kleinen Graphitzusatzen (1 bis 20%) findet auch fur Abhebekontakte Verwendung. Die drei- und mehrkomponentigen Verbundstoffe sind wie die zweikomponentigen aus Metallen, Metallverbindungen und Metalloiden aufgebaut. Bei den entsprechenden Gruppen sind einige Beispiele angefuhrt.

2.4 Gefügesystematik

Das Gefuge eines Kristallaggregates ist durch die Art und Anordnung der Kristallite gekennzeichnet. Die Art der Kristallite wird durch die Kornform und -größe bzw. durch ihre *Korngroßenverteilung*[1] beschrieben. Die Anordnung der Kristallite zeigt bei den isotropen Kristallaggregaten keine Vorzugsrichtung. Bei den anisotropen Kristallaggregaten ist eine Orientierung der Kristallite (Vorzugsrichtung) vorhanden (Textur). Haufig wird mit dem Ausdruck ,,Struktur“ sowohl die Anordnung der Atome im Gitter, als auch die Art und Anordnung der Kristallite in Kristallaggregaten bezeichnet. Es wird empfohlen, den Ausdruck ,,Struktur“ nur fur die Atomanordnung im Kristallgitter und ,,Gefuge“ für die Kristallanordnung zu verwenden. In Tab 7 sind die theoretisch moglichen und praktisch auftretenden Gefuge von ein- und mehrkomponentigen Sinterwerkstoffen zusammengestellt und auch die Schmelzwerkstoffe eingeordnet. In der linken Spalte der Tab 7 sind die Systeme gekennzeichnet, und es wird angegeben, ob ein Stoff aus einem reinen Metall (einkomponentig) oder aus zwei oder mehreren Metallen oder Elementen (mehrkomponentig) aufgebaut ist. Die dritte Spalte enthalt die moglichen kompakten Stoffe. Definiert man den Raumerfullungsgrad eines Stoffes mit

$$\varrho = \frac{\gamma}{\gamma_{th}} \tag{1}$$

als Verhaltnis seiner Dichte γ zur theoretischen Dichte des gleich zusammengesetzten porenfreien Kompaktstoffs γ_{th}, so nimmt ϱ fur Kompaktstoffe den Wert 1 an. Der Porositatsgrad $\pi = 1 - \varrho$ dieses Stoffes ist 0. Die vierte Spalte der Tab. 7 enthalt die porenhaltigen Stoffe, die gemaß der obigen Definition durch $\varrho < 1$ und $\pi > 0$ gekennzeichnet sind. Die Schmelzwerkstoffe werden im Kompaktzustand in die Spalte 3 eingeordnet. Für den Fall, daß auf dem Schmelzwege hergestellte Stoffe Lunker, Poreneinschlusse oder Gasblasen enthalten, gehören sie zu Spalte 4. Die porenhaltigen Sinterwerkstoffe zeigen den inneren Aufbau gemaß Spalte 4. Desgleichen gehoren die ,,dichten“ Sinterwerkstoffe, die in den meisten Fallen doch noch eine Restporositat besitzen, in die Spalte 4. Nur wenige Sinterwerkstoffe, die durch Sondermaßnahmen bis zu porenfreien Kompaktstoffen verdichtet werden konnen, sind in die

[1] Siehe Fußnote S. 29.

Tabelle 7. *Gefüge ein- und mehrkomponentiger Schmelz- und Sinterwerkstoffe*

System	Gefüge	Kompakte Stoffe $\varrho = 1,\ \pi = 0$						Porenhaltige Stoffe $\varrho < 1,\ \pi > 0$					
einkomponentig	Gefügetyp	homogen						homogen					
	Gefügekennzeichen	Kornform und -größe						Kornform und -größe Raumerfüllungsgrad Porenform, -größe und -verteilung					
mehrkomponentig	Gefügetyp	homogen	lösl./unlösl. im Zustand		heterogen	lösl./unlösl. im Zustand		homogen	lösl./unlösl. im Zustand		heterogen	lösl./unlösl. im Zustand	
		Mischkristalle	fl, f	–	Eutektikum	fl	f	Mischkristalle	fl, f	–	Eutektikum	fl	f
					Peritektikum	fl	f				Peritektikum	fl	f
		Intermet. Verbindungen	fl	–	Verbundmetalle	–	fl, f	Intermet. Verbindungen	fl	–	Verbundmetalle	–	fl, f
					Verbundstoffe	–	fl, f				Verbundstoffe	–	fl, f
	Gefügekennzeichen	Kornform und -größe			Zahl und Menge der Kristallarten, Kornform, Größe und Verteilung der Kristallarten, Orientierung der Kristalle			Kornform und -größe, Raumerfüllungsgrad, Porenform, -größe und -verteilung			Zahl und Menge der Kristallarten, Kornform, Größe und Verteilung der Kristallarten, Raumerfüllungsgrad, Porenform, -größe und -verteilung, Orientierung der Kristalle		

Zeichen: ϱ Raumerfüllungsgrad, π Porositätsgrad, fl im flüssigen Zustand, f im festen Zustand

Spalte 3 der Tab 7 eingeordnet Demnach können sich die Gefuge der Schmelz- und Sinterwerkstoffe überschneiden.

2.41 Gefüge der Einstoffsysteme

Die einkomponentigen Systeme haben als kompakte und porenhaltige Stoffe ein homogenes Gefuge, sofern man von instabilen Modifikationen absieht und bei porenhaltigen Stoffen die Poren nicht als heterogene Ausscheidungen definiert. Das Gefuge des einkomponentigen, homogenen Kompaktstoffs ist durch die Kornform und -große bzw. Korngrößenverteilung gekennzeichnet. Die einkomponentigen, porenhaltigen Stoffe sind in ihrem Gefuge außer durch die Kornform und -große durch den Raumerfüllungsgrad und die Form, Große und Verteilung der Poren eindeutig beschrieben.

2.42 Gefüge der Mehrstoffsysteme

Die aus mehreren Komponenten aufgebauten kompakten und porenhaltigen Stoffe konnen ein homogenes und heterogenes Gefuge besitzen. Zwei oder mehrere Metalle (Elemente) geben ein homogenes Gefüge, wenn sie im flussigen und festen Zustand ineinander löslich sind, d h. Mischkristalle bilden. Eine luckenlose Reihe von Mischkristallen liegt dann vor, wenn die Komponenten A und B gleiches Kristallgitter und ahnliche Gitterabstande aufweisen. Dann werden A-Atome durch B-Atome im Gitter ersetzt und umgekehrt. Mischkristalle mit begrenzter Löslichkeit fur die zweite Komponente bilden sich dann, wenn die Atome des gelösten Stoffes kleine Atomvolumina besitzen und im Gitter des anderen auf Zwischengitterplatzen untergebracht werden können. Ebenfalls ein homogenes Gefuge ergeben zwei oder mehrere Komponenten, die eine oder mehrere Verbindungen miteinander bilden. Bei der lückenlosen Reihe von Mischkristallen bleibt die Struktur (Gittertyp) in allen Konzentrationen zwischen reinem A und reinem B gleich, während intermetallische Verbindungen nur bei bestimmter Konzentration oder in einem begrenzten Konzentrationsbereich um die stochiometrische Zusammensetzung auftreten. Das Gefuge des homogenen mehrkomponentigen Kompaktstoffs ist durch die Kornform und -größe eindeutig beschrieben, wahrend der entsprechende porenhaltige, homogene, mehrkomponentige Stoff zusatzlich durch den Raumerfullungsgrad sowie die Form, Große und Verteilung der Poren bestimmt ist.

Die mehrkomponentigen Schmelz- und Sinterwerkstoffe haben ein heterogenes Gefuge, wenn die Komponenten im flüssigen Zustand löslich und im festen Zustand unloslich sind. Sie werden als Eutektikum bzw. Peritektikum bezeichnet. Ebenfalls heterogen sind die Mehrstoffsysteme, deren Komponenten im festen und flüssigen Zustand unloslich sind. Diese heterogenen Legierungen werden allgemein auch Verbundstoffe, oder, wenn sie aus Metallen aufgebaut sind, Verbundmetalle genannt. Das Gefuge der heterogenen mehrkomponentigen Kompaktstoffe ist durch das Mengenverhaltnis der anteiligen Komponenten, deren Kornform und -größe und durch die Verteilung der Komponenten gekennzeichnet. Die gleichen Kennzeichen beschreiben auch das Gefuge der mehrkomponentigen, heterogenen, porenhaltigen Stoffe, und daruber hinaus ist noch die Angabe des Raumerfullungsgrades sowie der Form, Große und Verteilung der Poren erforderlich.

Die Verbundstoffe konnen in zwei verschiedenen Gefugen vorliegen, als Einlagerungsverbundstoffe oder als Durchdringungsverbundstoffe. Bei den Einlagerungsverbundstoffen ist eine Komponente in die andere eingelagert, wobei die eingelagerten Teilchen nicht miteinander in Beruhrung stehen und durch die zweite Komponente isoliert sind. Demgegenuber bestehen die Durchdringungsverbundstoffe aus zwei ineinander verzweigten Skeletten.

Literatur zu 2

[*1*] Holm, R : Die technische Physik der elektrischen Kontakte, Berlin: Springer 1941; Electric Contacts, Stockholm: Geber 1946; Electric Contacts Handbook, 3. Aufl., Berlin/Gottingen/Heidelberg· Springer 1958.

[*2*] Jones, F. Ll : Physics of Electrical Contacts, Oxford: Clarendon Press 1957.

[*3*] Burnstyn, W.: Elektrische Kontakte und Schaltvorgange, 1. Aufl., Berlin: Springer 1937, 4 Aufl., Berlin/Gottingen/Heidelberg: Springer 1956.

[*4*] Windred, G. Electrical Contacts, London· MacMillan 1940.

[*5*] Keil, A.: Werkstoffe fur elektrische Kontakte, Berlin/Gottingen/Heidelberg: Springer 1960.

[*5a*] Kontaktwerkstoffe in der Elektrotechnik. Vortrage gehalten auf der Konferenz der Forschungsgemeinschaft der Deutschen Akademie der Wissenschaften zu Berlin vom 12. bis 14. 9. 1962 in Berlin Adlershof. Berlin: Akademie-Verlag 1962.

[*6*] Bibliography and Abstracts on Electrical Contacts 1935 b. 1951, Erganzungen bis 1960, Philadelphia: American Society for Testing Materials 1952–1961.

[*7*] Skaupy, F.: Metallkeramik, 4. Aufl., Berlin: Verlag Chemie 1950.

[*8*] Kieffer, R., u. W. Hotop· Pulvermetallurgie und Sinterwerkstoffe, Berlin/Gottingen/Heidelberg: Springer 1948, S. 316–332.

[*9*] Goetzel, C. G.: Treatise on Powder Metallurgy, New York: Interscience Publishers 1949–1952, Vol. II, S. 183–222, Vol. III, S. 248–252 und 640–654.

[*10*] Balshin, M. Ju.: Pulvermetallurgie, Halle: W. Knapp 1954.

[*11*] Jones, W. D.: Fundamental Principles of Powder Metallurgy, London: E. Arnold 1960, S. 488, 770 u. 774.

3. Die Metallpulver

Schon in der Bezeichnung Pulvermetallurgie wird darauf hingewiesen, daß bei diesem Spezialgebiet der Metallurgie als Ausgangsstoffe Metalle in Pulverform eingesetzt werden. Die Metallpulver konnen aus mehr oder weniger reinen Metallen oder aus Zwei- und Mehrstofflegierungen oder aus im flussigen Zustand ineinander unloslichen Metallen (Verbundmetallpulver) bestehen. Bei manchen elektrischen Kontakten, die aus mehreren Komponenten bestehen, werden als Zusatze nichtmetallische Stoffe, wie Metallverbindungen oder Metalloide, ebenfalls in Pulverform, verwendet.

3.1 Herstellung der Metallpulver

Die Metallpulver werden nach verschiedenen Verfahren hergestellt Neben den *physikalischen Verfahren*, wie mechanische Zerkleinerung, Verdampfen und Kondensation, kommen auch *chemische* und *physikalisch-chemische Verfahren*, wie z.B. chemische Umsetzung, Reduktion oder Zersetzung von Metallverbindungen und Elektrolyse, zur Anwendung. Die nach den verschiedenen Verfahren hergestellten Metallpulver unterscheiden sich in den Pulvereigenschaften ganz erheblich. Auch verschiedene Herstellungsbedingungen konnen bei Anwendung des gleichen Verfahrens die Pulvereigenschaften andern. Umgekehrt kann aus den Eigenschaften eines Pulvers unbekannter Herkunft meist das Verfahren, nach dem das Pulver hergestellt worden ist, angegeben werden. Haufig sind aus dem Eigenschaftsbild des Metallpulvers auch Angaben über die Vorgeschichte des Pulvers moglich.

3.11 Physikalische Verfahren

Die physikalischen Verfahren der Metallpulverherstellung durch mechanische Zerkleinerung und durch Verdampfung konnen auf flussige oder feste Metalle angewendet werden.

3 111 Zerkleinern im festen Aggregatzustand

Durch spangebende Verfahren wie Drehen oder Feilen konnen sprode und plastische Metalle in Pulverform gebracht werden. Die Drehspane mussen noch weiter mechanisch zerkleinert werden. Das Verfahren ist technisch von untergeordneter Bedeutung. Gelegentlich werden Edelmetallegierungen wie z.B. Silberlote durch Feilen der Schmelzlegierung gewonnen [*1*]. Die Feilpulverteilchen sind kompakt und praktisch nicht aufgelockert.

Die mechanische Zerkleinerung von Metallen oder Legierungen in den Grobzerkleinerungsgeraten wie Backenbrecher, Spindelpressen oder Kollergangen und in den Feinzerkleinerungsgeraten (verschiedene Muhlentypen) sind nur bei spröden Metallen moglich. Unter sproden Metallen sind in diesem Zusammenhang W, Mo, Mn, Zr, Sb, Bi und Metalle ahnlicher Plastizitat zu verstehen Durch Elektrolyse hergestelltes Eisen ist durch gelosten Wasserstoff so sprode, daß es gemahlen werden kann Einige Metalle wie z B das Zink werden bei tiefen Temperaturen spröde und können in diesem Bereich gemahlen werden. Andere Metalle lassen sich durch Legierungszusätze in eine spröde, mahlbare Form überführen. Eisen-Nickel-Legierungspulver ist warm plastisch und kalt spröde; beim Kaltwalzen zerfällt das Walzgut in mahlbare Stücke.

Als Mühlen kommen für die Pulverherstellung Kugel-, Rohr-, Schwing-, Schlag- und Wirbelschlagmühlen zur Verwendung. Bei den Kugelmühlen befindet sich das Mahlgut zusammen mit Kugeln als Mahlkörper in einer Mahltrommel, die meist auf einem Walzenpaar gedreht wird. Die kinetische Energie der fallenden Kugeln zerkleinert das Mahlgut. Die Mühlen und Kugeln bestehen aus Hartporzellan, Al_2O_3, Stahl oder Hartmetall. Die Mahlkinetik hängt von verschiedenen Faktoren ab: vom Material, der Größe und Beschaffenheit der Kugeln, Trocken- oder Naßmahlung und der Umlaufgeschwindigkeit. Bei einer bestimmten Einstellung bildet sich ein Mahlungsfluß aus [*2*]. Nach einer gewissen Zeit kommt es zu einem Mahlungsgleichgewicht, d.h. es wird ebensoviel zerkleinert wie aus Feinanteilen durch Agglomerieren (Verhaken und Kaltschweißen der Teilchen) vergröbert wird. Eine statistische Beschreibung dieser Vorgänge ist zweckmäßig [*3*]. Bei jeder Zerkleinerung erleiden auch die Mahlorgane einen Abrieb, mit dem das Mahlgut vermischt wird. Durch radioaktive Indikatoren läßt sich die Größe des Abriebs messen [*4*]. Bei Stoffen, bei denen es auf hohe Reinheit ankommt, ist der Abrieb der Mahlorgane zu berücksichtigen; das Mühlen- und Kugelmaterial wird so gewählt, daß der Abrieb möglichst keine störenden Einflüsse bei den Folgereaktionen des Mahlgutes bewirkt.

Die Metalle hoher Plastizität wie Reinsilber, Reinkupfer, insbesondere wenn sie in porenhaltiger Form vorliegen, lassen sich in Kugelmühlen nicht gut weiter zerkleinern. Es findet gleichzeitig Teilchenvergröberung durch Verhakungen und folgende plastische Verformung sowie gleichlaufende Verdichtung der porenhaltigen Aggregate und Kaltverschweißungen mehrerer Teilchen statt. Störende Begleitvorgänge machen eine Zerkleinerung dieser plastischen Pulver in der Kugelmühle häufig unmöglich. Bei schmierenden Metallpulvern bilden sich in der Kugelmühle auch Schmierschichten an der Oberfläche der Metallgutteilchen, die bei der Verarbeitung ungünstige Auswirkungen haben können.

Ähnlich wie die Kugelmühle wirkt die Rohrmühle, die bei automatischer Zu- und Abführung des Mahlgutes auch kontinuierlich arbeitet.

Eine andere Mühlentype stellt die Schwingmühle dar. In dieser Mühle erfolgt die Zerkleinerung des Mahlgutes durch Kugeln oder anders geformte Mahlkörper mit kleiner Amplitude und mittleren bis hohen Frequenzen. Die Schwingmühle besteht aus einem federnd aufgehängten Mühlenkörper, der mit den Kugeln und dem zu zerkleinernden Mahlgut gefüllt ist. Durch schwingende Bewegungen wird das Mahlgut zwischen den Kugeln zerkleinert, umgewälzt und durchgemischt. Die Anfangskorngroße kann bis zu 0,5 mm betragen. Die Mahlung erfolgt trocken oder naß bis etwa zu einer Korngröße von 1 μm. Die Mahlkugeln von etwa 12 mm Durchmesser und der Muhlenkorper bestehen aus Hartporzellan, Stahl oder Hartmetall.

Bei der Wirbelschlagmuhle drehen sich zwei gegenuberstehende Flugel in entgegengesetzter Richtung. Die Schlager zerkleinern das Mahlgut mechanisch, außerdem prallt das mitgewirbelte Mahlgut mit hoher Geschwindigkeit gegeneinander, wobei es weiter zerkleinert wird [*5*]. In der Hametag-Muhle [*6*] lassen sich nicht nur sprode, sondern auch plastische Metalle wie Cu oder Fe zerkleinern. Als Vormaterial konnen nicht beliebig große Korper verwendet werden, sondern es werden abgehackte Drahte, Blechstucke, Span- oder Bruchstucke mit der großten Dimension von 10 bis 15 mm eingesetzt. Als Muhlenatmosphare kann Luft dienen oder, wenn die Oxydation des Mahlgutes verhindert werden soll, ein inertes Gas wie Stickstoff, Argon oder ein reduzierendes Gas wie Wasserstoff, Ammoniak, Ammoniakspaltgas oder Leuchtgas. Die Art der Zerkleinerung gibt dem Hametag-Pulver eine Scheibenform; haufig sind die Teilchen mit aufgebogenen Randern versehen. Wahrend des zweiten Weltkriegs wurden auf einer Hametag-Muhlenanlage monatlich etwa 500 Mp Eisenpulver hergestellt. Auch Kupferpulver wurde nach dem gleichen Verfahren in großerer Menge gewonnen und fur die Herstellung von Metallkohlen eingesetzt. In den letzten Jahren ist die Produktion von Hametag-Eisenpulver stark zurückgegangen, und das Verfahren hat wirtschaftlicheren Verfahren wie dem Hoganaes- oder RZ-Verfahren Platz gemacht.

Eine andere Form der Mahlorgane besitzen die Zahnscheibenmuhlen. Die Zerkleinerung findet zwischen den Zahnen einer rotierenden Zahnscheibe statt, deren Zahne an denen einer feststehenden Zahnscheibe vorbeilaufen. Je nach Umlaufgeschwindigkeit und dem Abstand der Zahnscheiben voneinander konnen die Große und innerhalb gewisser Grenzen auch die Form der Mahlgutteilchen eingestellt werden. Bei spröden Stoffen ist die Zerkleinerung im wesentlichen eine Zersplitterung, wobei keine so starke Gegeneinanderreibung der neu entstandenen Flachen wie etwa in der Kugelmuhle auftritt. Dies ist insbesondere bei Stoffen von Vorteil, bei denen Oberflachenschmierschichten unerwünscht sind.

3.112 Zerkleinern im flussigen Aggregatzustand

Aus Metallschmelzen konnen Metallpulver durch Granulieren (Körnen) in Wasser (Pb, Ag) oder durch Ruhren oder Schütteln der Schmelze bei der Erstarrung (Al, Cd, Zn) erhalten werden [*7*]. Eine verbesserte Pulverherstellung wird durch Zerstauben des fallenden Schmelzstrahls erreicht. Beim DPG-Schleuderverfahren [*8*] der Deutschen Pulvermetallurgischen Gesellschaft durchläuft der flussige Metallstrahl einen

Wasserstrahl, beladt sich mit Wasserdampf und wird von den Schlagorganen einer rotierenden Scheibe zerkleinert. Die Pulvereigenschaften sind uber die Temperatur der Metallschmelze, die Starke des Metallstrahls, die Einstellung der Wasserduse und die Umdrehungsgeschwindigkeit der Schlagorgane einstellbar. Der Durchsatz betragt etwa 1 Mp/h. Das in Wasser aufgefange Pulver wird ausgetragen, getrocknet und gesiebt. Die Preßeigenschaften konnen durch eine Gluhung in reduzierender Atmosphare verbessert werden.

Der fallende Schmelzstrahl kann auch ohne Schlagorgane in einer Ringduse oder in mehreren ringformig angeordneten Dusen durch Preßluft mit oder ohne Wasserdampf zerstaubt werden [*9*, *10*] (s. Abb. 137, S. 169). Das Verfahren wird in großem Umfange fur die Verdüsung von Roheisen, Stahl, Messing und Bronze eingesetzt; es ist auch fur die Kontaktmetalle Silber und deren Legierungen, Kupfer und Blei geeignet. Bei der Herstellung von Eisenpulver bietet das von G. Naeser, H. Steffe und W. Scholz entwickelte RZ-Verfahren [*11*] (Roheisen-Zunder-Verfahren) verschiedene Vorteile. Als Ausgangsmaterial kann niedrig schmelzendes Roheisen eingesetzt werden. Bei der Verdusung an Luft wird eine Zunderschicht auf dem Rohpulver gebildet. Beim Gluhen des Rohpulvers unter Luftabschluß bildet sich aus dem Kohlenstoff und dem Sauerstoff des Pulvers CO-CO_2-Schutzgas, und das Eisenpulver wird entkohlt. Die Teilchengroße und Verteilung des Pulvers kann durch die Temperatur der Schmelze, den Durchmesser des Schmelzstrahls und den Druck der Preßluft eingestellt werden.

Die Verdusungsverfahren lassen sich auf reine Metalle und Legierungen anwenden. Bei den letzteren konnen auch Systeme, die nur im flussigen Zustand loslich, im festen Zustand jedoch unlöslich sind, gepulvert werden.

Die D-Pulver haben vorwiegend kompakte kugelige Teilchen mit vom Material abhangigen spratzigen Anteilen Beim Verdusen von Reinsilber oder Reinkupfer entstehen kompakte kugelige Teilchen. Durch Zusatz von Legierungsbestandteilen, die die Oberflachenspannung herabsetzen, lassen sich Pulver mit uberwiegend spratzigen Teilchen erhalten. Die Sinteraktivitat der kompakten D-Pulver ist wesentlich kleiner als die der stark aufgelockerten Pulver.

3 113 Verdampfen und Kondensation

Die Kinetik dieser Vorgange wird auch in der physikalischen Chemie behandelt. Grundsatzlich lassen sich alle Metalle verdampfen und in Pulverform kondensieren. Technisch wird das Verfahren jedoch nur auf Metalle mit hohem Dampfdruck und niedrigem Siedepunkt (wie etwa Zink) angewendet. Nach dem Solutierverfahren [*12*] konnen Metalle oder Metallverbindungen im Lichtbogen verdampft und pulverformig kondensiert werden. Bei leicht verdampfbaren Metalloxyden oder Metallverbindungen werden diese verdampft und das Kondensat durch Reduktion in das Metallpulver übergeführt. Nach dem Verfahren der Deutschen Glühfaden-Fabrik wird MoO_3 durch Einblasen von Luft in einen Ofen mit Molybdänkonzentrat zwischen 700 und 1000 °C abgedampft [*13*].

Bei der technischen Gewinnung von Zinkstaub wird Zinkoxyd verdampft und durch Kohlenmonoxyd zu Zinkdampf reduziert, der in der Vorlage kondensiert. Sauerstoff in der Atmosphäre führt zu einer Oxydschicht auf den Zinkteilchen, die das Zusammenkleben verhindert. Das Zinkkondensat zeigt feine, kompakte, kugelige Teilchen.

3.12 Chemische und physikalisch-chemische Verfahren

3.121 Chemische Umsetzung

Zu dieser Gruppe gehören:

a) thermische Zersetzungen einer Metallverbindung, die nach der Reaktion 2 oder 3 ablaufen:

$$\text{Metallverbindung}_{\text{fest}} \rightarrow \text{Metall}_{\text{fest}} + \text{Gas}, \tag{2}$$

$$\text{Metallverbindung}_{\text{gasförmig}} \rightarrow \text{Metall}_{\text{fest}} + \text{Gas}, \tag{3}$$

b) die Fällung des Metalls aus Metallsalzlösung (flüssige Phase);

c) die Fällung einer Metallverbindung aus der Metallsalzlösung und deren Reduktion z.B. durch Gase.

3.121.1 Thermische Zersetzung einer Metallverbindung. Eine Zersetzung im festen Aggregatzustand gibt das folgende Beispiel. Eine Metallverbindung wie Ag_2CO_3 wird bei Temperaturen oberhalb 350 °C unter Abgabe von CO_2 zunächst zu Ag_2O zersetzt, das oberhalb 180 °C gleich weiter in Reinsilber und Sauerstoff zerfällt.

Das Karbonylverfahren verwendet die Zersetzung im gasförmigen Zustand. Das für verschiedene elektrische Kontakte als Zusatzmetall verwendete Nickelpulver wird nach diesem Verfahren hergestellt. Nickeltetrakarbonyl $Ni(CO)_4$ ist bei Raumtemperatur eine Flüssigkeit, die bei 43 °C verdampft [*14*, *15*]. Bei Temperaturen oberhalb 200 °C ist das Gleichgewicht der Gl. (4) nach rechts verschoben [*16*, *17*].

$$Ni(CO)_4 \rightleftharpoons Ni + 4CO. \tag{4}$$

Beim Entstehen der Nickelteilchen aus der Gasphase entsteht erst ein Keim, um den weiteres Nickel aufwächst. Diesem Abscheidungsmechanismus entsprechend ist das Gefüge der aus Nickelkarbonyl hergestellten Nickelteilchen zwiebelschalenartig aufgebaut. Das Nickelkarbonyl kann durch verschiedene Reinigungsverfahren z.B. fraktionierte Destillation hoch gereinigt werden. Man erhält daher nach diesem Verfahren ein

Nickelpulver hoher Reinheit. Als Verunreinigungen sind etwas Sauerstoff und CO enthalten, die durch Gluhung in Wasserstoff beseitigt werden konnen. Die Größe der Nickelteilchen hängt von den Abscheidungsbedingungen (Temperatur und Strömungsgeschwindigkeit) ab. Die Teilchengroßen bewegen sich zwischen 0,1 µm und 10 µm. Außer Nickel bilden z B noch Eisen, Kobalt, Wolfram, Molybdan, Chrom und die Pt-Metalle Karbonyle. Durch gleichzeitige Zersetzung mehrerer Karbonyle können fur die Herstellung von Sinterlegierungen Mischpulver sehr feiner Verteilung gewonnen werden (z.B. FeNi).

3.121.2 Fällung des Metalls aus der Metallsalzlösung. Dieses Verfahren wird besonders bei den Edelmetallen Silber, Gold und Platin angewendet. Die Reduktion der Edelmetallsalzlosung kann durch organische Reduktionsmittel oder durch Zusatz unedler Metalle erfolgen. Aus einer Silbersalzlosung kann das Silber nach Gl. (5) durch Einbringen von Kupfer oder Eisen in Pulverform gefallt werden Dabei geht eine aquivalente Menge von Unedelmetall in Losung:

$$Me_1^{\cdot} + Me_2 \rightarrow Me_1 + Me_1^{\cdot} \qquad (5)$$

(Me$_2$ elektro-negativer als Me$_1$),

z.B $$Ag^{\cdot} + Cu \rightarrow Ag + Cu^{\cdot}.$$

Nach dem gleichen Prinzip lassen sich alle Edelmetalle aus waßriger Losung fallen Die Fallungspulver bestehen aus kleinen Primarkristallen, die zu stark aufgelockerten Sekundarteilchen verwachsen sind Das Verfahren ist auch geeignet zur Herstellung von Mischpulvern, die aus einem Kern eines Metalls und einem Uberzug eines anderen Metalls bestehen [*18* bis *20*]. Dabei wird z.B. feines Bleipulver in eine Kupferacetatlösung bestimmter Temperatur eingetragen. Es scheidet sich eine Kupferschicht auf dem Blei ab, wahrend eine aquivalente Pb-Menge in Losung geht. Derartige mehrkomponentige Pulver werden fur Sonderzwecke eingesetzt.

3.121.3 Reduktion einer Metallverbindung. Diese chemische Reaktion, insbesondere die Reduktion von Metalloxyden durch Gase oder feste Reduktionsmittel, wird bei der Gewinnung vieler Metalle, z B. aus oxydischen Erzen, angewendet Die Zerkleinerung und Vermahlung der sproden Erze ist meist leicht und wirtschaftlich durchfuhrbar. Bei der Reduktion, die bei Temperaturen unterhalb der Schmelztemperatur des Metalls und der Metallverbindung vorgenommen wird, entsteht ein poroser Metallkorper, der leicht zu Metallpulver zerkleinert werden kann Die Herstellung von Eisenpulver durch Reduktion von schwedischem Eisenerz (Magnetit) durch Kohle erfolgt in einem gasbeheizten Durchlaufofen. Nach diesem Hoganaes-Verfahren werden in einer Anlage etwa 20000 Mp je Jahr hergestellt Die Fulldichte des Pulvers betragt etwa 2,5 g/cm^3.

Eisenpulver kommt bei den Kontakten als Zusatzmetall zur Verwendung.

W- und Mo-Pulver werden aus den Oxyden WO_3 bzw. MoO_3 durch Wasserstoffreduktion gewonnen. Die Reduktion erfolgt meist in einem Durchlaufofen. Nickel-, Kupfer- oder Silberpulver werden ebenfalls aus den Oxyden durch Gasreduktion gewonnen. Durch Wahl der Oxydteilchengröße sowie der Reinheit und des Feuchtigkeitsgehalts der reduzierenden Wasserstoffatmosphäre und der Reduktionstemperatur können Teilchenform und -größe in gewissen Grenzen eingestellt werden. Mit steigender Reduktionstemperatur nimmt die Teilchengröße im allgemeinen zu. Silberpulver wird manchmal auch durch Gasreduktion von Ag_2CO_3 gewonnen. Grundsätzlich lassen sich auch die fallweise für elektrische Kontakte als Zusatzmetalle verwendeten Elemente (Tab. 4, S. 11) durch Reduktion aus Metallverbindungen oder Metalloxyden herstellen.

3.122 Elektrolyse

Es ist die Pulverherstellung durch Elektrolyse sowohl von wäßriger Lösung als auch von Salzschmelzen zu unterscheiden.

3.122.1 Elektrolyse wäßriger Lösungen. Die elektrolytische Abscheidung aus wäßrigen Lösungen findet zur Pulverherstellung der Kontaktgrundmetalle Ag, Cu, W und Mo sowie der Zusatzmetalle Pb, Fe, Ni (Tab. 4, S. 11) Verwendung. Bei niedrigen Stromdichten werden im allgemeinen dichte Niederschläge erhalten, die besonders von Cd, Cu, Ni, Cr für den galvanischen Oberflächenschutz Verwendung finden. Bei hohen Stromdichten (insbesondere an der Kathode) scheidet sich der Kathodenniederschlag in poröser Form eines Schwammes oder in Form von Dendriten ab. Der Niederschlag wird als Pulver entweder durch ständiges Abstreifen, durch Bewegung oder Erschütterung der Kathode oder durch Mahlen des abgeschiedenen Kathodenschwammes erhalten. Neben der Stromdichte sind die Art und Konzentration des Elektrolyten sowie die Badzusätze (organische Stoffe und Kolloide), die Badtemperatur, die Geometrie und Anordnung der Elektroden sowie die Badbewegung und die Art des Abstreifens des Niederschlags von der Kathode von Einfluß. Die elektrolytisch abgeschiedenen Pulver zeigen nadelige Primärkristalle, die dendritische oder tannenbaumartige Sekundärkristalle aufbauen. Die Korngröße der Primärkristalle liegt meist zwischen 0,1 und 1 μm, während die Sekundarteilchen vom Vermahlungsgrad abhängen und meist zwischen 1 und 100 μm liegen. In einzelnen Fällen (z. B. Fe-Ni) wird besonders aus stark sauren Bädern ein wasserstoffhaltiger harter und spröder Niederschlag abgeschieden, der leicht mahlbar ist.

Silberpulverabscheidung. Als Beispiel wird nach unveröffentlichten Versuchen von F. WENDLER und des Verfassers die elektrolytische Herstellung von Silberpulver angegeben. Als Badkonzentration wird zweckmäßig 10 bis 50 g Ag/l verwendet, das als $AgNO_3$ vorliegt. Als Fremdelektrolyt, z. B. $NaNO_3$, wird gewöhnlich die 10- bis 15fache Menge des

Silbergehalts (100 bis 150 g $NaNO_3$) zugesetzt. Das stark saure Bad (pH = 1 bis 1,5) enthalt bis 10 g HNO_3/l und wird durch Zugabe von HNO_3 wahrend der Elektrolyse auf diesem Wert gehalten. Die Kathode besteht aus einer Silberplatte oder aus Kohle bzw. Graphit. Die Verwendung von Kathoden aus rostfreiem Stahl fuhrt zu Storungen der Elektrolyse. Die Kathodenstromdichte liegt am Anfang bei mindestens 4 A/dm² und wird mit steigender Badkonzentration erhoht. Es ist zweckmaßig, als Anode eine Silberplatte zu verwenden, die wahrend der Elektrolyse in Lösung geht und die Badkonzentration bei geeigneter Anodenstromdichte konstant halt bzw. in der Praxis diese meist erhoht (z B von 10 g auf 50 g Ag/l). Die Anode befindet sich in einem Anodenkasten mit Diaphragma. Wichtig ist, daß keine Verunreinigungen des Anodenschlamms aus dem Anodenraum in den Kathodenraum gelangen; dies wird durch eine der ublichen Diaphragmaanordnungen verhindert.

Der Inhalt der Elektrolysezellen wird zwischen 10 und 100 l gewahlt. Wesentlich großere Elektrolysezellen werden deshalb unzweckmaßig, da bei Störungen wie z.B. Undichtwerden des Diaphragmas die ganze Zelle ausfallt. Je nach der herzustellenden Pulvermenge wird eine entsprechende Anzahl von Zellen in Reihe geschaltet. Die Badtemperatur steigt während der Elektrolyse an; sie soll moglichst 40 bis 60 °C nicht übersteigen, anderenfalls muß gekuhlt werden. Die Stromausbeute liegt mit $>0{,}9$ nahe dem theoretischen Wert.

Durch die oben beschriebenen Einrichtungen wird das auf der Anode abgeschiedene Silberpulver von der Kathode abgestreift und die wahre Kathodenoberflache in Grenzen gehalten. Außerdem verhindern sie das Zusammenwachsen von der Kathode mit dem Diaphragma. Die erforderliche Spannung hangt von dem Zellenaufbau ab, sie liegt zwischen 2 und 6 V.

Die Elektrolysepulver haben im allgemeinen hohe Reinheit. Bei zweimaliger Abscheidung von Silberpulver kann eine Reinheit von 99,999 % Ag erhalten werden; dieses Pulver ist fur die Herstellung hochreiner Kontakte und silberhaltiger Halbleiter geeignet. Als Ausgangsmaterial dienen Silberanoden in Plattenform oder Granalien in einem besonderen Anodengefaß. Die Elektrolyse ist auch zur Umarbeitung hochsilberhaltiger Legierungen (Abfalle mit $>70\,\%$ Ag) zu Silberpulver geeignet.

3.122.2 Elektrolyse aus der Salzschmelze. Sie ist in gleicher Weise moglich wie aus waßriger Losung Fur die Metallpulver, die fur elektrische Kontakte verwendet werden, kommt das Verfahren aus wirtschaftlichen Grunden kaum in Betracht.

3.2 Eigenschaften der Metallpulver

Im folgenden Abschnitt werden die Eigenschaften besprochen, durch die die verschiedenen Metallpulver gekennzeichnet sind. Auf Grund der bekannten Pulvereigenschaften konnen Metallpulver unbekannter Herkunft sowohl hinsichtlich des Herstellungsverfahrens als auch der Qualitätsunterschiede definiert werden. Die Pulvereigenschaften haben einen großen Einfluß auf die weiteren Vorgänge beim Pressen und Sintern. Deshalb ist ihre Kenntnis sowohl für wissenschaftliche Untersuchungen einzelner Arbeitsschritte, der Mechanismen oder der Kinetik dieser Vorgänge erforderlich als auch für die technische Verarbeitung der Pulver von großer Bedeutung. Viele veröffentlichte Untersuchungen, bei denen diese Angaben fehlen, ermöglichen deshalb häufig keine detaillierte Auswertung oder Übertragung von Ergebnissen in die Praxis. Deshalb ist es zweckmäßig, Verfahren zur Bestimmung der wesentlichen Eigenschaften anzugeben.

3.21 Chemische Zusammensetzung

Die Reinheit der Metallpulver wird durch chemische Analyse der Hauptmetalle und der Verunreinigungen bestimmt, die nach den bekannten Methoden erfolgt. Neben den metallischen Verunreinigungen sind auch die Gehalte an Metalloiden wie Sauerstoff (Oxyde), Stickstoff (Nitride), Kohlenstoff (Karbide), Wasserstoff (Hydride) oder in Form gelöster Gase, speziell bei dadurch versprödeten Metallen, von Interesse. Insbesondere für die Verpreßbarkeit und den Matrizenverschleiß ist der Gehalt an harten Bestandteilen wie Oxyden usw. von Einfluß. Mechanisch zerkleinerte Pulver sind meist durch Abrieb der Mahlorgane verunreinigt. Karbonylpulver, Elektrolyse- und Fällungspulver besitzen meist sehr hohe Reinheit. Die Reinheit der Reduktionspulver ist von der Reinheit der Oxyde oder der Metallverbindungen abhängig. An der Luft verdüste Pulver besitzen an der Oberfläche eine Oxydschicht. Reduktionspulver können von restlichen Oxydeinschlüssen gleichmäßig durchsetzt sein. Wegen der großen Oberflächen und der Oberflächenaktivität steigt der Sauerstoffgehalt frisch reduzierter Pulver beim Lagern an der Luft durch Adsorption und Chemisorption wieder an. Hochaktive Reduktionspulver wie Eisen, Kobalt, Nickel aus Oxalaten können mit dem Luftsauerstoff so stürmisch reagieren, daß sie aufglühen (pyrophore Pulver). Vielfach lassen sich dünne Oberflächenschichten an der Farbe des Metallpulvers erkennen. Cu-Pulver färbt sich von der Cu-Farbe in vielen Farbnuancen von braunrot bis dunkelrot. Oxydierte Silber-Kadmium-Verdüsungspulver haben goldgelbe bis gelbbraune Farbe. Reduziertes Wolframpulver hat hellgraue Farbe, während es sauerstoffhaltig dunkelgrau aussieht. Außerdem wird die Farbe der Pulver von der Korngröße beeinflußt. Die chemische Aktivität der Oberfläche von Metallpulvern wurde von G. F. Hüttig [*21*] anhand verschiedener Eigenschaftsgrößen wie Adsorptionsisothermen von Gasen, Dämpfen und Farbstofflösungen, elektromotorische Kraft, Lösungsgeschwindigkeit, Reaktivität bei verschiedenen Reaktionen sowie der Wirkung bei der heterogenen Katalyse verfolgt.

3.22 Teilchenform[1] und Teilchengefüge

Die nach verschiedenen Verfahren hergestellten Metallpulver zeigen in der Teilchengestalt und dem Teilchengefuge grundlegende Unterschiede. Hinsichtlich des Gefuges sind kompakte und aufgelockerte, porenhaltige Pulverteilchen zu unterscheiden Sowohl die kompakten als auch porenhaltigen Teilchen konnen mono- oder polykristallin sein. Porenhaltige Teilchen bestehen meist aus einer Vielzahl von Kristalliten Zu den kompakten Teilchen zahlen im allgemeinen die im festen Zustand und teilweise auch im flussigen Zustand durch mechanische Zerkleinerung gewonnenen Pulver sowie die meisten Karbonylpulver. Typische porenhaltige Pulver sind Reduktionspulver, Fallungspulver und Elektrolysepulver.

Die Teilchenform kann im Mikrobild in den Einzelheiten beschrieben werden. So sind als Hauptformen Kugel-, Polyeder-, Platten-, Nadel-, Dendriten- und Schwammform zu unterscheiden. Neben dem Mikrobild im Auflicht, bei dem neben der Teilchenform auch die Oberflachenbeschaffenheit beschrieben werden kann, ist das Teilchengefuge im Schliff zu beurteilen Zur Herstellung eines Schliffs durch die Pulverteilchen wird das Pulver in eine Einbettungsmasse eingegossen oder eingepreßt. Bei porenhaltigen Pulvern erfolgt das Einbetten am besten im Vakuum, damit die Poren vom Kunststoff ausgefullt werden und bei der Schliffherstellung ein Verschmieren verhindert wird. Beim nicht geatzten Schliff wird das Porengefuge sichtbar Im angeatzten Schliff werden die Teilchengroßen, verschiedene Phasen und Einschlusse erfaßt.

In den Abb 1 bis 8 sind einige fur elektrische Kontakte verwendete Metallpulver mit typischen Teilchenformen gezeigt. Das Elektro-

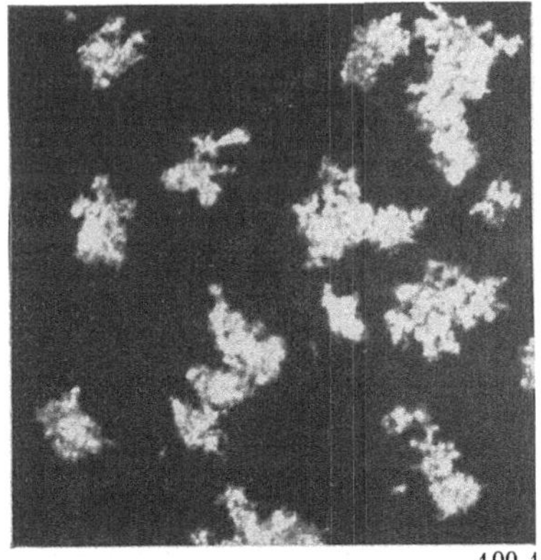

100 : 1

Abb 1. Elektrolysesilberpulver Korngroße < 0,15 mm

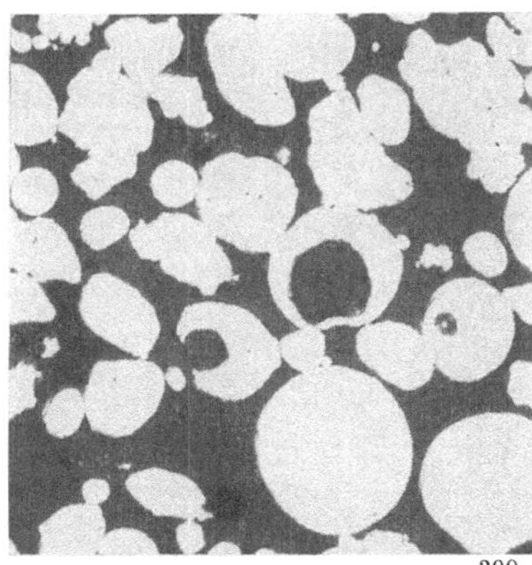

300 : 1

Abb 2 Querschliff eines in Araldit eingebetteten Silber-Druckverdusungspulvers.

[1] Siehe Fußnote S. 29.

lysesilberpulver besteht aus stark aufgelockerten porenhaltigen Sekundarteilchen; in Abb. 1 ist die Teilchenoberflache im Auflicht zu sehen. Die Sekundarteilchen sind aus mikrometergroßen vielen Primarteilchen aufgebaut. Demgegenuber besteht das Verdusungssilberpulver (Abb. 2 im

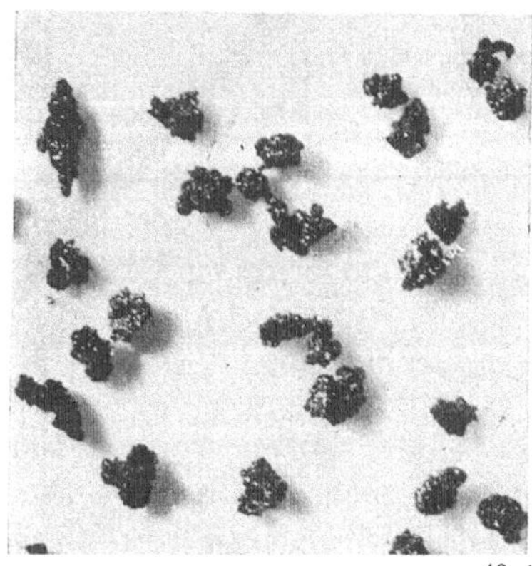

40 1

Abb. 3. Elektrolysekupferpulver, Siebfraktion 0,06 bis 0,15 mm.

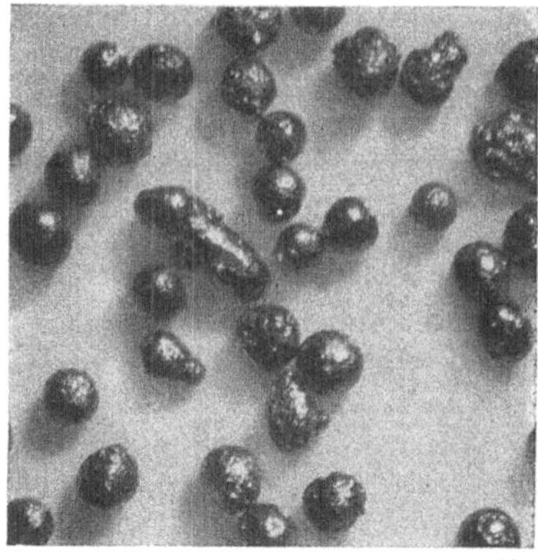

40 1

Abb. 4. Durch Druckverdusung der Schmelze hergestelltes Kupferpulver, Siebfraktion 0,1 bis 0,2 mm.

Querschliff) überwiegend aus porenfreien Silberteilchen, die zum Teil Kugelgestalt haben. Nur einzelne Teilchen sind durch Gase aufgeblaht und innen hohl. Elektrolysekupferpulver (Abb. 3) ist sehr ahnlich aufgebaut wie das Elektrolysesilberpulver. Die starke Auflockerung zeigt sich sowohl an der Pulveroberflache als auch im Querschliff. Durch Verdusung der Schmelze hergestelltes Kupferpulver (Abb. 4 und 5) besteht über-

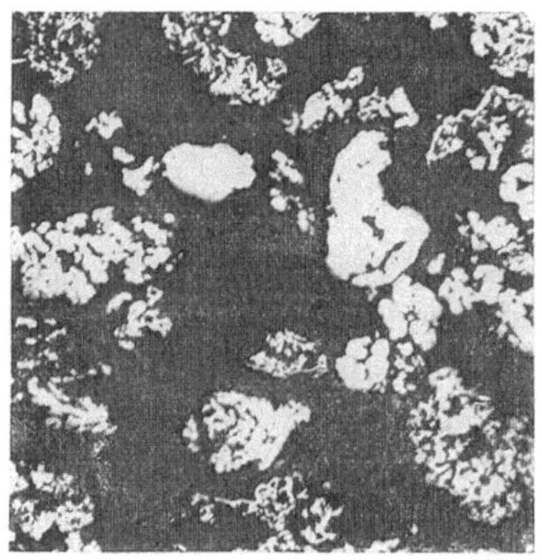

300 1

Abb 5 Querschliff des mit Araldit getrankten Kupfer-Druckverdusungspulvers.

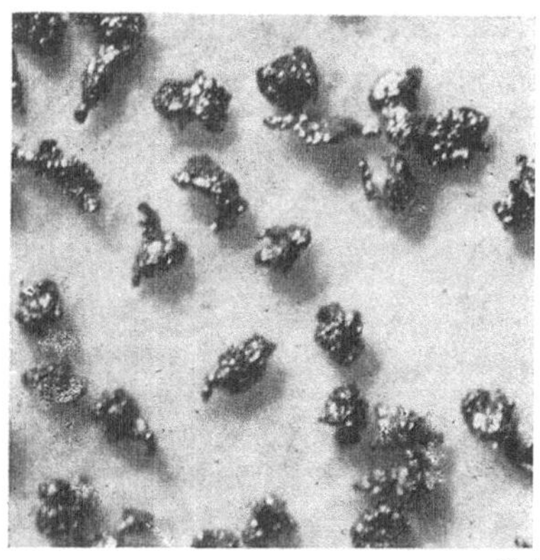

40 1

Abb 6. Durch Druckverdusung der Schmelze hergestelltes Bleipulver, Siebfraktion 0,1 bis 0,2 mm

wiegend aus porenarmen kugeligen Teilchen. Im Querschliff sind Oxydeinlagerungen sichtbar, die die Teilchen netzartig durchziehen.

Das in Abb. 6 gezeigte Bleiverdusungspulver besteht aus kantigen Teilchen, die im Inneren nur wenig Poren enthalten Die etwa 5 μm großen Teilchen des Karbonyl-Nickel-Pulvers sind kugelig. Nach dem Gluhen in Wasserstoff zeigt ihre Oberflache eine gewisse Rauhigkeit. Durch Ätzen des Anschliffs wird der Schalenaufbau der Karbonylteilchen sichtbar. Das RZ-Eisenpulver (Abb. 7) besteht auch aus kugeligen Teil-

40 1

Abb. 7. RZ-Eisenpulver, Siebfraktion 0,2 bis 0,3 mm.

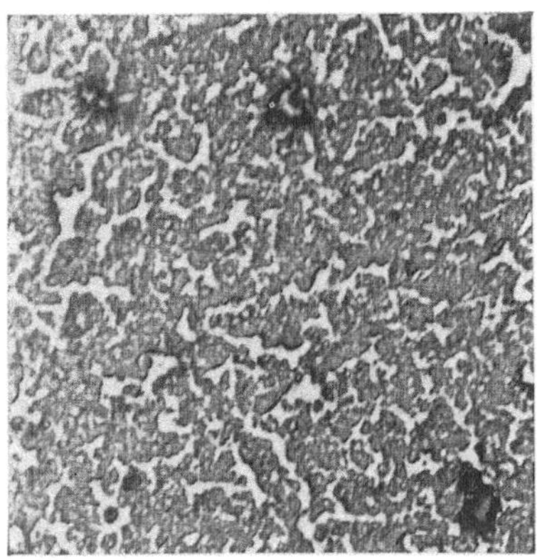

150 1

Abb 8. Wolframpulver durch Reduktion aus WO_3 hergestellt, in Kupferschmelze eingebettet.

chen. Bei der Gluhung des verdusten Roheisenpulvers entsteht durch Reaktion des Kohlenstoffs mit dem Sauerstoff des Eisenoxyds ein aufgelockertes Teilchengefuge. Noch porenhaltiger (schwammartiger) sind die aus Oxyden erhaltenen Reduktionspulver wie z.B. das in Abb 8 gezeigte Wolframpulver. Fur den Querschliff wurde das Pulver durch Tranken im Fullzustand in Kupfer eingebettet; das Kupfer erscheint im Bild hell.

3.23 Teilchengröße[1] und Teilchengrößenverteilung

Die Pulver bestehen aus einer großen Anzahl von Einzelteilchen (Einzelindividuen), so daß mit Erfolg die statistischen Methoden verwendbar sind. Meist liegen in einem Pulver viele verschiedene Teilchengrößen nebeneinander vor. Pulver mit einer einzigen Teilchengröße gibt es praktisch nicht. Zur Kennzeichnung der Teilchengroße wird zunachst eine Durchgangs- oder Ruckstandskurve aus Messungen aufgenommen. Dafur stehen verschiedene Verfahren zur Verfügung, die an anderer Stelle beschrieben sind [*22*]. Fur Teilchengrößen oberhalb 37 μm wird die Siebanlage

[1] Die Bezeichnung „Korngroße“ soll fur die Kristallite kristallographischer Schliffe verwendet werden. Um Verwechselungen zu vermeiden wurde fur Metallpulver die Bezeichnung „Teilchengroße“ gewahlt.

Tabelle 8. *Siebgroßen*

Deutsche Siebnorm			US Standard		Tyler		British Standard	
Neue deutsche Bezeichn = **lichte Maschenweite in mm**	Alte deutsche DIN-Norm = Maschenzahl je cm Lange	Maschenzahl je cm²	Lichte Maschenweite in mm	**US Stand. Mesh** = Maschenzahl je Zoll Lange	Lichte Maschenweite in mm	**Tyler Mesh** = Maschenzahl je Zoll Lange	Lichte Maschenweite in mm	**British Stand Mesh** = Maschenzahl je Zoll Lange
1,2	5	25						
			1,190	**16**				
					1,168	**14**		
							1,003	**16**
1,0	6	36	1,000	**18**				
					0,991	**16**		
							0,853	**18**
			0,840	**20**				
					0,833	**20**		
0,75	8	64						
			0,710	**25**				
					0,701	**24**		
							0,699	**22**
0,6	10	100						
							0,599	**25**
			0,590	**30**				
					0,589	**28**		
0,5	12	144	0,500	**35**			0,500	**30**
					0,495	**32**		
							0,422	**36**
			0,420	**40**				
					0,417	**35**		
0,4	16	256						
							0,353	**44**
					0,351	**42**		
			0,350	**45**				
0,3	20	400						
			0,297	**50**				
					0,295	**48**	0,295	**52**
							0,251	**60**
0,25	24	576	0,250	**60**				
					0,246	**60**		
							0,211	**72**
			0,210	**70**				
					0,208	**65**		
0,20	30	900						
							0,178	**85**
			0,177	**80**				
					0,175	**80**		
							0,152	**100**
0,15	40	1600						
			0,149	**100**				
					0,147	**100**		
			0,125	**120**				
					0,124	**115**	0,124	**120**
0,12	50	2500						
			0,105	**140**				
					0,104	**150**	0,104	**150**

Tabelle 8 (Fortsetzung)

Deutsche Siebnorm			**US Standard**		**Tyler**		**British Standard**	
Neue deutsche Bezeichn = **lichte Maschen-weite in mm**	Alte deutsche DIN-Norm = Maschen-zahl je cm Lange	Maschen-zahl je cm²	Lichte Maschen-weite in mm	**US Stand. Mesh** = Maschen-zahl je Zoll Lange	Lichte Maschen-weite in mm	**Tyler Mesh** = Maschen-zahl je Zoll Lange	Lichte Maschen-weite in mm	**British Stand. Mesh** = Maschen-zahl je Zoll Lange
0,100	60	3600						
0,090	70	4900						
							0,089	**170**
			0,088	**170**	0,088	**170**		
							0,076	**200**
0,075	80	6400						
			0,074	**200**	0,074	**200**		
							0,066	**240**
			0,062	**230**				
					0,061	**250**		
0,060	100	10000						
			0,053	**270**	0,053	**270**	0,053	**300**
			0,044	**325**				
					0,043	**325**		
					0,038	**400**		
			0,037	**400**				

Zahlen in **Fettdruck** = genormte Siebfolge

verwendet Bei porenhaltigen Pulvern, insbesondere solchen, die aus uber feine Brucken zusammenhangenden Sekundarteilchen bestehen, ist bei der Siebanalyse mit einer Veranderung der Teilchengroßen durch weitere Zerkleinerung zu rechnen. Bei Verwendung von Siebmaschinen, bei denen das Pulver nicht durch mechanische Ruttelung, sondern uber einen Luftstrom durch das Sieb gefuhrt wird, kann die Zerkleinerung weitgehend vermieden werden. Die Tab 8 gibt eine Zusammenstellung der verschiedenen Siebgroßen der lichten Maschenweite <1 mm und des Drahtdurchmessers an. Aus den Meßwerten kann eine Ruckstands-(R) oder Durchgangskurve (D) gezeichnet werden (Abb. 9). In Abb. 9 sind die Durchgangskurven fur ein Karbonyl-Nickel-Pulver, fur ein Elektrolysesilberpulver und fur ein durch Druckverdusung hergestelltes Ag-Cd-90/10-Legierungspulver angegeben. Fur das Ag-Cd-Pulver ist die durch Umklappen der D-Kurve erhaltene Ruckstandskurve eingezeichnet Nach der Teilchengroßenverteilungskurve betragt die haufigste Teilchengroße fur das Ni-Pulver (Kurve nicht gezeichnet) 5 µm, fur das Ag-Pulver 43 µm und fur das Ag-Cd-Pulver 127 µm. Der rechte Maßstab der Teilchengroßenverteilungskurve der Abb 9 gilt fur das Ag-Cd-Pulver, der linke fur das Reinsilberpulver. In diesem Zusammenhang wird auf die Ausfuhrungen von F Skaupy [*23*] verwiesen. Die Teilchenverteilung von Hametag- und

Elektrolyteisenpulver wurde von R. KIEFFER und H. HOTOP [24] mitgeteilt. Aus Untersuchungen an keramischen Pulvern stellten ROSIN und RAMMLER [25] empirisch ein Verteilungsgesetz auf. Ein Diagrammblatt zur Auswertung der Verteilungskurven wurde von J. G. BENETT [26] und von K. KONOPITZKY [27] angegeben. Durch Differenzierung wird die Teilchengroßenverteilungskurve erhalten (Abb. 9).

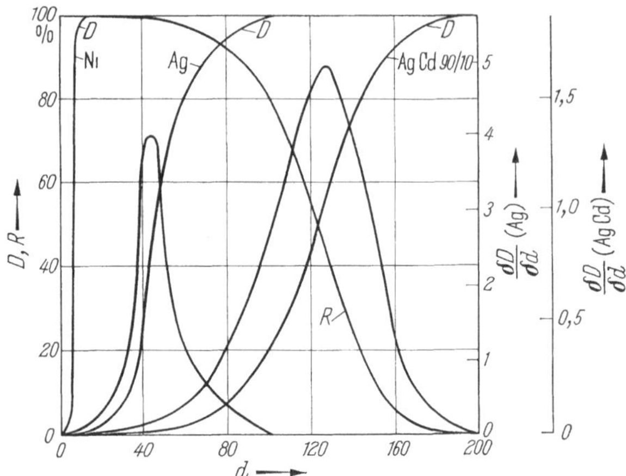

Abb. 9. Durchgangs- und Teilchengroßenverteilungskurven verschiedener Metallpulver.

Die Bestimmung der Teilchengroßen unterhalb der kleinsten Siebgroße (< 37 µm) ist nach verschiedenen Verfahren moglich [28]. Bei der Messung der Fallgeschwindigkeit der Teilchen in einer Flussigkeit erfolgt die Auswertung des Teilchendurchmessers d_S (µm) aus der Fallgeschwindigkeit v (cm/min) nach der STOKEschen Gleichung.

$$d_S = 175 \left(\frac{\eta}{\sigma - \varrho}\right)^{1/2} v_m^{1/2}, \tag{6}$$

wobei η die Viskositat und ϱ die Dichte der Flussigkeit in CGS-Einheiten und σ die Dichte des Teilchenmaterials bedeuten. Da die STOKEsche Gleichung nur fur kleine REYNOLDSsche Zahlen gilt, ist der nach Gl. (6) berechnete Durchmesser mit einem Korrekturfaktor zu multiplizieren, um den wahren Durchmesser zu erhalten [28].

Zur Teilchengrößenanalyse in Suspensionen laßt sich neben der Steighöhenmethode, dem Areometer- und dem Taucherverfahren insbesondere die Pipettenmethode nach ANDREASEN verwenden: Das Pulver wird in etwa 500 cm³ Losung dispergiert, deren Oberflache sich h cm uber dem Probennahmeniveau im unteren Ende der Burette befindet. Nach einer Minute werden 10 cm³ abgezogen, das größte Teilchen, das sich in diesem Volumen befindet, hat die Strecke h in 1 min durchlaufen. Jedes noch größere Teilchen mußte unter das Probennahmeniveau gefallen sein. Der Durchmesser d wird nach Gl. (6) berechnet. Das Feststoffgewicht dieser 10-cm³-Probe, ausgedrückt als %-Anteil des Feststoffs am gleichen Volumen der Originalsuspension, ist der Bruchteil der Probe, die einen Durchmesser d_1 hat. Das Verfahren wird wiederholt und liefert eine Durchgangskurve.

Die Messung kann auch mit der Sedimentationswaage erfolgen. Dabei fallen die sedimentierten Teilchen auf eine Platte auf Probennahmeniveau. Moderne Sedimentationswaagen tragen die Meßergebnisse gleich in einer Kurve graphisch auf [*29*]. Zur Bestimmung der Teilchengrößenverteilungskurve ist auch die Lichtextinktionsmethode im Bereich $d = 50$ bis 0,75 µm gut geeignet [*30*]. Schließlich sind noch zur Kornanalyse die Windsichter zu erwähnen. Beim mikroskopischen Ausmessen [*31*] vergleicht man meist die Teilchenfläche von unregelmäßigen Formen mit einer gleichgroßen Kreisfläche. Während kugelige Teilchen leicht und genau ausmeßbar sind, führen Messungen an nicht kugeligen Teilchen leicht zu falschen Ergebnissen.

H. F. Fischmeister, C. A. Blandle und S. Palmqvist [*32*] haben an verschiedenen Pulvern mit weit auseinander liegenden Eigenschaften (WC, WO_3, W, Fe, Cu, SiO_2 und Al_2O_3) die nach verschiedenen Untersuchungsmethoden erhaltenen Teilchengrößenwerte gegenübergestellt. Dabei wurden an Einzelwertmethoden die Bestimmung der Füll- und Klopfdichte, der Luftdurchlässigkeit, der Gasadsorption nach BET [*33*] und des Reflexionsvermögens herangezogen und für die Teilchengrößenbestimmung die elektronen- und lichtmikroskopische Methode, das Turbidimeter, die Sedimentationswaage mit gasförmigem und flüssigem Medium sowie Windsichter und die Siebanalyse eingesetzt.

Für die Messung der Teilchenoberfläche stehen verschiedene Verfahren der Adsorption zur Verfügung [*33* bis *36*]. Die Oberflächenenergie der Teilchen kann aus dem chemischen Verhalten, wie Auflösungsgeschwindigkeit oder der Wirksamkeit bei der heterogenen Katalyse, bestimmt werden.

3.24 Füllvolumen, Fülldichte, Füllraumerfüllungsgrad und Füllraumerfüllung

Die Dichte [*37*] eines Stoffes ist definiert durch die Masse der Volumeneinheit. Als Wichte wird das Gewicht der Volumeneinheit verstanden. Bei Pulvern im Füll-, Klopf-, Preß-, Sinter- oder Nachpreßzustand sind neben dem festen Stoff auch Poren vorhanden. Man hat es demnach mit einem heterogen aufgebauten Stoff zu tun. Nach DIN 1306 ist die reine Dichte von der Rohdichte (gelegentlich auch als Scheindichte bezeichnet) zu unterscheiden. Dabei gilt die erste Bezeichnung für den porenfreien Stoff und die Rohdichte für den porenhaltigen Zustand. Im Interesse der

Kurzausdrucke werden in der pulvermetallurgischen Literatur in Abweichung zu DIN 1306 allgemein die Ausdrücke Full-, Klopf-, Preß- und Sinterdichte usw. verwendet [*38*].

Die Kornform und das Korngefuge sowie die Korngrößenverteilung bestimmen das Füllvolumen und die daraus errechenbaren Großen. Unter dem Fullzustand eines Metallpulvers (gelegentlich auch als Schuttzustand bezeichnet), der den folgenden Meßangaben zugrunde gelegt ist, ist der Zustand des lose ohne Erschutterung in ein definiertes Volumen gefullten Pulvers zu verstehen. Die folgenden Großen: Fülldichte, spezifisches Fullvolumen, Füllraumerfullungsgrad und Fullraumerfullung kennzeichnen diesen Zustand quantitativ.

Das spezifische Fullvolumen eines Pulvers ist definiert durch das Volumen in cm^3, das die Masseneinheit des lose gefullten Pulvers einnimmt. In der Praxis hat es sich eingeburgert, unter der Bezeichnung Füllvolumen V_F das Volumen von 100 g des Pulvers (cm/100 g) anzugeben. Aus dem Fullvolumen V_F errechnet sich das spezifische Fullvolumen nach Gl. (7)

$$v_F = V_F \cdot 10^{-2}\ \mathrm{cm^3/g}. \tag{7}$$

Die Fulldichte ist der Kehrwert des spezifischen Fullvolumens (8)

$$\gamma_F = \frac{1}{v_F}\ \mathrm{g/cm^3}. \tag{8}$$

Der Raumerfullungsgrad ist durch Gl. (9) als das Verhaltnis der Fulldichte zur Reindichte des porenfreien Korpers gleicher Zusammensetzung gegeben.

$$\varrho_F = \frac{\gamma_F}{\gamma_{\mathrm{th}}}. \tag{9}$$

Der Raumerfullungsgrad ist eine skalare Zahl. Mit 10^2 multipliziert ergibt sich die Raumerfullung in % (10).

$$R = \varrho_F \cdot 10^2\ \%. \tag{10}$$

Für den Vergleich der Fullzustände verschiedener Pulver sind die Raumerfüllungsgrade geeignet. Bei gleichartigen Pulvern wird in der Praxis häufig das Füllvolumen oder die Fulldichte verwendet.

In der Tab. 9 sind die den Fullzustand kennzeichnenden Werte für verschiedene Pulver in den Spalten 3 bis 5 angegeben.

Die Bestimmung des Fullvolumens erfolgt nach verschiedenen Verfahren. 100 g des bei 102 bis 107 °C getrockneten Pulvers werden in einem 100-cm^3-Meßglas ohne zu erschuttern schrag einfließen gelassen und nach Geradeschutten der Oberflache das Volumen abgelesen. Nach einer anderen Methode [*39*] werden fließende Pulver aus einem 60°-Trichter in ein 25-ml-Gefaß einfließen gelassen. Die Fallhohe betragt dabei 25,4 mm von der Austrittsduse zum Gefaßrand. Nach Abstreichen des

Tabelle 9. *Pulvereigenschaften verschiedener Metallpulver*

Metall-pulver	Herstellung	V_F cm³/100 g	γ_F g/cm³	ϱ_F	V_K cm³/100 g	γ_K g/cm³	ϱ_K	t_{F_4} s/100g
Ag	Fallung	98,4	1,015	0,097	44,4	2,25	0,214	∞
	Fallung	63,0	1,59	0,152	39,0	2,56	0,244	∞
	Elektrolyse	57,0	0,755	0,167	31,0	3,225	0,304	∞
	Fallung	51,2	1,95	0,186	42,5	2,350	0,224	∞
	Verdusung	21,0	4,76	0,454	16,0	6,25	0,595	∞
Cd	Verdusung	29,5	3,39	0,392	26,0	3,85	0,446	21,1
Cu	Elektrolyse[1]	36,0	2,78	0,311	34,0	2,94	0,329	22,8
	Verdusung	65,0	1,54	0,172	49,0	2,04	0,229	∞
	Verdusung	20,3	4,93	0,55	19,8	5,05	0,566	16,1
Fe	Hoganæs	36,6	2,73	0,347	29,8	3,35	0,426	27,8
	aus Karbonyl	31,6	3,17	0,403	23,2	4,31	0,549	∞
	Hametag	51,3	1,95	0,248	39,2	2,55	0,324	41,8
	RZ	37,5	2,67	0,342	32,5	3,08	0,395	18,4
Mo	Reduktion aus MoO_3	69,8	1,44	0,141	33,1	3,02	0,296	∞
Ni	Karbonyl	58,8	1,71	0,194	36,5	2,74	0,311	∞
	Fallung	79,1	1,26	0,144	48,0	2,09	0,237	∞
	Fallung	27,0	3,70	0,421	24,0	4,17	0,474	14,0
Pb	Verdusung	19,5	5,13	0,452	14,1	7,14	0,629	∞
W	Reduktion aus WO_3	124,0	0,81	0,042	61,0	1,64	0,085	∞
	Reduktion aus WO_3	119,0	0,84	0,044	57,0	1,76	0,091	∞
	Reduktion aus WO_3	40,5	2,47	0,128	23,5	4,26	0,221	∞
	Reduktion aus WO_3	32,0	3,12	0,162	17,0	5,88	0,304	∞
	Reduktion aus WO_3	22,5	4,44	0,230	15,0	6,67	0,346	∞
	Reduktion aus WO_3	22,0	4,55	0,236	16,5	6,07	0,314	13,2
	Reduktion aus WO_3	19,5	5,13	0,266	12,0	8,34	0,432	∞

[1] Weitere Elektrolysekupferpulver s. S. 37, Tab. 10.

Schuttkegels auf dem Fullgefaß wird das Gewicht gewogen und V_F in cm³/100 g umgerechnet. Wahrend das Fullvolumen fließender Metallpulver nach den beiden beschriebenen Verfahren genau und reproduzierbar in guter Übereinstimmung bestimmt werden kann, bereitet die Messung des Fullvolumens bei nicht fließenden Metallpulvern Schwierigkeiten. Bei der Bestimmung im Meßzylinder entstehen durch Bruckenbildungen Hohlraume; dadurch wird ein zu großes Volumen gemessen. Es sind deshalb genaue Arbeitsbedingungen festzulegen, z.B. ist das Einfullen so vorzunehmen, daß das Pulver von einer Schragflache einrieselt, oder durch Einsieben oder einer ahnlichen Methode mussen die Brückenbildungen vermieden werden. Das Fullvolumen nicht fließender Metallpulver hat zur Pulverkennzeichnung nur theoretische Bedeutung. In der Praxis ist mit nicht fließenden Pulvern eine wirtschaftliche Fullung der Preßformen innerhalb der geforderten Gewichtstoleranzen meist nicht möglich. Derartige Pulver konnen durch eine geeignete Vorbehandlung in fließfahige Form gebracht werden (s. Abschn. Granulation, S. 39).

3.25 Füllfaktor

Die Fülleigenschaften eines Metallpulvers sind für die Festlegung der Füllhöhe eines Preßwerkzeugs bei vorgegebener Preßkörperhöhe wichtig. Da die Matrizenfläche F im Füll- und Preßzustand gleich ist ($F_F = F_P$) und ferner das Füllgewicht gleich dem Preßgewicht ist ($g_F = g_P$) ergibt sich bei gegebener Fülldichte γ_F und gegebener Preßdichte γ_P die Beziehung (11)

$$F_F \cdot h_F \cdot \gamma_F = F_P \cdot h_P \cdot \gamma_P \tag{11}$$

Daraus errechnet sich der Füllfaktor f nach (12)

$$f = \frac{h_F}{h_P} = \frac{\gamma_P}{\gamma_F} = \frac{\varrho_P}{\varrho_F} \tag{12}$$

Das Verhältnis der Füllhöhe zur Preßhöhe ist gleich dem Verhältnis der Preßdichte zur Fülldichte und gleich dem Verhältnis des Preßraumerfüllungsgrads zum Füllraumerfüllungsgrad. Dieser Faktor wird als Füllfaktor bezeichnet. Er gibt an, um wieviel die Füllhöhe größer ist als die Preßhöhe. Die Füllfaktoren liegen im allgemeinen zwischen 2 und 5.

3.26 Klopfvolumen, Klopfdichte, Klopfraumerfüllungsgrad und Klopfraumerfüllung

Die folgenden Pulverkenndaten kennzeichnen die Metallpulver im Klopfzustand. Darunter versteht man den Zustand des durch Klopfen dicht gepackten Pulvers. Das Klopfvolumen wird durch Volumenbestimmung des durch Klopfen dicht gepackten Pulvers ermittelt. Die Durchführung kann von Hand oder mit Hilfe einer Klopfmaschine erfolgen, indem 100 g Pulver in einem Meßzylinder so lange durch Klopfen auf einer elastischen Unterlage (Gummi oder Kunststoff) verdichtet werden, bis sich das Volumen nicht mehr verkleinert. Alle diese Geräte sind gekennzeichnet durch die freie Fallhöhe h, das Fallgewicht und den daraus errechenbaren Impuls je Klopfstoß. Die Zahl der Klopfstöße wird so gewählt, daß der Volumenendwert erreicht wird. Versuche mit dem Stampfvolumeter nach DIN 53194 haben ergeben, daß die Fallhöhe von $3 \pm 0{,}1$ mm nicht ausreicht, um nach $n = 1250$ Stößen den Endwert zu erreichen, der beim Klopfen von Hand nach geringerer Stoßzahl erreicht wurde. Übereinstimmende Werte wurden bei einer Fallhöhe von 10 mm und $n = 1250$ erhalten. Unter definierten Stoßverhältnissen (Stoßimpuls) hat der Verfasser aus der Volumenänderung in Abhängigkeit von der Stoßzahl (Klopfkinetik) für die Pulver kennzeichende Größen abgeleitet [*40*].

Von J. C. Leadbeater [*41*] und Mitarbeitern ist die bis zum konstanten Volumen erforderliche Anzahl der Schläge von der Korngestalt abhängig.

Aus dem Klopfvolumen V_K, angegeben in cm³/100 g, lassen sich analog den Eigenschaftswerten im Füllzustand das spezifische Klopfvolumen v_K in cm³/g angeben. Die Klopfdichte ist durch Gl. (13), der Klopfraumerfüllungsgrad nach Gl (14) und die Klopfraumerfüllung nach Gl. (15) angegeben.

$$\gamma_K = \frac{1}{v_K} \quad \text{g/cm}^3 , \tag{13}$$

$$\varrho_K = \frac{\gamma_K}{\gamma_{th}} , \tag{14}$$

$$R_K = \varrho_K \cdot 10^2 \quad \% . \tag{15}$$

Aus der durch Klopfen des Pulvers möglichen Verdichtung des Pulvers im Füllzustand lassen sich weitere Pulverkenngrößen gewinnen, so der Klopfverdichtungsanteil und die Klopfverdichtung. Der Klopfverdichtungsanteil ist durch Gl. (16) definiert als

$$k' = \frac{\varrho_K - \varrho_F}{\varrho_F} \cdot 100 \ (\%). \tag{16}$$

Dieser Wert stellt den Verdichtungsanteil durch Klopfen in bezug auf den Füllraumerfüllungsgrad in % dar. Die Klopfverdichtung ist definiert durch Gl. (17)

$$k = \frac{\varrho_K - \varrho_F}{1 - \varrho_F} \cdot 100 \ (\%). \tag{17}$$

Sie stellt das Verhältnis des durch Klopfen erzielten Raumerfüllungsanstiegs zu dem theoretisch möglichen Raumerfüllungsanstieg in % dar. In der Tab. 10 sind die Pulvereigenschaften verschiedener Elektrolysekupferpulver zusammengestellt. In den letzten beiden Spalten sind die k'- und k-Werte angegeben. Die k'-Werte der einzelnen Cu-Pulversorten unterscheiden sich etwa um den Faktor 5. Während die fließfähigen, dichter gepackten Pulver 1, 2 und 9 k'-Werte zwischen 12 und 16 besitzen, liegen die wesentlich stärker aufgelockerten Pulver 3 bis 8 in den k'-Werten zwischen 40 und 52

Tabelle 10. *Pulvereigenschaften von Elektrolysekupferpulvern*

Pulver Nr	V_F cm³/100 g	γ_F g/cm³	ϱ_F	V_K cm³/100 g	γ_K g/cm³	ϱ_K	t_{F_4} s/100 g	k' %	k %
1	36,0	2,78	0,311	32,0	3,13	0,351	28	12,8	5,81
2	43,0	2,33	0,261	37,0	2,71	0,303	29,3	16,1	5,68
3	94,0	1,06	0,119	63,0	1,59	0,178	∞	49,6	6,69
4	56,0	1,79	0,199	40,5	2,47	0,277	∞	39,2	9,37
5	132,0	0,76	0,085	87,2	1,15	0,129	∞	52,1	4,83
6	118,0	0,84	0,095	81,0	1,24	0,139	∞	46,3	4,87
7	78,6	1,27	0,142	53,0	1,88	0,210	∞	47,8	7,92
8	78,0	1,28	0,144	51,5	1,94	0,218	∞	52,3	8,75
9	36,2	2,76	0,309	32,5	3,08	0,345	30,2	11,7	5,21

Die Klopfverdichtung k unterscheidet sich bei den einzelnen Kupferpulvern etwa um den Faktor 2. Die absoluten Werte liegen zwischen 4,8 und 9,7% der theoretisch möglichen Verdichtungen der Pulver im Füllzustand.

3.27 Fließeigenschaften der Pulver

Beim Verpressen des Metallpulvers in einer Matrize zu einem Formteil wird zuerst das Pulver in die Hohlung der Preßmatrize eingefüllt. Für ein wirtschaftliches Pressen ist eine rasche Füllung des Matrizenvolumens mit einer möglichst konstanten Füllmenge Voraussetzung. Eine rationelle Matrizenfüllung wird mit automatisch arbeitenden Füllvorrichtungen erreicht. Eine derartige Anlage setzt gute Fließeigenschaften des Metallpulvers voraus. Unter den Fließeigenschaften oder dem Fließverhalten eines Pulvers versteht man die Fähigkeit, aus einem Gefäß aus- oder in ein Gefäß einzufließen. Als Meßwert wird die Fließzeit t_F angegeben. Zur Bestimmung wird meistens ein 60°-Trichter mit definierter Ausfließöffnung und Düsenlänge verwendet Nach ASTM [*42*] hat der 60°-Trichter eine Düse mit 2,54 mm Durchmesser und 3,175 mm Länge. Daneben wird im europäischen Raum häufig ein 60°-Trichter mit 4 mm Durchmesser und 4 mm Düsenlänge benutzt [*43*]. Die Abb. 10 zeigt den Fließtrichter mit dem ausfließenden Metallpulver. Für schlechter fließende Pulver werden oft 60°-Trichter mit 6 mm Düsenduchmesser und 6 mm Düsenlänge bzw 8 mm Durchmesser und 8 mm Düsenlänge und 10 mm Durchmesser und 10 mm Düsenlänge verwendet. Der Düsendurchmesser des Fließtrichters wird bei dem Meßwert als Index angegeben, z B t_{F_4}. Am häufigsten wird das Fließverhalten mit dem 60°-Trichter und 4 mm Düsendurchmesser und 4 mm Düsenlänge bestimmt. Die Fließzeit t_F in s von 100 g Pulver wird als Maß für das Fließverhalten mit der Stoppuhr gemessen. Durch den Feuchtigkeitsgehalt wird die Ausfließzeit der Pulver beeinflußt Die Bestimmung wird daher nach einstündigem Trocknen der Pulver zwischen 102 und 107 °C und Abkühlen im Exsikkator durchgeführt. Bei der Durchführung der Messung wird die Ausfließöffnung mit dem Finger verschlossen, 100 g des Pulvers in den Fließtrichter gefüllt und zum Zeitpunkt des Öffnens der Düse die Stoppuhr betätigt. Der Zeitpunkt, während dem der letzte Pulverrest den Trichter verläßt, ist von

Abb 10 60°-Fließtrichter mit 4 mm Düsendurchmesser während des Fließversuchs

oben gut zu sehen und damit die Fließzeit auf etwa 0,1 s genau zu bestimmen

Nach LEADBEATER [*37*] und Mitarbeiter ist die Fließzeit t_F in s durch die Gl. (18) gegeben.

$$t_F = \frac{K\,w}{r^n}\,. \tag{18}$$

Darin ist K eine das Pulver kennzeichnende Große (Fließfaktor), w das Pulvergewicht, r der Radius der Ausfließoffnung und n ein Exponent.

3.3 Aufbereitung der Metallpulver

3.31 Sieben

Die meisten Metallpulver konnen nicht in dem bei der Herstellung anfallenden Zustand verarbeitet werden, vielmehr mussen die fur die Verarbeitung erforderlichen Pulvereigenschaften erst durch Behandlung der Pulver erreicht werden. Durch Sieben wird die geeignete Siebfraktion erhalten. Bei einigen Anwendungen werden grobe Pulveranteile etwa $>0{,}3$ mm abgetrennt und die Teilchengroßen 0 bis $<0{,}3$ mm verwendet. Bei anderen Anwendungen storen Feinanteile z B. $<0{,}06$ mm, die abgesiebt werden.

3.32 Wärmebehandlung

Durch Gluhen des Pulvers in reduzierenden Atmospharen werden Oxydschichten oder Oxydeinschlusse beseitigt. Pulvergluhungen werden auch zur Entfernung von C, S oder P verwendet. Bei Gluhungen im Vakuum konnen leicht verdampfbare Metalle oder Stoffe entfernt werden Eine weitere Veranlassung fur eine thermische Pulvervorbehandlung ist die Entfestigung (Weichgluhen) mechanisch hergestellter und kaltverfestigter Pulversorten

3.33 Granulation

Fur die Massenfertigung von Fertigformteilen auf dem Sinterwege ist Voraussetzung, daß die Ausgangspulver ausreichende Fließeigenschaften besitzen. Bei den vollautomatischen Pressen ist es erforderlich, die Matrize in einer Zeit von etwa 0,5 bis 1 s mit einer moglichst konstanten Pulvermenge zu fullen. Viele Metallpulver, wie z B. die Elektrolyse-, Fallungs- und Karbonylpulver, besitzen kein ausreichendes Fließverhalten Diese Metallpulver bzw. Gemische mehrerer Pulver mussen vor dem Verpressen durch „Granulieren“ in eine fließfahige Form ubergefuhrt werden. Die Granulation kann nach verschiedenen Wegen erfolgen

3 331 Granulation durch Granulierzusatze

Bei diesem Verfahren wird dem Metallpulver M ein Granuliermittel Z zugesetzt; meist wird es mit einem Losungsmittel L gleichmaßig auf die

Pulveroberflache verteilt. Als Granuliermittel sind organische Stoffe wie Glykol, Glyzerin, Kampfer, Paraffin oder Kunststoffe geeignet. Sie halten die nicht fließenden Pulverteilchen zusammen und ergeben Agglomerate mit Fließeigenschaften. Die Ausgangsmischung setzt sich nach Gl. (19) zusammen.

$$\mathrm{M} + \mathrm{Z} + \mathrm{L} = 100\,\% \qquad (19)$$

Von dem uberschussigen Losungsmittel L der Ausgangsmischung wird so viel abgedampft, bis eine passierfahige plastische Masse erhalten wird. Das Passieren erfolgt nach einem der bekannten Verfahren z.B durch eine Lochplatte oder ein Sieb. Dabei kann die durchgedruckte Masse durch rotierende Messer in die gewunschten Korngroßen geschnitten werden Nach Abdampfen des restlichen Losungsmittels ist das Pulver preßfertig Das Granuliermittel wird vor dem Sintern durch Erwarmen meist vollstandig abgedampft, ahnlich dem Abdampfen preßerleichternder Zusatze.

Als Beispiel wird die Granulation der Pulvermischung AgPb 80/20 aus nicht fließenden Elektrolysesilberpulver und Pb-Verdusungspulver, beide mit einer Korngroße $<60\,\mu$ mit Glykol als Granuliermittel (Z) angefuhrt. 2 bzw. 4 % Glykol wurden mit Äthylalkohol als Losungsmittel (L) gleichmäßig auf die Pulvermischung (M) aufgebracht. Die Mischungen bestehen aus den in Gl (20) und (21) angegebenen Gewichtsanteilen:

	Z:M	L:Z	L:M	
$70{,}4\,\%\,\mathrm{M} + 1{,}4\,\%\,\mathrm{Z} + 28{,}2\,\%\,\mathrm{L} = 100$ Gew.-%	0,0199	20	0,4	(20)
$69{,}4\,\%\,\mathrm{M} + 2{,}78\,\%\,\mathrm{Z} + 27{,}8\,\%\,\mathrm{L} = 100$ Gew.-%	0,0415	10	0,4	(21)

Nach teilweisem Abdampfen des Alkohols werden die Mischungen durch eine 0,5-mm-Siebplatte passiert und die fadenartigen Teilchen etwa 2 mm lang geschnitten. Nach dem Abdampfen des restlichen Äthylalkohols zeigt das Granulat im 60°-Trichter mit 10 mm Dusenlange ($t_{F_{10}}$) gute Fließeigenschaften.

Die Pulvereigenschaften im Ausgangs- und Granulierzustand sind in Tab 11 gegeben. Die gleichmaßige Pb-Verteilung in der Ausgangspulver-

Tabelle 11

	V_F cm³/100 g	F g/cm³	R_F %	V_K cm³/100 g	K g/cm³	R_K %	t_{F10} s/100 g
Ag-Pb 80/20 Ursprungl. Pulver	65,4	1,53	14,38	45,8	1,79	16,8	∞
Ag-Pb 80/20 mit 2% Glykolzusatz	67,3	1,49	14,0	43,5	2,3	21,6	6,8
Ag-Pb 80/20 mit 4% Glykolzusatz	67,8	1,48	13,9	41,8	2,39	22,4	5,4

mischung (Abb. 11 links) ist auch im Granulat erhalten geblieben (Abb. 11 rechts). Das Granulat ist zur Verarbeitung mit mechanischen Füllvorrichtungen geeignet. Die Fülltoleranz ist ±1 Gew.-%. Das Aussehen der Preßlinge mit und ohne Granulierzusatz unterscheidet sich nicht. Die Füll- und Klopfeigenschaften des granulierten Pulvers weichen nur 4 bis

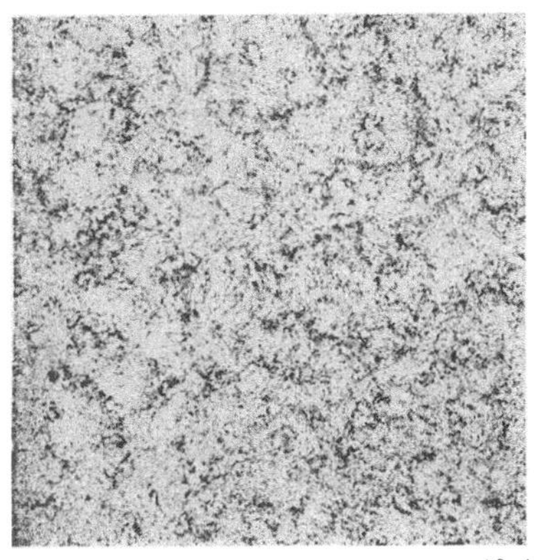

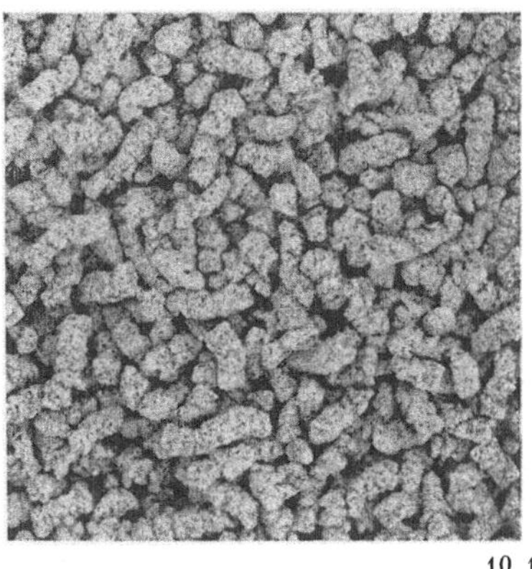

10 : 1 10 : 1

Abb. 11. Bleiverteilung in der Ag-Pb-80/20 Pulvermischung im Ausgangszustand (links) und im Granulat (rechts)

9% von den Werten des nicht granulierten Pulvers ab. Das Granuliermittel bewirkt beim Pressen eine Herabsetzung der Kraft zum Ausstoßen der Preßlinge aus der Matrize um 25%.

3.332 Mechanische Granulation

Ein anderes Verfahren besteht darin, das nicht fließende Pulver ohne Zusätze mechanisch zu verdichten und den Preßkörper zu zerkleinern. Das Maß der Verdichtung ist vom Pulver abhängig und kann jeweils leicht festgelegt werden. Der spezifische Druck bei der Pulververdichtung wird so groß gewählt, daß die Preßkörper in einer Mühle noch gut zerkleinert werden können und andererseits das Mahlgut Fließeigenschaften besitzt. Mit steigendem Vorpreßdruck werden die Fließeigenschaften verbessert. Bei weichen plastischen Pulvern liegt der Vorpreßdruck etwa zwischen 0,05 und 1 Mp/cm². Bei harten Pulvern kann der Vorpreßdruck bis 6 Mp/cm² liegen. Der unten definierte Verdichtungsfaktor V liegt zwischen 0,2 und 0,6. Bei plastischen Metallpulvern ist dabei zu beachten, daß die Dichte der granulierten Teilchen unterhalb der Dichte der daraus gepreßten Körper liegt. Dies ist insbesondere bei Pulvern von Bedeutung, die beim Pressen zum Kaltpreßschweißen und zu Gaseinschlussen fuhren. Der Verdichtungsfaktor V ist durch Gl. (22) und (23) gegeben.

$$\varrho_{gF} = \varrho_{aF} + (\varrho_P - \varrho_{aF}) \cdot V \tag{22}$$

$$\varrho_{gK} = \varrho_{aK} + (\varrho_K - \varrho_{aK}) \cdot V \tag{23}$$

Die Indizes beim Raumerfullungsgrad bedeuten a das Ausgangspulver, g das granulierte Pulver, F den Full-, K den Klopf- und P den Zustand des Preßkorpers. In Abb. 12 sind die Bereiche fur den Full- und Klopfzustand einer Ag-Ni-90/10-Pulvermischung im Ausgangs- und granulierten Zustand angegeben. Des weiteren sind der Raumerfullungsgrad fur den optimalen Preßzustand und die maximale Sinterverdichtung dieser Pulvermischung eingetragen. Als Muhle kann eine Zahnscheibenmuhle oder Kugelmuhle verwendet werden. Große Vorpreßkorper werden auf eine der Muhle angepaßten Korngroße vorzerkleinert.

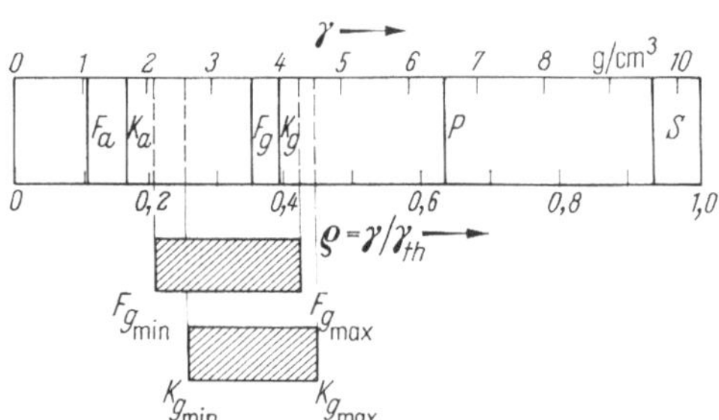

Abb 12 Pulvereigenschaften von Ag-Ni-90/10-Pulver in der Raumerfullungs- und Dichtegraden.

Die mechanische Granulation kann auch unter Verwendung von Granulierzusatzen erfolgen. Die Granuliermittel werden, wie im vorangehenden Abschnitt beschrieben, gleichmaßig auf die Pulverteilchen aufgebracht und nach dem Verdichten wird der Vorpreßkorper wieder zerkleinert. Das so gewommene Granulat hat bei etwa gleichen Fließeigenschaften bessere Abriebfestigkeit und Preßeigenschaften als das rein mechanisch granulierte Pulver.

Vom Granuliermittel wird gefordert, daß es nach dem Pressen des granulierten Pulvergemisches aus dem Preßkorper möglichst ruckstandsfrei entfernt werden kann. Dies erfolgt vor dem Sintern durch Erwarmen, gegebenenfalls unter vermindertem Druck zur Beschleunigung des Vorgangs. Die Entfernung des Granuliermittels kann wie das Abbrennen der preßerleichternden Zusatze auch in einer Abbrennzone im Sinterdurchlaufofen erfolgen

3.333 Thermische Granulation

Bei diesem Verfahren wird das Metallpulver oder ein Metallpulvergemisch oder eine Mischung aus Pulvern von Metallen mit Metallverbindungen oder Metalloiden durch eine Warmbehandlung derart verfestigt, daß der entstehende Sinterkorper mit einer der bekannten Zerkleinerungseinrichtungen noch leicht zerkleinert werden kann. Die bei der Warmbehandlung im wesentlichen durch Diffusion zusammengesinterten Pulverteilchen müssen nach der Zerkleinerung neben gutem Fließverhalten eine ausreichende Abriebsfestigkeit aufweisen. Als Temperatur empfiehlt sich das 0,4 bis 0,7fache der absoluten Schmelztemperatur und eine Behandlungszeit in der Größenordnung von 30 min. Vor der Warmbehandlung kann das Ausgangspulver entweder im Füll-, Klopf- oder im Vorpreßzustand vorliegen. Mit zunehmender Vorverdichtung kann die Vorsintertemperatur herabgesetzt werden. Ein Vorteil besteht darin, daß

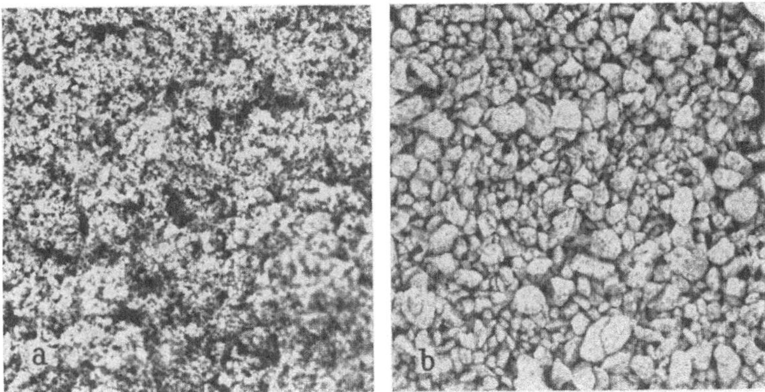

15:1

Abb. 13 a u. b Ag-Ni-90/10-Pulver als Ausgangspulvermischung (links) und im granulierten Zustand (rechts).

die Dichte der granulierten Pulverteilchen und damit in gewissen Grenzen die Füll- und Klopfdichte bzw. der Füllfaktor relativ genau vorgegeben werden können. Insbesondere ist es möglich, die Dichte der granulierten Pulverteilchen erheblich unterhalb der optimalen Preßdichte zu halten (s. S. 42 u. 111), so daß beim späteren Pressen auf die optimale Preßdichte eine geringe Oberflächenrauhigkeit der Preßlinge erzielt wird.

1. Beispiel. Ein Silber-Nickel-Pulvergemisch aus Fällungssilberpulver der Teilchengröße $< 37\ \mu m$ und Karbonylnickelpulver $< 5\ \mu m$ im Verhältnis 90/10 fließt nicht; es besitzt eine Klopfdichte von 2,0 g/cm³, der ein Raumerfüllungsgrad von 0,194 entspricht. Das Pulver wird einer einstündigen Warmbehandlung bei 450 °C

Abb. 14. Fließversuch: links Ag-Ni-90/10-Ausgangspulver, rechts granuliertes Pulver.

– d. i. das 0,59fache der absoluten Schmelztemperatur des Silbers – in Wasserstoffatmosphäre unterzogen. Der dabei entstehende Sinterkuchen läßt sich leicht zerkleinern. Bei vorsichtiger Durchführung der Zerkleinerung erhält man wenig Feinanteile und den Hauptanteil in der gewünschten Teilchengröße, z. B. zwischen 0,06 und 0,3 mm. Dieses Pulver besitzt bei guter Abriebfestigkeit gute Fließeigenschaften, die Fließzeit t_{F_4} beträgt 25 s/100 g. Die Abb. 13 zeigt die Ausgangspulvermischung (links) und das gleiche Pulver nach der Granulation (rechts). In Abb. 14 sind die Fließversuche mit dem nicht fließenden Ausgangspulver und dem granulierten Pulver dargestellt. Zur besseren Demonstration sind anstelle der sonst für Fließversuche verwendeten Metalltrichter Glastrichter benutzt worden (Düsendurchmesser 4 mm). In den granulierten Teilchen ist die feine und gleichmäßige Verteilung des Nickels

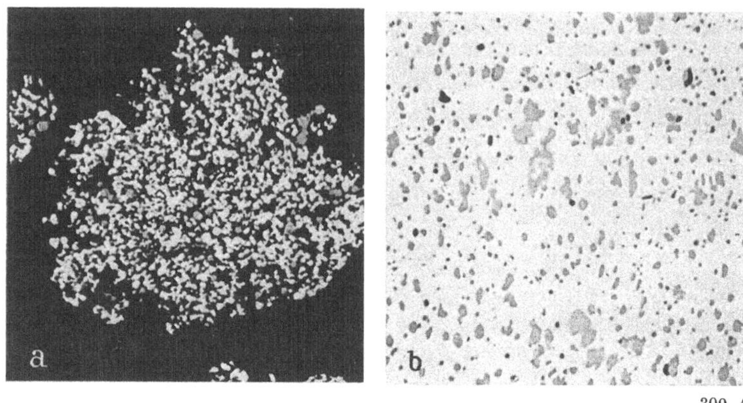

300 : 1

Abb. 15 a u. b. Nickelverteilung im Ag-Ni-90/10-Granulatteilchen (links) und in dem daraus hergestellten Verbundmetall (rechts).

im Silber erhalten geblieben (Abb. 15 links); außerdem ist das aufgelockerte Gefüge der Granulatteilchen zu erkennen. Das Gefüge daraus hergestellter Ag-Ni-90/10-Kontakte ist in Abb. 15 rechts wiedergegeben.

2. Beispiel. Das gleiche Ausgangspulvergemisch wie im 1. Beispiel wird mit 0,5 Mp/cm² vorgepreßt. Die Vorpreßlinge besitzen eine Dichte von 3,7 g/cm³ und einen Raumerfüllungsgrad von 0,36. Anschließend wird eine einstündige Warmbehandlung bei 350 °C – d. i. das 0,505fache der absoluten Schmelztemperatur des Silbers – in Wasserstoffatmosphäre durchgeführt und dann der Sinterkuchen mechanisch zerkleinert. Das Pulver der Teilchengröße 0,06 bis 0,3 mm hat gute Fließeigenschaften ($t_{F_4} = 22$ s/100 g). Die zur Erreichung der maximalen Sinterdichte erforderliche optimale Preßdichte liegt bei der vorliegenden Zusammensetzung bei 6,5 g/cm³; dies entspricht einem Raumerfüllungsgrad von 0,63. Die oben angegebene Dichte der Vorpreßlinge liegt also zwischen diesem Wert und der im 1. Beispiel erwähnten Rütteldichte; auch die Dichte der Granulierteilchen liegt noch weit unter diesem Wert. Beim Pressen der Teilchen auf die optimale Preßdichte erreicht man Preßkörper mit sehr geringer Oberflächenrauhigkeit. Im Gegensatz dazu erhält man beim Pressen von Granulaten, deren Teilchendichte bereits nahe an der optimalen Preßdichte liegt, verhältnismäßig grobkörnige Oberflächen, die sich auch beim Sintern nicht wesentlich verfeinern.

3. Beispiel. Ein Wolfram-Kupfer-Nickel-Pulvergemisch im Verhältnis 70/25/5 fließt nicht. Es wird mit 2 Mp/cm² vorgepreßt und erhält dabei eine Dichte von

8,51 g/cm³ Bei der anschließenden einstundigen Warmbehandlung bei 600 °C – d i. das 0,65fache der absoluten Schmelztemperatur der am niedrigsten schmelzenden Komponente Kupfer – in Wasserstoffatmosphare andert sich die Dichte nur unwesentlich auf 8,44 g/cm³. Dagegen tritt eine wesentliche Verfestigung ein, die am Anstieg der Bruchlast bei einem Druckversuch festgestellt werden kann. Beim Vorpreßkorper betragt die Bruchlast 34 kp, beim warmbehandelten Korper 126 kp, also das 3,7fache. Nach Zerkleinerung in einer Kegelmuhle zeigt der Teilchengroßenbereich zwischen 0,06 und 0,3 mm eine Fließzeit t_{F_4} von 22,5 s/100 g; das Pulver laßt sich mit etwa 3000 Pressungen/h bei automatischer Matrizenfullung storungsfrei verpressen.

4. Beispiel. Ein Wolfram-Nickel-Pulvergemisch im Verhaltnis 95/5 fließt nicht. Durch Vorpressen des Pulvers mit 6 Mp/cm² erreicht man eine Vorpreßdichte von 12,61 g/cm³ Die Warmbehandlung erfolgt bei 800 °C – d i das 0,62fache der absoluten Schmelztemperatur des Nickels – wahrend 1 h in Wasserstoffatmosphare; dabei stellt sich eine Dichte von 12,47 g/cm³ ein Nach Zerkleinerung im Backenbrecher auf eine Teilchengroße von 3–5 mm und anschließender Feinzerkleinerung in der Kegelmuhle zeigt der Teilchengroßenbereich zwischen 0,06 und 0,15 mm eine Ausfließzeit t_{F_4} von 12,7 s/100 g. Die mit diesem Pulver hergestellten Sinterplatten weisen eine sehr geringe Oberflachenrauhigkeit auf.

Die thermische Granulation ist auch auf Pulvergemische mit einer oder mehreren niedrig schmelzenden Komponenten moglich. Findet die Warmebehandlung oberhalb der Schmelztemperatur der niedrig schmelzenden Komponente statt, so gibt die flussige Phase besonders gunstige Granulierergebnisse Man nennt dieses Verfahren *thermische Granulation mit flussiger Phase.* Ein Vorteil besteht darin, die bei der spateren Sinterung der Fertigformteile ablaufenden Diffusionsvorgange bereits bei der Granulation einzuleiten und zum Teil vorwegzunehmen. Dabei wird die Temperatur der Warmbehandlung auf etwa das 0,4- bis 0,7fache der absoluten Schmelztemperatur der uberwiegend hoher schmelzenden Metallkomponenten festgelegt. Auch hierbei kann das Ausgangspulvergemisch im Full-, Klopf- oder Vorpreßzustand vorliegen.

Fur das Dreistoffsystem Ag-Ni-Cd der Zusammensetzung 85/10/5 Gew.-% werden die Granulierbedingungen angegeben· Das Ausgangspulvergemisch fließt ebenso wie seine Bestandteile Elektrolysesilber < 60 µm, Karbonyl-Ni < 10 µm und Verdusungs-Cd-Pulver < 60 µm nicht. Die Schmelzpunkte liegen bei Ag 960 °C, Ni 1450 °C und Cd 321 °C. Im Klopfzustand betragt die Dichte des Ausgangspulvergemischs 2,8 g/cm³. Durch eine einstundige Warmbehandlung bei 490 °C (763 °K) in Wasserstoffatmosphare steigt die Dichte auf 3,5 g/cm³ an. Die Warmbehandlungstemperatur liegt uber dem Kadmiumschmelzpunkt (327 °C), sie betragt das 0,62fache der absoluten Schmelztemperatur des Silbers (1233 °K). Der Sinterkuchen wird in der Kugelmuhle zerkleinert. Man erhalt dabei durch Siebfraktion im Bereich zwischen 0,06 und 0,3 mm bei einer Ausbeute von 76 Gew.-% mit 38,5 s/100 g ein gutes Fließverhalten. Der Feinanteil unter 0,06 mm kann dem nachsten Granulieransatz zugefugt werden, so daß kein Materialverlust entsteht. Bei geringeren Anforderungen an das Fließverhalten kann dieser Feinanteil zur pulvermetallurgischen Weiterbehandlung mitverwendet werden, d.h., es ist keine Siebfraktion erforderlich.

Ein gleiches Ausgangspulvergemisch wird vor der Warmbehandlung mit 0,06 Mp/cm² vorgepreßt, wobei es eine Dichte von 3,74 g/cm³ erhalt. Wahrend der einstündigen Warmbehandlung bei 430 °C in Wasserstoff steigt die Dichte auf 4,02 g/cm³. Nach der Zerkleinerung des Sinterkuchens in der Kegelmuhle fließt das gesamte Zerkleinerungsgut mit 42,9 s/100 g, wahrend die Siebfraktion zwischen 0,06 und 0,3 mm bei einer Ausbeute von 87 Gew.-% mit 36,4 s/100 g fließt.

Die nach beiden Beispielen gewonnenen Pulver lassen sich in schnelllaufenden, mechanisch arbeitenden Pressen mit automatischer Fullvorrichtung bei Preßgeschwindigkeiten bis zu 2500 Stuck/h zu Fertigformteilen weiterverarbeiten.

Bei plastischen Metallen ist zu berücksichtigen, daß wahrend der Zerkleinerung des Vorsinterkorpers eine Dichtesteigerung durch mechanisches Verdichten auftritt. Man hat es in der Hand, durch Wahl der Vorverdichtung der Warmbehandlung- und Mahlbedingungen die für die Fertigung wichtigen Pulvereigenschaften wie Full- und Klopfeigenschaften, Teilchendichte, Gerustfestigkeit und damit Abrieb der granulierten Teilchen und die Preßeigenschaften einzustellen. Die Anwendung der thermischen Granulierverfahren ist nicht auf bestimmte Metallpulvergemische beschrankt. Es können auch mehrkomponentige Systeme mit weit auseinanderliegenden Eigenschaften der Einzelkomponenten granuliert werden.

Literatur zu 3

[*1*] Firmenschrift *Degussa*, Hanau · Silberlote (1958) MSL-2-658 S. 12; s.a.: Nr. 1 (1959) MSL-3-459, Nr. 2 (1959) MSL-4-759, Nr. 3 (1959) MSL-5-959.

[*2*] Huttig, G. F. · Dechema-Monographie 21 (1952) 96–115; Z. Elektrochem. Ber. Bunsenges. Physik. Chem. 57 (1951) 534–539.

[*3*] Theimer, O.: Kolloid-Z. 128 (1952) 1–6; Kolloid-Z 132 (1953) 134–141; Kolloid-Z. 133 (1953) 44–50. – Theimer, O., u. F. Moser: Kolloid-Z. 128 (1952) 68–74.

[*4*] Burwell, J. T.: Nucleon. 1 (1947) 38. – Burwell, J. T., u. S. F. Murray: Nucleon. 6 (1950) 34.

[*5*] Kieffer, R , u. W. Hotop: Sintereisen und Sinterstahl, Wien: Springer 1947, S. 23.

[*6*] Hartstoff-Metall AG., Berlin-Kopenick.

[*7*] Rees, R. W.: J. Inst. Met 57 (1935) 193–195.

[*8*] Schweizer Pat. 206995 (1938).

[*9*] DRP 514623 (1928), 534681 (1930), 685576 (1937), US-Pat. 1963893 (1932), Brit. Pat. 403469 (1931).

[*10*] Bernstorff, H.: Arch Metallkde. 2 (1948) 289–295. – Buchholtz, H.: Stahl und Eisen 69 (1949) 247–256.

[11] NAESER, G., H. STEFFE u. W. SCHOLZ: Stahl und Eisen 68 (1948) 346–353. – SCHOLZ, H.: Powder Met. Bull. 2 (1947) 30–34. – NAESER, G.: Internat. Pulvermet. Tagg., Graz 12.–17. Juli 1948, Ref. Nr. 5a.
[12] MASUKOVITZ, H.: Elektrowarme 8 (1938) 3–7.
[13] DRP 480487 (1926) u. DRP 566948 (1927).
[14] MOND u. QUINCKE: Chem. News 63 (1891) 301; 64 (1891) 20.
[15] MOND u. LANGER: J. chem. Soc. 59 (1891) 1090.
[16] MITTASCH, A.: Z. angew. Chem. 41 (1928) 827–833.
[17] Anonym: Affinidad 27 (1950) 363–365.
[18] FETZ, E.: Metals & Alloys 8 (1937) 257.
[19] US-Pat. 2033240 u. 2234371.
[20] Brit. Pat. 463775.
[21] HUTTIG, G. F.: Mh. montan. Hochschule Leoben 94 (1949) 282–284; Z. anorg. allg. Chem. 247 (1941) 221–248; Kolloid-Z. 96 (1941) 227–230; Kolloid-Z. 97 (1941) 281–300; Kolloid-Z. 98 (1942) 6–33.
[22] ROSE, H. E.: Chemie-Ing.-Technik 31 (1959) 183–191.
[23] SKAUPY, F.: Metallkeramik, 3. Aufl., Berlin: Verlag Chemie 1943, S. 44ff.
[24] KIEFFER, R., u W. HOTOP: Sintereisen und Sinterstahl, Wien: Springer 1948, S.100.
[25] ROSIN, P., u. E. RAMMLER: Zement 23 (1933) 427; ROSIN, P., E. RAMMLER u. K. SPERLING: Gluckauf 69 (1933) 465.
[26] BENNETT, J. E.: J. Inst. Fuel 15 (1936).
[27] KONOPICKY, K.:
[28] ROSE, H. E.: The Measurement of Particle Size in Very Fine Powders S. 58 Constable & Co. 1953.
[29] Firmenschrift *Sartorius-Werke AG.*, Gottingen: Nr. 4600
[30] ROSE, H. E.: The Measurement of Particle Size in Very Fine Powders S. 60 Constable & Co.
[31] NASSENSTEIN, H.: Chemie-Ing.-Technik 27 (1955) 535, 787; Chemie-Ing.-Technik 29 (1957) 92.
[32] FISCHMEISTER, H. F., C. A. BLANDLE u. S. PALMQVIST: Powder Metallurgy (1961) 82–119.
[33] BRUNAUER, S., P. H. EMMETT u. E. TELLER: J. Amer. Chem. Soc. 60 (1938) 309.
[34] HUTTIG, G. F.: Kolloid-Z. 97 (1941) 281–300; Kolloid-Z. 98 (1942) 6–33, 263–286; Mh. Chem. 78 (1948) 177.
[35] SCHREINER, H.: Internat. Pulvermet. Tagg., Graz, 12.–17. 7. 1948; Z. anorg. Chem. 262 (1950) 113–121; Kolloid-Z. 123 (1951) 113–116; Planseeber. 1 (1953) 130–140.
[36] HUTTIG, G. F., H. SCHREINER u. R. KLEIN: Kolloid-Z. 119 (1950) 157–160; S. Ber. Akad. Wiss. Wien (IIb) 159 (1950) 101–110.
[37] KOHLRAUSCH, F.: Praktische Physik, 20. Aufl., Stuttgart. Teubner 1955, S.276
[38] BARTELS, H. J., W. HOTOP u. R. KIEFFER: Archiv f. Metallkde. 1 (1947) 311 bis 315.
[39] M. P A. Standard 4–45.
[40] SCHREINER, H.: Bisher nicht veroffentlichter Bericht.
[41] LEADBEATER, J. C., L. NORTHCOTT u. F. HARGREAVES: Iron Steel Inst., Spec. Rep. Nr. 38, London 1957, S.15–36.
[42] A. S. T. M. Standard B 213–48.
[43] KIEFFER, R., u W. HOTOP: Sintereisen und Sinterstahl, Wien: Springer 1948, S. 96.

4. Das Pressen

4.1 Vorgänge beim Pressen

Die lockerste Packung eines Metallpulvers ist der Fullzustand Durch Energiezufuhrung beim Klopfen kann das Pulver bis zum Klopfraumerfullungsgrad und durch weitere Energiezufuhrung, z. B durch Pressen, höher verdichtet werden. Bei kleinem Druck werden die Teilchen angenahert, wobei die Kohasionskrafte zu uberwinden sind. Bei Drucksteigerung werden die Teilchen zunachst nur elastisch verformt (elastischer Bereich). Bei Entlastung geht die elastische Verformung wieder zuruck, der Vorgang ist reversibel. Mit steigendem Druck uberschreitet die Belastung den elastischen Bereich und es finden bleibende Formanderungen statt (plastischer Bereich). Bei spratzigen Pulverhaufwerken ist dies zuerst in den Beruhrungsspitzen der Fall. Mit der Kaltverformung werden die Teilchen verfestigt und die Harte steigt an. Bei Annaherung zweier metallischer Flachen auf etwa 10 Gitterebenen Abstand werden die anziehenden Krafte wirksam (Abb. 16). Bei immer weiterer Annaherung steigen die abstoßenden Krafte (Kurve *2*) starker an als die anziehenden Krafte (Kurve *1*). Eine beliebige Annaherung der Atome ist deshalb unmoglich. Aus den anziehenden und abstoßenden Kraften der Atome resultiert die Abb 16 stark ausgezogene Kurve (Kurve *4*) [*1 a*, *1 b*].

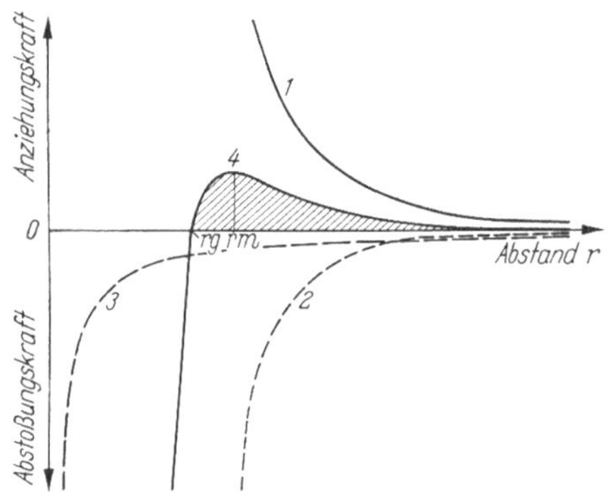

Abb 16 Anziehungs- und Abstoßungskrafte der Atome als Funktion des Abstandes (Schema nach G Mie [*1a*], s R. Kieffer und W. Hotop [*1b*]).

Die Atome schwingen um den Punkt rg, die Amplitude steigt mit zunehmender Temperatur an; die dabei zunehmende Atombewegung wirkt ebenfalls als Abstoßungskraft (Kurve *3*).

Die anziehenden Krafte geben auch lose geschuttetem Pulver einen gewissen Zusammenhalt. Sie werden mit zunehmender Annaherung der Oberflachen beim Pressen immer stärker wirksam. Beim Aufeinanderdrücken und Verformen reiner metallischer Flachen tritt bei einer bestimmten Vergroßerung der Berührungsflache Kaltpreßschweißen ein [*1 c*, *1 d*]. Die Festigkeit dieser Schweißverbindung liegt in der Großenordnung der Materialfestigkeit. Mit steigendem Preßdruck steigt der

Raumerfüllungsgrad zunächst schnell, danach immer langsamer an (Abb. 17). Duktile weiche Metallpulver, wie z. B. Ag und Cu lassen sich leichter verdichten als weniger duktile harte Pulver; in der Abb. 17 ist dies an Fe-, Ni-, Mo- und W-Pulvern deutlich zu sehen. Feinteilige Pulver lassen sich weniger verdichten als grobere Pulver; die ϱ_P-Werte des Wolframpulvers der Korngröße 0,4 µm liegen wesentlich unter den ϱ_P-Werten des W-Pulvers der Korngröße 150 µm.

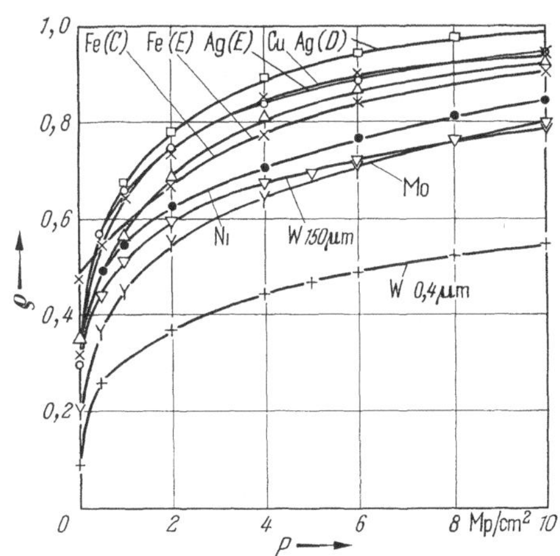

Abb. 17. Raumerfüllungsgrade verschiedener Metallpulver als Funktion des Preßdruckes

Die Festigkeit des Preßkörpers wird wesentlich von den Pulvereigenschaften bestimmt. Spratzige Pulverteilchen ergeben durch Verhakungen bei der plastischen Verformung höhere Festigkeiten als kugelige Teilchen. Metallisch reine Oberflächen der Pulver ergeben Preßkörper höherer Festigkeit; Oxydschichten behindern die Annäherung metallischer Flächen. Bei höheren Drucken treten elastische Formänderungen auf, deren Rückgang beim Entlasten Risse im Preßkörper verursachen können.

Die Art der Druckeinwirkung hat ebenfalls Bedeutung. Das Pulver kann einseitig, beidseitig oder allseitig verdichtet werden.

Schließlich ist die Preßtemperatur von großem Einfluß. Beim Pressen von Raumtemperatur (20 °C) befinden sich die Metalle je nach der absoluten Schmelztemperatur in verschiedenen Energiezuständen. Nach TAMMANN wird die reduzierte Temperatur als Verhältnis zur absoluten Schmelztemperatur angegeben: $\alpha = \frac{T}{T_F}$, T = Temperatur, T_F = Schmelztemperatur, beide in absoluter Zählung (°K). Die Größe der α-Werte zeigen, daß das Pressen von Metallpulvern mit niedriger Schmelztemperatur bei Raumtemperatur bereits ein Drucksintern ist (vgl. die Sintertheorie nach G. F. HÜTTIG S. 77). Bei Raumtemperatur (20 °C) betragen z.B. die α-Werte für Sn 0,58, für Ag 0,238, für Ni 0,172 und für W 0,080.

4.2 Vorgänge im Innern des Preßkörpers

Anhand einer allgemeinen Betrachtung über die Druckverteilung im Innern eines Metallpulverpreßkörpers wird verständlich, welche Zusammenhänge mit den beiden Grenzfällen der Flüssigkeit und des Festkörpers bestehen. In Abb. 18 links oben sind die Druckverhaltnisse fur eine Flussigkeit dargestellt. Bekanntlich herrscht dabei in jedem Flachenelement der gleiche Druck. In Abb. 18 rechts oben ist die Druckverteilung bei einem idealen zylindrischen Festkorper schematisch dargestellt. Dabei wird der aufgebrachte Druck von der oberen Zylinderflache zur Ganze auf die untere Flache ubertragen, ohne daß ein Teil bei der ideal gedachten Passung auf die Wand der Matrize ubertragen wird. Beim realen Festkörper, Abb. 18 rechts unten, wird infolge der elastischen und auch plastischen Deformation des Zylinders ein Anteil des aufgebrachten Drucks auf die Matrize ubertragen und der Bodendruck ist um diesen

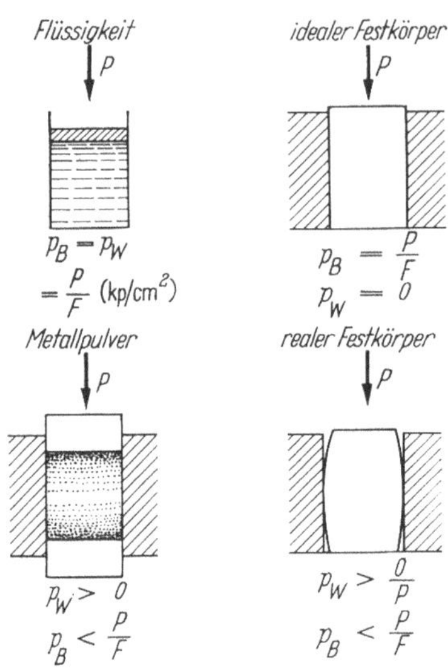

Abb. 18. Schema der Druckverteilung in der Flussigkeit, im Metallpulver und im Festkorper.

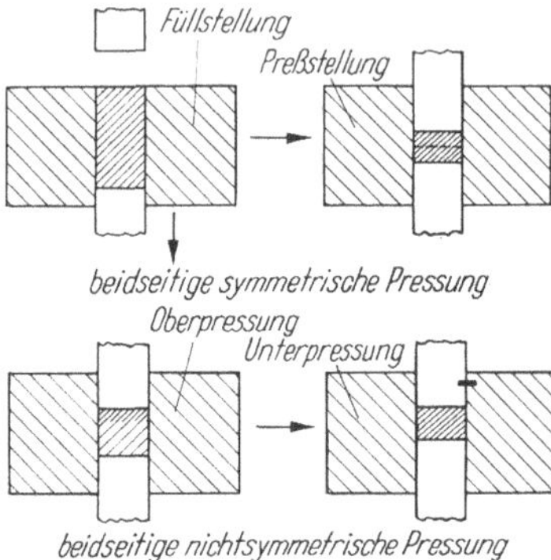

Abb. 19 Schema der beidseitigen, symmetrischen und unsymmetrischen Pressung von Metallpulver.

Betrag kleiner. Die Metallpulver liegen in ihrem Verhalten beim Pressen zwischen der Flussigkeit und dem Festkörper. Der Wanddruck bewirkt im Preßkörper einen Druckabfall in der Preßrichtung und damit eine Dichteabnahme. Bereits M. J. Balshin [*2*], H. Unckel [*3*] und C. Ballhausen [*3a*] haben auf die Dichte bzw. Harteverteilung in Metallpulverpreßkörpern mit verschiedenen Hohen zum Durchmesserverhaltnis hingewiesen. Duwez und Zwell [*4*] haben die Druckverteilung im Innern der Preßkörper gemessen. Bei der einseitigen Pressung bildet sich eine Druckparabel aus und die Dichte fallt mit zunehmender Preßkörperhöhe ab. Der Abfall der Dichte in Preßrichtung ist außer von der Hohe des Preßkorpers auch vom Verhaltnis Durchmesser zu Hohe abhangig. Beim beidseitigen Pressen laufen die Druckparabeln (Kegel) gegeneinander und der Dichteabfall wird verkleinert. Bei symmetrischer Stempelbewegung liegt die Zone geringster Verdichtung in die Mitte des Preßkorpers (preßneutrale Zone) (Abb. 19 oben rechts) Diese Zonen werden beim Sintern durch den verschiedenen Sinterschrumpf sichtbar, wobei der Sinterkörper an dieser Stelle meist etwas einfällt. Durch unsymmetrische Bewegung der beiden Stempel gegen die Matrize kann eine günstigere Durchpressung erreicht und der Dichteabfall gegenüber der symmetrischen, beidseitigen Pressung weiter verkleinert werden.

In Abb. 19 ist unten links die Pressung durch den Oberstempel (Oberpressung) und unten rechts die darauffolgende Pressung durch den Unterstempel (Unterpressung) schematisch dargestellt. Die Markierung zwischen Oberstempel und Matrize zeigt, daß bei der Unterpressung der Oberstempel gegenüber der Matrize feststeht. Selbstverständlich können die beiden Bewegungen ineinander übergehen und auch umgekehrt ablaufen.

4.3 Eigenschaften der Preßkörper

4.31 Raumerfüllungsgrad des Preßkörpers und dessen Bestimmung

Eine Haupteinflußgröße auf die Eigenschaften eines Pulverpreßkörpers ist der Raumerfüllungsgrad ϱ_P (Gl. 24).

$$\varrho_P = \frac{\gamma_P}{\gamma_{\text{th}}} \tag{24}$$

γ_P ist die Dichte des Preßkörpers und γ_{th} die Dichte des gleich zusammengesetzten porenfreien Kompaktkörpers. Der 10^2fache Wert des Raumerfüllungsgrads wird als Raumerfüllung R in % angegeben (Gl. 25).

$$R_P = \varrho_P \cdot 10^2 \; [\%] \tag{25}$$

Eine genaue Bestimmung der Preßdichte ist für die Beschreibung des Preßkörpers wichtig. Bei einfacher Geometrie des Preßkörpers kann die Preßdichte aus dem Gewicht und dem aus Längenmessungen ermittelten Volumen nach Gl. (26) berechnet werden.

$$\gamma_P = \frac{g_P}{v_P} \tag{26}$$

Genauer ist die Bestimmung des Preßkörpervolumens v_P durch Auftriebswägung in Wasser möglich. Um ein Eindringen des Wassers in den porösen Sinterkörper zu vermeiden, haben sich verschiedene Methoden bewährt. So kann der *Porenabschluß* durch *Überziehen* des Preßkörpers mit einer dünnen Haut erfolgen, die das Volumen des Preßkörpers praktisch nicht vergrößert. Der Überzug kann aus einem Kollodiumhäutchen oder einem dünnen organischen Film (Lack, Silikonol usw.) bestehen und wird meist in einem Lösungsmittel auf den Preßkörper aufgebracht (*L*). Eine verläßliche Methode für den Porenabschluß besteht im *Tränken* des porenhaltigen Preßkörpers. Bewährt hat sich das Tränken mit Hartparaffin, es sind jedoch auch andere organische Stoffe geeignet Zur Tränkung mit Paraffin wird der Preßkörper in das flüssige Paraffin eingetaucht und darin so lange bewegt, bis keine Gasblasen mehr aufsteigen. Zur Ausmessung des Volumens kann die Tränkung mit Paraffin oder einem anderen Tränkmittel unter Vakuum erfolgen. Das überschüssige Paraffin an der Oberfläche wird durch Fließpapier beseitigt Es ist bei der Paraffintränkung darauf zu achten, daß keine dicke Paraffinschicht entsteht, die das Volumen vergrößern und eine zu kleine Dichte ergeben würde.

Beträgt das Gewicht der trockenen Probe an Luft g_1, das Gewicht der mit Paraffin getränkten Probe g_1' und das Gewicht in Wasser g_2' (Probe + Paraffin – Auftrieb), so ist das Volumen $v_P = g_2' - g_1'$ und nach Gl (26) erhält man die Dichte γ_P nach Gl. (27)

$$\gamma_P = \frac{g_1}{g_2' - g_1'} \tag{27}$$

Bei Verwendung einer Analysenwaage ist γ_P nach der angegebenen Methode bei nicht zu klein gewählten Probenvolumen (etwa 1 cm³) bei guter Reproduzierbarkeit auf 10^{-3} bis 10^{-4} genau bestimmbar. Der Porositätsgrad π ist durch Gl. (28)

$$\pi = 1 - \varrho = 1 - \frac{\gamma_P}{\gamma_{th}} \tag{28}$$

gegeben. Die Porosität in % ist der 10^2fache π-Wert (Gl. 29) und das spezifische Gesamtporenvolumen gibt Gl. (30) an.

$$P = \pi \cdot 10^2 \quad [\%] \tag{29}$$

$$v_{P_\Sigma} = \frac{1}{\gamma} - \frac{1}{\gamma_{th}} \quad \text{cm}^3/\text{g} \tag{30}$$

Das spezifische Volumen der von außen zugänglichen Poren ermittelt man bei der Tränkung im Vakuum aus der beim Tränken aufgenommenen Paraffinmenge $g_1' - g_1$ und dem spezifischen Gewicht des Paraffins nach Gl (31)

$$v_{P_z} = \frac{g_1' - g_1}{g_1 \gamma_P} \quad \text{cm}^3/\text{g} \tag{31}$$

Die von außen für Tränkmittel nicht zugänglichen Poren (eingeschlossene Poren) erhält man aus der Differenz nach Gl. (32)

$$v_{P_t} = v_{P_\Sigma} - v_{P_z} \tag{32}$$

Die Bestimmung der Dichte porenhaltiger Körper und die daraus errechenbaren Werte ϱ, R, π, P, v_{P_Σ}, v_{P_z} und v_{P_t} ist nicht nur für Preßkörper, sondern auch für alle porenhaltigen Sinterkörper, nachgepreßte Sinterkörper usw. geeignet. In diesem Falle ist in den Gleichungen der Index P durch S oder NP zu ersetzen.

Bei Sinterkorpern komplizierter geometrischer Formen sowie bei Sinterkorpern aus zwar einfach geformten Preßkörpern (z.B. Zylinderform), die jedoch beim Sintern Formanderungen aufweisen (nicht aquidistantes Schrumpfen oder Aufblahungen), ist eine ausreichend genaue geometrische Ausmessung nicht mehr möglich, und die Auftriebsmethode ist fur die Bestimmung der Sinterdichte vorzuziehen. E. RAUB und W. PLATE [*4a*] halten eine genaue Bestimmung der Dichte porenhaltiger Sinterkörper nach der Auftriebsmethode fur unmoglich, deshalb ziehen sie zur Verfolgung des Sintervorgangs die Ausdehnungsmessung vor (s. auch S. 51).

Zur Angabe der Volumenanderungen aus den Ergebnissen der Ausdehnungsmessungen ist es notwendig, wegen der Preßkorperanisotropie die Ausdehnungen in den drei Richtungen x, y und z zu messen. Haufig genügen zwei Messungen senkrecht (x oder y) und parallel zur Preßrichtung (z) (x und y konnen gleichgesetzt werden).

Die von F. EISENKOLB und G. EHRLICH [*5*] auf Grund von Untersuchungen von W. DEBRAY angegebene Trankung des Sinterkorpers mit Wasser gestattet keine so genaue Bestimmung des Gewichts der getrankten Probe g_1' wie bei der Paraffintrankung. Durch Abdampfen von Wasser aus den Oberflachenporen wird das Gewicht zeitlich stetig verkleinert und der wahre g_1'-Wert ist nicht gekennzeichnet.

Die Abhangigkeit des Raumerfullungsgrads ϱ_P vom Preßdruck wurde fur weiche, plastisch verformbare und harte, sprode Pulver angegeben (s. S. 49). Der Raumerfullungsgrad, der bei vorgegebenem spezifischen Preßdruck erreicht werden kann, ist von den Pulvereigenschaften wie der Kornform, Korngroße, der Plastizitat der Pulverkorner (wesentlich beeinflußt von den Verunreinigungen) sowie der Beschaffenheit der

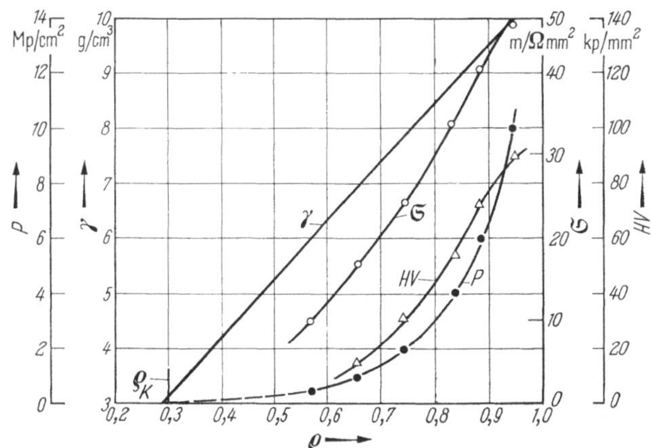

Abb. 20 Verdichtbarkeit von Elektrolysesilberpulver und Dichte, elektrische Leitfahigkeit und Harte der Preßkorper in Abhangigkeit vom Raumerfullungsgrad.

Pulveroberflache (Oxydschichten) abhangig. Die Kenntnis dieser Eigenschaften ist für Angaben uber die Preßkörpereigenschaften wesentlich. Die Oxydschicht auf der Pulveroberflache hat insbesondere bei nie-

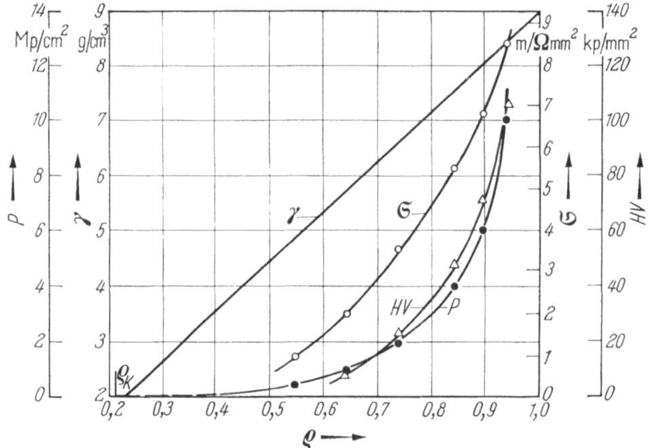

Abb. 21. Verdichtbarkeit von Elektrolysekupferpulver und Dichte, elektrische Leitfahigkeit und Harte der Preßkorper in Abhangigkeit von Raumerfullungsgrad.

drigen Raumerfullungsgraden z.B. auf die elektrische Leitfahigkeit des Preßkorpers einen entscheidenden Einfluß Bei der Deutung dieser Meßergebnisse soll deshalb u a. auch die Oberflachenbeschaffenheit des

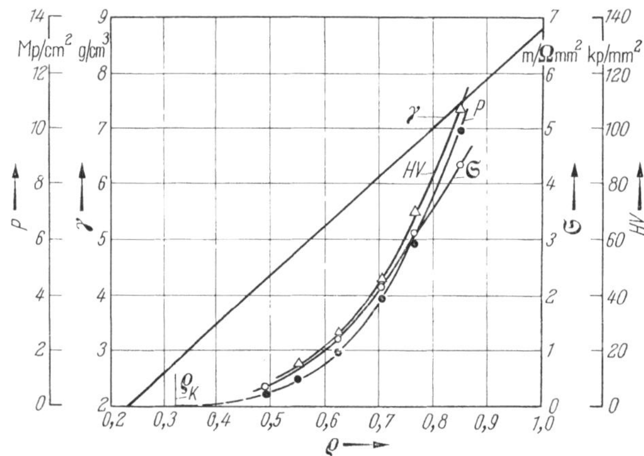

Abb. 22 Verdichtbarkeit von Karbonylnickelpulver und Dichte, elektrische Leitfahigkeit und Harte der Preßkorper in Abhangigkeit vom Raumerfullungsgrad.

Pulvers bekannt sein. In den Abb. 20 bis 25 sind einige Preßkorpereigenschaften aus Elektrolysepulver von Silber, Kupfer und Eisen,

Karbonylpulver von Nickel und Eisen sowie Reduktionspulver von Molybdan angegeben. Auf der Abszisse dieser Abbildungen sind der Raumerfullungsgrad und auf den vier Ordinaten der Preßdruck, die Dichte, die

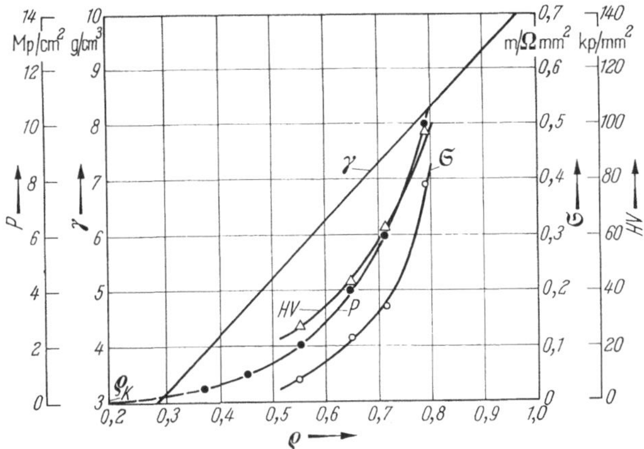

Abb 23 Verdichtbarkeit durch Reduktion aus MoO_3 hergestelltem Molybdanpulver und Dichte, elektrische Leitfahigkeit und Harte der Preßkorper in Abhangigkeit vom Raumerfullungsgrad.

elektrische Leitfahigkeit und die Harte der Preßkorper angegeben. Der Maßstab des Preßdrucks ist bei den Abb. 20 bis 25 gleich, so daß die γ_P-Werte direkt vergleichbar sind. Die P-Kurven beginnen für $P = 0$ bei

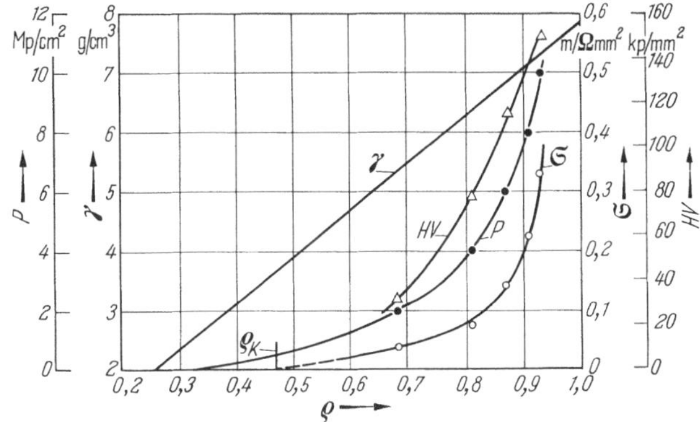

Abb 24. Verdichtbarkeit von Elektrolyseeisenpulver und Dichte, elektrische Leitfahigkeit und Harte der Preßkorper in Abhangigkeit vom Raumerfullungsgrad.

den ϱ_K-Werten (Klopfraumerfullungsgrad). Bei dem Preßdruck von 10 Mp/cm² wurden folgende Raumerfullungsgrade erhalten: Mo 0,79, Ni 0,85, Karbonyl-Fe 0,915, Elektrolyse-Fe 0,93, Cu 0,945 und Ag 0,95.

Mit steigender Härte der mit konstantem Druck verpreßten Metallpulver nimmt demnach der Raumerfüllungsgrad ab.

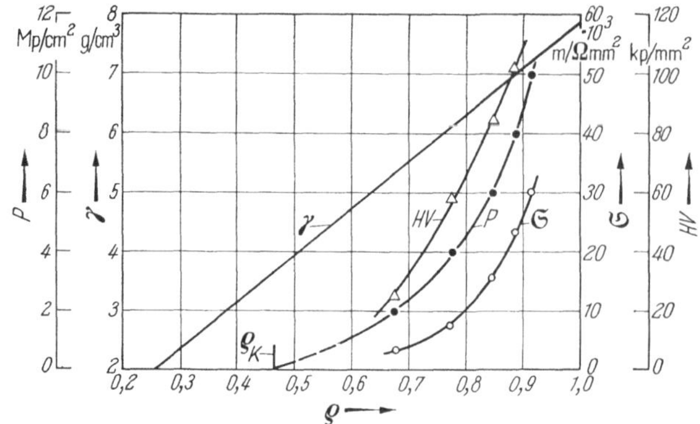

Abb 25. Verdichtbarkeit von Karbonyleisenpulver und Dichte, elektrische Leitfähigkeit und Harte der Preßkorper in Abhangigkeit vom Raumerfullungsgrad.

4.32 Elektrische Leitfähigkeit der Preßkörper

Die elektrische Leitfahigkeit der Preßkorper kann im Vergleich zu der des Kompaktkorpers je nach den Pulvereigenschaften und dem Preßraumerfullungsgrad um mehrere Zehnerpotenzen kleiner sein. Fur die elektrische Leitfahigkeit wurden deshalb in den Abb. 20 bis 25 verschiedene Maßstabe gewahlt, damit die sehr unterschiedlichen Werte ubersichtlicher dargestellt werden konnen. Aus den gleichen Gründen konnte die anschauliche Darstellung der reduzierten elektrischen Leitfahigkeit als $\sigma_P/\sigma_{\text{th}}$ (Verhältnis der Leitfahigkeit des Preßkörpers zur Leitfahigkeit des porenfreien Metalls) nicht verwendet werden. Die $\sigma_P/\sigma_{\text{th}}$-Werte betragen bei den mit 10 Mp/cm² gepreßten Korpern aus Karbonyl-Fe 4,52 · 10^{-3}, Mo 2,25 10^{-2}, Elektrolyse-Fe 4,97 · 10^{-2}, Cu 0,145, Karbonyl-Ni 0,34 und Elektrolyse-Ag 0,74. Der große Unterschied um den Faktor 1,6 · 10^2 gibt Einblick in die Wirksamkeit der Oberflachenschichten der Metallpulver auf die elektrische Leitfahigkeit daraus hergestellter Preßkorper. Bei Reinsilber ist die Auswirkung der Oberflachenschichten gering. Bei Nickel sind die dünnen Oxydschichten leicht durchdruckbar. Die Oxydschichten auf den Kupferpulverteilchen beeinflussen die elektrische Leitfahigkeit wesentlich starker. Demgegenuber ist der Leitfahigkeitsabfall bei Molybdan und Eisen erheblich starker. Die Unterschiede zwischen Elektrolyse- und Karbonyleisen machen die Auswirkungen der größeren Oberfläche des feinteiligen Karbonyleisens auf die elektrische Leitfahigkeit der Preßkörper anschaulich.

Preßkörper, die durch ein- oder zweiseitiges Verdichten von Metallpulver durch zwei Stempel in einer Matrize hergestellt sind, zeigen in der

Leitfahigkeit eine Anisotropie. A. KEIL und C. L MEYER [6] haben die elektrische Leitfahigkeit parallel und senkrecht zur Preßrichtung mit der Wirbelstrommethode gemessen. Sie fanden fur Preßkörper aus Fallungssilberpulver ($P = 4{,}5\ \mathrm{Mp/cm^2}$, $\varrho_P = 0{,}91$) eine Leitfahigkeit senkrecht zur Preßrichtung $\sigma_\perp = 37{,}5$ und parallel dazu $\sigma_\parallel = 33{,}5\ \Omega^{-1}\ \mathrm{m} \cdot \mathrm{mm}^{-2}$. Die Anisotropie druckt sich im Leitfahigkeitsverhaltnis $a = \sigma_\perp/\sigma_\parallel$ aus. Bei obigem Beispiel betragt $a = 1{,}12$. Der a-Wert der Preßkorper hangt von der Kornform und -große und der Oberflachenbeschaffenheit der Metallpulver ab. Plattchenformige Pulverteilchen werden beim Pressen in Ebenen senkrecht zur Preßrichtung geschichtet und ergeben einen großeren a-Wert als kugelige Pulver. Die meisten a-Werte liegen zwischen 1 und 10. An Preßkorpern aus Plattchenpulvern mit Oberflachenschichten kleiner Leitfahigkeit (Oxyde, Sulfide usw) konnen die a-Werte noch wesentlich großer sein.

4.33 Härte und Festigkeit der Preßkörper

Die Harte der Pulverpreßkorper kann uber der Harte eines entsprechend zusammengesetzten stark verformten kompakten Korpers liegen. Es durften dafur die Verunreinigungen (Oxydgehalt), die relativ hohe plastische Verformung der einzelnen Pulverteilchen sowie die dabei ablaufenden Versetzungsvorgange und deren Blockierung verantwortlich sein. Die Harten von Mo, Ni, Karbonyl-Fe, Cu und Ag (Abb. 20 bis 23 und 25) sind direkt miteinander vergleichbar; fur Elektrolyse-Fe (Abb 24) wurde ein anderer Maßstab gewahlt

Mit zunehmendem Preßdruck nimmt die Zugfestigkeit des Preßkorpers zunachst rasch und danach bis zu den technisch maximal erreichbaren Drucken langsamer zu. Einen gewissen Einfluß hat auch die Druckzeit, wahrend der der Druck auf dem zu pressenden Material lastet. Die Festigkeit der Preßkorper liegt im allgemeinen im Vergleich zu der der Sinterkörper um den Faktor 2 bis 10^2 niedriger.

Technisches Interesse besitzt von den Preßkorpereigenschaften die *Festigkeit* bzw. die *Kantenfestigkeit*, die so groß sein soll, daß der Preßkorper wahrend des Verfahrens ohne besondere Vorsichtsmaßnahmen in den Sinterkasten transportiert werden kann. Bei der fur den Sinterkorper vorgegebenen Dichte und der daraus ableitbaren Dichte fur den Preßkorper kann die Festigkeitsforderung meist erfullt werden Fur die Verpreßbarkeit eines Pulvers interessiert auch derjenige kleinste Preßdruck (bzw Raumerfullungsgrad), bei dem noch ein kantenbestandiger Preßkörper erhalten wird. Fur verschiedene Pulverarten und -sorten liegt dieser $\varrho_{P_{\min}}$-Wert zwischen 0,15 und 0,6. Bei der technischen Verarbeitung der Metallpulver sind die ϱ_P-Werte meist hoher. Neben der Bestimmung des Raumerfullungsgrads (der Dichte) sowie der Festigkeit besitzen die elektrische Leitfahigkeit sowie die Härte besonderes Interesse fur die Beschreibung der Preßvorgange. Aus diesen Eigenschaften sind Ruckschlusse auf die an der Oberflache der Pulverteilchen im Innern des Preßkorpers ablaufenden Vorgange moglich.

4.4 Einrichtungen zum Pressen

4.41 Kennzeichnung der Pressen

Fruher wurden die Pressen von Hand betrieben und auch das Füllen des Pulvers in die Matrize und die Steuerung der Ausstoßung sowie das Abheben des ausgestoßenen Preßkörpers von Hand ausgefuhrt. In den letzten zwei Jahrzehnten wurden diese Vorgange weitgehend mechanisiert und haben schließlich zur Entwicklung von vollautomatisch arbeitenden Pressen gefuhrt. Die Einstellung ein- oder mehrerer Sollwerte wie Gewicht und Hohe des Preßkorpers kann durch elektrische Meßorgane uber Steuerung der Fullhohe automatisch erfolgen. Über die Ausfuhrungen und Arbeitsweise der verschiedenen Pressen wird auf die Darstellung von S. J. Hulthen [*7*] und Krall [*8*] verwiesen. Im vorliegenden Zusammenhang soll nur das Grundsatzliche der verschiedenen Pressen hervorgehoben werden. Es sind mechanische, hydraulische und pneumatisch betatigte Pressen zu unterscheiden. Die wichtigsten mechanischen Pressen, die in der Pulvermetallurgie Eingang gefunden haben, sind Nockenscheiben-, Kniehebel-, Exzenter-, Revolver- und Rundlauftischpressen. Die hydraulischen Pressen werden uber Ventile gesteuert, über die auch der Druckanstieg und die Pumpenleistung geregelt werden können. Die Pumpen sind meist zweistufig mit einer Nieder- und Hochdruckstufe ausgerustet. Manche Pressen haben Ober- und Unterkolben fur maximale Preßkraft ausgelegt. Haufig gibt nur der Oberkolben maximale Preßkraft, wahrend der Unterkolben mit etwa 30% der maximalen Preßkraft zum Ausstoßen des Preßkörpers dient. Die einzelnen Pressentypen unterscheiden sich in der maximalen Preßkraft. Wahrend sie ublicherweise bei den mechanischen Pressen zwischen 2 und 200 Mp liegt, ist dieser Bereich bei den hydraulischen Pressen zwischen 10 und 2000 Mp und darüber. Die pneumatischen Pressen geben bei 6 atu Preßluft etwa 2 Mp maximale Preßkraft.

Fur die Wirtschaftlichkeit einer Presse ist die Pressenleistung eine wichtige Größe. Darunter wird die Zahl der Preßzyklen/min verstanden. Die rasch laufenden mechanischen und auch pneumatischen Pressen erlauben 15 bis 60 Pressungen/min, wahrend die hydraulischen Pressen je nach Schwierigkeit und Größe der Teile 3 bis 20 Pressungen/min ermöglichen.

Hinsichtlich des Pressenaufbaus unterscheidet man Rahmen- und Saulenpressen, in dem der Kraftfluß geschlossen ist. Gelegentlich werden zum Kalibrieren auch Einstanderpressen verwendet; dabei wird die kleine elastische Öffnung des Standers durch eine geeignete Werkzeugaufnahme uberbrückt. Das Pulver wird uber einen Fulltopf der Matrize zugefuhrt. Die Steuerung des Fulltopfs erfolgt uber eine Kurvenscheibe oder einen Zylinder mechanisch oder pneumatisch, hydraulisch bzw. elektrodynamisch und wird in den Preßzyklus zeitlich eingepaßt.

4.42 Preßwerkzeuge

In die meisten Pressen wird ein Werkzeug eingesetzt. Zum leichten und schnellen Wechseln wird bei mechanischen Pressen die Matrize von einem Adaptor [*9*] aufgenommen.

Die Preßbewegungen der beiden Stempel in der Matrize sind fur den Bau der Matrize und die Wahl der Presse von Bedeutung. Um eine möglichst gleichmaßige Durchpressung zu erreichen, werden zwei Wege verfolgt: Bei Verwendung einer einseitig wirkenden Presse wird die beidseitige Pressung durch schwebende Aufhangung der Matrize auf Federn (Schwebemantelmatrize) erreicht. Durch den Wandreibungsdruck wird die Matrize beim Preßvorgang nach unten gegen den feststehenden Unterstempel bewegt. Dadurch wird die gleiche Relativbewegung des Ober- und Unterstempels gegen die Matrize wie bei der beidseitigen Pressung erhalten. Bei Verwendung einer Presse mit hydraulisch gesteuertem Ober- und Unterstempel wird bei feststehender Matrize beidseitig gepreßt. Beide Zylinder mussen fur den maximalen Preßdruck ausgelegt sein. Bei verschiedenen mechanischen Pressen konnen die Ober- und Unterstempelbewegungen wie auch die Matrizenbewegung einstellbar gesteuert werden. Dadurch kann z.B. die Pressung zuerst von einer Seite, dann von der anderen Seite nacheinander gefuhrt werden, wodurch gegenuber der symmetrischen, beidseitigen Pressung günstigere Verhaltnisse in der preßneutralen Zone erhalten werden.

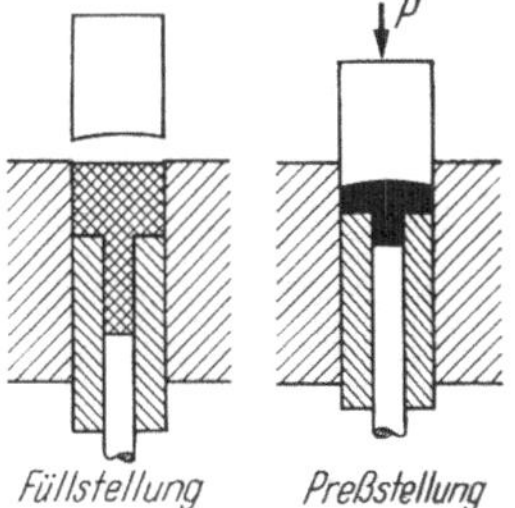

Abb 26 Matrize fur das Pressen eines Nietkontaktes mit unterteiltem Unterstempel in Full- und Preßstellung.

Das Ausstoßen des Preßkörpers erfolgt entweder durch den Unterstempel oder durch Abziehen der Matrize nach unten (Abzugmantel-Matrize). Bei Preßkörpern mit zwei oder mehreren Preßhohen lassen sich die Fullhöhen h_F aus den Preßhohen h_P und dem Fullfaktor f (s. S. 36) berechnen:

$$h_{F_1} = h_{P_1} \cdot f \tag{33}$$

$$h_{F_2} = h_{P_2} \cdot f \tag{34}$$

Die Forderung nach verschiedenen Full- und Preßhöhen wird durch Verwendung unterteilter Stempel (meist unterteilter Unterstempel) erfullt. In der Abb. 26 ist eine Matrize fur einen Formkorper (z B. Niet) mit 2 Höhen in Full- und Preßstellung gezeigt.

Die Matrizen werden aus geeignetem Werkzeugstahl ausgeführt. Hochbelastete Werkzeuge werden in einem Ring eingeschrumpft. Die günstigste Dimensionierung der Schrumpfmäntel hat U. Baumann [*10*] angegeben. Zur Erhöhung der Standzeit der Werkzeuge kann die Oberfläche der Matrize und der Stempel hart verchromt oder mit einem TiC-Überzug versehen werden. Hochbelastete Preßmatrizen und insbesondere Kalibrierwerkzeuge werden vorteilhaft mit Sinterhartmetall ausgekleidet. Die Passung der Stempel in der Matrize bestimmt die Grate am Preßteil und insbesondere beim Nachpressen am Nachpreßkörper. Die Unterstempel werden meist mit Gleitsitz, die Oberstempel mit Laufsitz eingepaßt.

4.43 Füllvorrichtung

Die Füllung der Matrize erfolgt bei schnellaufenden Pressen mit einer automatischen Füllvorrichtung. Für den Füllvorgang stehen meist nur 0,2 bis 1 s zur Verfügung. Bei mechanischen Pressen wird der Fülltopf über einen Hebel und eine Kurvenscheibe betätigt. Die Füllvorrichtung kann auch pneumatisch oder elektrodynamisch oder magnetisch betätigt werden. Eine Hinundherbewegung des Fülltopfs über der Matrizenöffnung erleichtert das Füllen mit genauen Gewichten.

Beim Einfließen des Pulvers in die Matrize muß Luft verdrängt werden. Speziell bei schlecht fließenden Pulvern kann die Füllung dadurch erleichtert werden, daß der Unterstempel von der Ausstoßstellung erst dann in die Füllstellung bewegt wird, wenn der Fülltopf über der Matrizenöffnung steht; dadurch wird das Pulver eingesaugt. Bei Pulvern, die sich nicht ausreichend granulieren lassen, kann eine Vordosierung z.B. in Form einer Dosierschnecke verwendet werden. Die etwa mit 20 bis 50 % überdosierte Füllmenge wird der Matrizenöffnung zugeführt und die Übermenge abgestrichen. Schlechtfließende Metallpulver lassen sich durch die folgenden Maßnahmen innerhalb enger Toleranzen füllen. Der Unterstempel gibt zuerst ein größeres Füllvolumen frei. Nach Füllung geht der Unterstempel in die richtige Füllstellung und drückt dabei die Überfüllmenge aus, die mit dem Fülltopf abgestrichen wird. Das Verfahren bietet insbesondere bei großen Füllhöhen und geringen Wanddicken Vorteile.

Bei mehrschichtigen Kontakten, die durch Pressen von zwei Schichten hergestellt werden, ist eine Doppelfüllung mit verschiedenen Metallpulvern erforderlich (s. S. 212). Eine Mehrfachfüllung ist dann erforderlich, wenn das Kontaktmaterial von dem Unterlagematerial durch eine Schicht getrennt werden muß. Eine Trennung kann erforderlich sein, wenn während des darauf folgenden Sinterns die Komponenten des Kontaktmaterials in die Unterlageschicht diffundieren. Im allgemeinen sind die gemeinsam verpreßten Schichten gut gegeneinander verzahnt und haben nach dem Sintern eine hohe Festigkeit.

4.5 Strangpressen

Insbesondere dıe hochsilberhaltigen Verbundmetalle Ag-Ni oder auch Ag-W und Cu-W lassen sich durch Strangpressen in Rund- oder Profilstabform bringen [*11*]. Dabei werden vorgewarmte Bolzen in den warmen Preßzylınder gebracht. Auf der Ausstoßseite des Zylinders befindet sich dıe Matrızenoffnung, die im Querschnitt dem Preßstrang entspricht. Der Stempel wird von der anderen Seıte durch eine hydraulische Presse gegen den Bolzen bewegt und dadurch der Bolzen uber den Strang durch dıe Matrizenoffnung ausgepreßt. Nach diesem Verfahren wurden bei Verbundmetallen besondere Richtgefuge mit gunstigen Kontakteigenschaften erhalten.

4.6 Isostatisches Pressen

Die Einflüsse der Reibung des verdichteten Pulvers an der Matrizenwand können beim isostatischen Pressen oder Schlauchdruckpressen [*12*] vermieden werden. Das Pulver wird in einen elastischen Behalter z.B. in einen Gummi- oder Kunststoffschlauch gefullt, beidseitig durch einen elastıschen Stopfen verschlossen und in einem Druckrohr durch Flüssigkeitsdruck verdichtet. Dabei erfolgt der Druck uber die gesamte Flussigkeıtsoberflache gleıchmaßıg. Nach dem Öffnen der Stopfen fallt der Preßstab aus dem Gummischlauch heraus. In der beschriebenen Weise lassen sich auch Rohre oder profilierte Voll- und Hohlkorper pressen, wobei ein feststehender, leıcht konischer Innenkern und ein entsprechend geformter Außenmantel aus elastıschem Material Verwendung findet. R. KIEFFER und H. BRAUN [*13*] beschreıben eingehend großtechnische Schlauchpressen. Anstatt im Flussigkeitsdruckrohr kann die Pressung auch in einer normalen Stahlmatrize mit zwei Stempeln erfolgen, wodurch das Pulver in einem elastischen Stoff eingeschlossen in dıe Matrizenöffnung gelegt wırd. Nach dem Pressen wırd die elastische Hulle vom Preßkörper abgeschalt.

Literatur zu 4

[*1a*] MIE, G : Ann. d. Phys. 11 (1903) S 657.
[*1b*] KIEFFER, R., u. W. HOTOP: Pulvermetallurgie und Sınterwerkstoffe, Berlın/Gottıngen/Heidelberg: Sprınger 1948, S 63.
[*1c*] HOFMANN, W., u. H. J. SCHUELLER· Z. Metallkde. 49 (1958) 302–314.
[*1d*] JONES, W. D.: Prıncıples of Powder Metallurgy, London Arnold 1937, Fundamental Prıncıples of Powder Metallurgy, London Arnold 1960, S. 242.
[*2*] BALSHIN, M. J.: Vestn. Metalloprom. (Russ.), 1936 Nr. 17, S. 87–120; Nr. 18, S. 82–99.
[*3*] UNCKEL, H Arch. Eısenhuttenwesen 18 (1944–45) S. 125–130 u. 161–167.
[*3a*] BALLHAUSEN, C.· Arch. Eısenhuttenwes. 22 (1951) 185–196.
[*4*] DUWEZ, P., u. L. ZWELL: J. Metals 1 (1949) 137–144.

[4a] RAUB, E., u. W. PLATE: Z. Metallkde. 40 (1949) 171–175.

[5] EISENKOLB, F., u. G. EHRLICH: Wiss. Z. Techn. Hochsch. Dresden 8 (1958) 993–1000.

[6] KEIL, A., u. C L. MEYER: Z. Metallkde. 45 (1954) 119–122.

[7] HULTHÉN, S. I., u. H G. TAYLOR: In Hoganaes Handb. I, Abschn. D, Kap. 50.

[8] KRALL, F.: Technologische Einrichtungen in der Pulvermetallurgie, in K. WANKE: Einfuhrung in die Pulvermetallurgie, Graz: Stiasny 1949, S. 55–83.

[9] Firmenprospekt der Fa. *Dorst-Keramikmaschinen-Bau*, Kochel (Obb.): Nr. P 1, TPA 4, P 20, P 25 u. P 26.

[10] BAUMANN, U.: Im Hoganaes Handb. Bd. I, Abschn. D, Kap. 35, S. 47–53.

[11] KIEFFER, R., u. W. HOTOP: Metallwirtschaft 23 (1944) 379–386.

[12] SKAUPY, F.: Metallkeramik, Verlag Chemie: 2. Aufl., 1930, S. 48; 3. Aufl., 1943 S. 156; 4. Aufl., 1950, S. 172.

[13] KIEFFER, R., u. H. BRAUN: Vanadin-Niob-Tantal, Berlin/Gottingen/Heidelberg: Springer 1963.

5. Das Sintern

5.1 Allgemeines

Die Preßkörper werden einer Warmbehandlung unterhalb der Schmelztemperatur, dem sogenannten „Sintern" unterworfen. Beim Übergang vom Preß- in den Sinterzustand werden die Eigenschaften des Preßkorpers durchgreifend verandert.

Der Preßkorper hat allein schon durch die Oberflachenenergie der Pulverteilchen und eine große Fehlstellenkonzentration (Leerstellen, Versetzungen, Gitteraufweitungen usw.) eine hohe Entropie. Wahrend des Sintervorgangs wird ein Sinterkorper erhalten, dessen Entropie im Vergleich zum Preßkorper kleiner ist ($S_P > S_S$). Es gilt die Grundgleichung der chemischen Thermodynamik (35) fur konstanten Druck [1]

$$\Delta G = \Delta H - T \cdot \Delta S \tag{35}$$

ΔG ist die bei konstantem Druck zu leistende reversible Reaktionsarbeit, ΔH entsprechend die bei irreversiblem Ablauf und konstantem Druck kalorimetrisch zu messende Reaktionswarme Q_P [1]. Unter der Annahme, daß ΔH gleich Null ist, wird bei ΔS gleich $S_S - S_P$, also negativem ΔS ΔG positiv, d. h , daß die Sinterreaktion nur bei Energiezufuhr (Erwarmung) ablauft. Bei mehrkomponentigen Systemen, in denen Mischkristalle oder Verbindungsbildung auftreten, ist ΔH negativ (exotherme Reaktion) In diesem Fall wird bei uberwiegendem ΔH auch ΔG negativ, die Reaktion konnte dann ohne Energiezufuhr verlaufen. Meist erfordern die Verbindungs- oder Mischkristallbildung allerdings eine Aktivierungsenergie.

5.2 Veränderung des Raumerfüllungsgrades

Die Auswirkungen der Sinterung auf den Raumerfullungsgrad bzw. auf die Dichte sind verschieden. Nicht in allen Fallen steigt die Dichte beim Sintern an. In den Abb. 27 und 28 sind die Änderungen des Raumerfüllungsgrads mit der Sinterzeit (Abb. 27) bzw. der Sintertemperatur

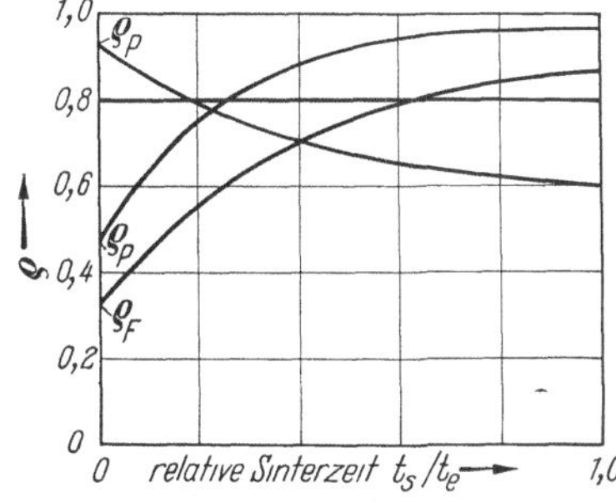

Abb. 27. Raumerfullungsgrad als Funktion der Sinterzeit.

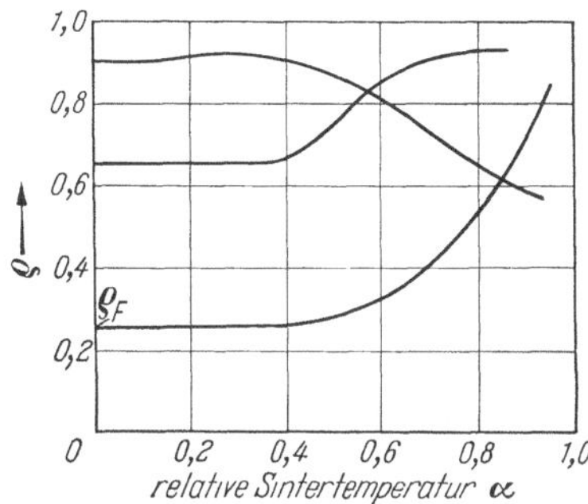

Abb. 28. Raumerfullungsgrad als Funktion der Sintertemperatur.

(Abb. 28) eingetragen. Dabei gibt es die drei Typen $\varrho_S < \varrho_P$, $\varrho_S = \varrho_P$ und $\varrho_S > \varrho_P$. Die Abb. 27 gibt fur Reinsilberpulver schematisch die Änderungen des Raumerfullungsgrads fur den Fullzustand sowie fur kleine, mittlere und hohe Preßdrucke bei konstanter Sintertemperatur an. Je nach dem Preßraumerfullungsgrad kann ϱ zunehmen, gleich bleiben oder abfallen. Fur die schematische Darstellung ist die Sintertemperatur als Verhaltnis t_S/t_e angegeben; t_S bedeutet die Sinterzeit in h und t_e die Sinterzeit, bei der keine merkliche ϱ-Änderung mehr auftritt. Die Große t_e ist bei verschiedenen Systemen unterschiedlich und liegt zwischen 1 und 10^2 Stunden. Aus Abb. 28 ist zu entnehmen, daß bei geschutteten und bei mit niedrigen bis mittleren Drucken gepreßten Pulvern oberhalb einer bestimmten Sintertemperatur der Raumerfullungsgrad zunimmt, wahrend Preßkörper mit hohem ϱ, d.h. hochverdichtete Pulver, mit zunehmender Sintertemperatur meist einen ϱ-Abfall zeigen. Aus den ϱ/T- und ϱ/Zeit-Kurven konnen die beim Sintern auftretenden Dichteanderungen nach der Gleichung (36)

$$\gamma_S = \varrho_S \cdot \gamma_{\text{th}} \qquad (36)$$

berechnet werden. Aus den ϱ-Kurven kann unmittelbar der Porositatsgrad π angegeben werden: $\pi = 1 - \varrho$, und aus den π-Änderungen kann man den Schrumpf des Preßkorpers beim Sintern berechnen. Wegen der Anisotropie des Preßkorpers ist die Schrumpfung S senkrecht zur Preßrichtung $S_\perp$ und parallel dazu $S_\parallel$ nicht gleich, haufig ist $S_\parallel > S_\perp$, es kommt aber auch $S_\perp < S_\parallel$ vor. In Abb. 29 ist die Schrumpfung in Prozenten als $\frac{\Delta l}{l} \cdot 100$ von zylindrischen Preßkorpern aus Elektrolysesilberpulver der Korngroße < 10 μm und Karbonyl-Nickelpulver der Korngroße 5 μm im Gewichtsverhaltnis Ag-Ni 90/10 in Abhangigkeit vom Preßdruck angegeben. Über den gesamten Druckbereich ist $S_\perp > S_\parallel$; fur den mit 3,5 Mp/cm² gepreßten Korper ist $S_\parallel = 0$ und fur den mit 3,9 Mp/cm² gepreßten Korper ist $S_\perp = 0$. Mit Drucken > 6 Mp/cm² gepreßte Proben werden durch die ortlichen Aufblähungen ungleichmäßig verformt; die Kurven sind in diesem Druckbereich strichliert gezeichnet.

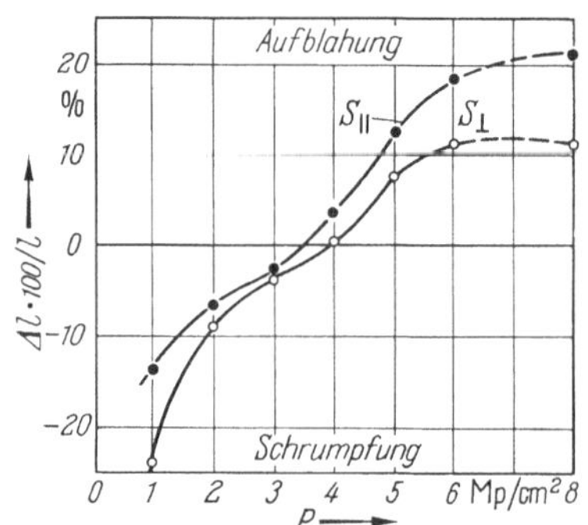

Abb. 29 Schrumpfung von Ag-Ni-90/10-Preßkorpern beim Sintern als Funktion des Preßdruckes, Sinterung bei 800 °C wahrend 1 h in Wasserstoff

5.3 Veränderungen der Festigkeit

Da der Raumerfullungsgrad, wie im vorangehenden Abschnitt ausgefuhrt wurde, beim Sintern nicht unbedingt zunehmen muß, sondern auch abfallen kann, ist es fur die Verfolgung der Sinterreaktion zweckmaßig, die Festigkeitsanderung heranzuziehen. Der wichtigste Vorgang wahrend der Sinterung ist der Materietransport. Es mussen deshalb alle die Vorgange betrachtet werden, die einen Materietransport ermoglichen. Es sind dies die verschiedenen Diffusionsvorgange, wie Selbst- oder Fremddiffusion als Oberflachen-, Gitter- und Korngrenzendiffusion. Ein Materietransport tritt auch beim plastischen oder viskosen Fließen sowie durch Verdampfen und Kondensation auf. Der Materietransport fuhrt zur Bildung von Brucken zwischen sich beruhrenden Pulverteilchen, dadurch wird die Festigkeitssteigerung verstandlich. Die Festigkeit des Preßkorpers ist vor allem vom Preßdruck abhangig. Die Festigkeit der Sinterkorper liegt um den Faktor 2 bis 10^2 hoher als die der Preßkorper. Die Große der Festigkeitssteigerung ist anhand von Prufstaben in Form von gepreßten und gesinterten Flachzerreißstaben in der Zerreißmaschine leicht zu messen. Besonders kleine Proben (∅ 1,5 mm, Lange 15 mm) lassen sich in der Mikrozerreißmaschine nach M. P. Chevenard [*1a*] prufen und gestatten die Festigkeitsverteilung an verschiedenen Stellen eines Sinterteils zu messen. Die Zunahme der Zugfestigkeit σ_{Bz} in Abhangigkeit von Sintertemperatur und -zeit ist in den Abb. 30 und 31 dargestellt; dabei ist auf der Ordinate das Verhaltnis der Eigenschaft des Sinterkorpers (Index S) zu der Eigenschaft des gleich zusammengesetzten Kompaktkörpers (Index K) angegeben. Bei konstanten Sinterbedingungen (Temperatur, Zeit und Atmosphäre) nimmt die Zugfestigkeit mit zunehmendem Preßdruck zu. Im Falle eines mit steigendem Preßdruck abnehmenden Raumerfüllungsgrades beim Sintern

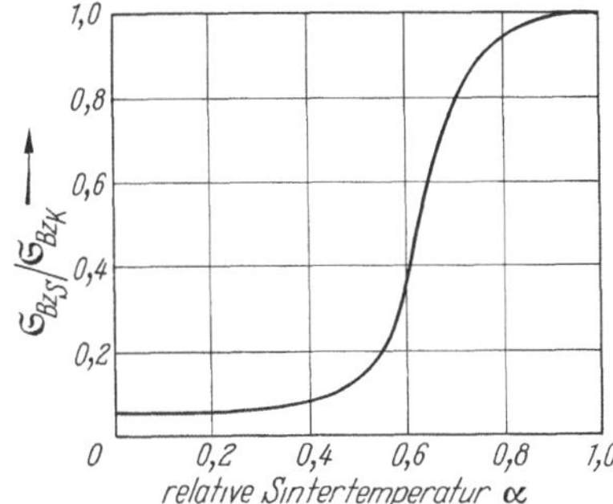

Abb. 30. Zugfestigkeit als Funktion der Sintertemperatur.

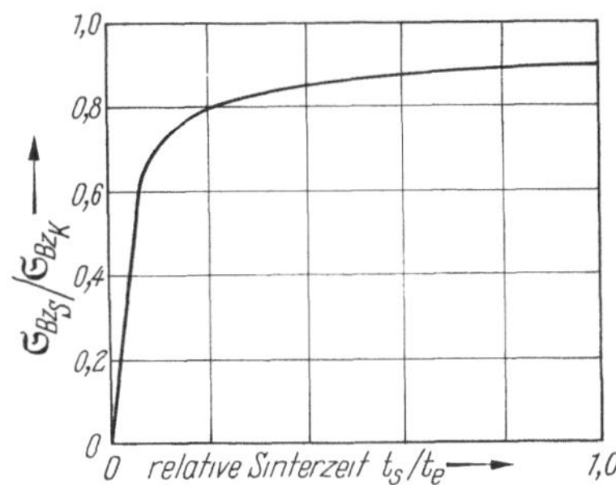

Abb. 31. Zugfestigkeit als Funktion der Sinterzeit.

nimmt die Zugfestigkeit bezogen auf gleichen Raumerfüllungsgrad mit zunehmendem Preßdruck ebenfalls zu. Die Dehnung zeigt einen ähnlichen Verlauf wie die Zugfestigkeit. Ein mit 6 Mp/cm² verpreßtes Hametag-Eisenpulver (W. Eilander und R. Schwalbe [3]) zeigt bis 800 °C einen Festigkeits- und Dehnungsanstieg und oberhalb 900 °C ein vorübergehendes Absinken. McAdam [4] gibt für verschiedene bei 1100 °C während 1 h gesinterter Eisenpulverpreßkörper mit zunehmendem Raumerfüllungsgrad einen parabolischen Anstieg der Dehnung.

5.4 Veränderung der elektrischen Leitfähigkeit

Die elektrische Leitfähigkeit zeigt die Vorgänge der sich beim Sintern ausbildenden metallischen Brücken zwischen den Körnern besonders deutlich an, noch lange bevor im Schliffbild Gefügeänderungen sichtbar werden. Dabei ändert sich die elektrische Leitfähigkeit bis zu mehreren Zehnerpotenzen und nähert sich schließlich bei hohen Sintertemperaturen und langen Sinterzeiten der Leitfähigkeit des entsprechend zusammengesetzten Kompaktmaterials. Mit zunehmendem Raumerfüllungsgrad und zunehmender Sintertemperatur steigt die elektrische Leitfähigkeit zuerst rasch und später langsam an. In Abb. 32 ist die elek-

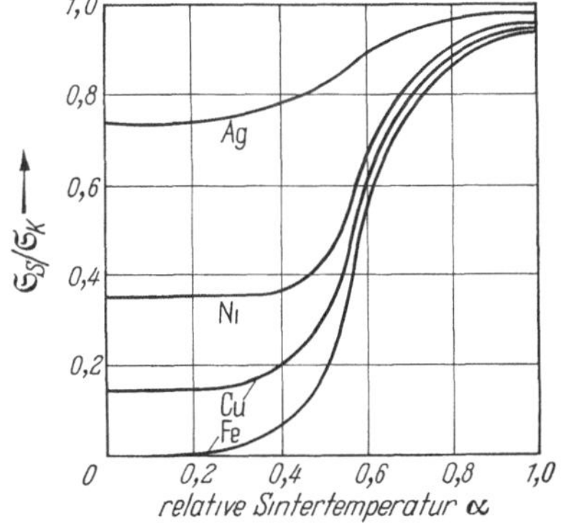

Abb. 32. Elektrische Leitfähigkeit als Funktion der Sintertemperatur.

trische Leitfahigkeit verschiedener Metalle in Abhangigkeit von der Sintertemperatur schematisch angegeben. Dabei ist die elektrische Leitfahigkeit als Verhaltnis der Leitfahigkeit der Preß- bzw. Sinterkorper (gemessen bei 20 °C) zu dem Wert des porenfreien Kompaktmaterials und die Sintertemperatur als Verhaltnis zur absoluten Schmelztemperatur angegeben. Die elektrischen Leitfahigkeiten der mit 10 Mp/cm² gepreßten Pulver stimmen mit den in Abb. 20 bis 22 und 25 angegebenen Werten uberein. Nach GRUBE und SCHLECHT [5] ist bei Karbonylnickel besonders bei niedrigen Sintertemperaturen die Sinteratmosphare von großem Einfluß auf die Leitfahigkeitsanderung. Ähnliche Ergebnisse hat W. TRZEBIATOWSKI an Kupfer und Gold erhalten [6]. Die besonders fur die elektrische Leitfahigkeit maßgebenden Oxydschichten der Pulverteilchen im Preßkörper werden bei der Sinterung in reduzierender Atmosphare abgebaut und fuhren zur Zunahme der metallischen Kontakte und damit zu dem erwähnten starken Anstieg der elektrischen Leitfahigkeit. Dieser Einfluß ist bei den feinen, oxydierten Pulvern am starksten.

5.5 Mehrstoffsysteme

In den bisherigen Abschnitten wurden die beim Sintern auftretenden Eigenschaftsanderungen bei Einstoffsystemen behandelt. Bei Zwei- und Mehrstoffsystemen werden der Pulvermetallurgie Wege zur Herstellung von Sonderwerkstoffen erschlossen, die nach dem schmelzmetallurgischen Verfahren nicht zuganglich sind. Zunachst sei ein Uberblick uber die Haupttypen der Zweistoffsysteme gegeben.

Der eine Grenzfall ist vollstandige Mischbarkeit der beiden Metalle A und B in jedem Mischungsverhaltnis im flussigen und festen Zustand ineinander (s. Abb 33); es entsteht eine luckenlose Reihe von Mischkristallen (Beispiel Ag-Au) Beim anderen Grenzfall sind die beiden Metalle

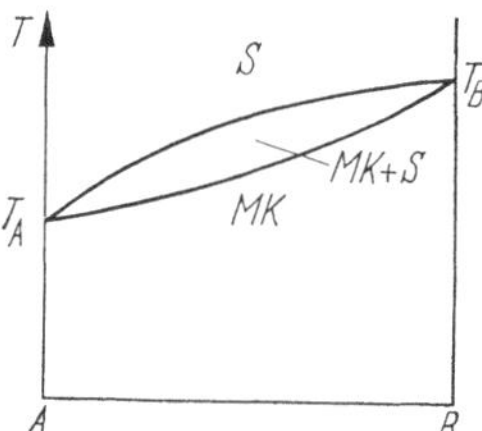

Abb 33 Zweistoffsystem mit vollstandiger Mischbarkeit der beiden Metalle im flussigen und festen Zustand (Mischkristalle).

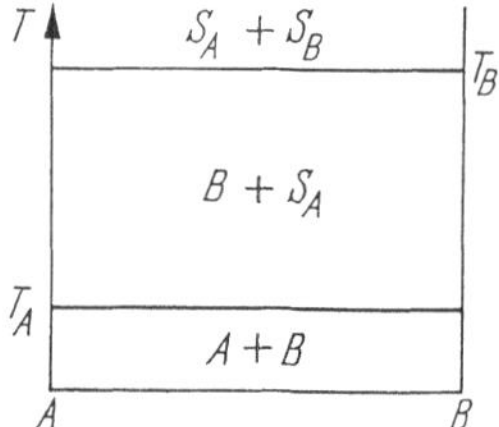

Abb 34 Zweistoffsystem mit im flussigen und festen Zustand ineinander unloslichen Metallen.

weder im flussigen noch im festen Zustand ineinander loslich, s. Abb. 34, (Beispiel W-Cu, W-Ag, Mo-Cu und von einer kleinen Loslichkeit abgesehen Ag-Ni, Ag-Fe und Mo-Ag). Beim dritten Fall sind die Metalle A und B im flüssigen Zustand löslich, im festen jedoch unlöslich; für diesen Fall ist das Schmelzpunktminimum in E charakteristisch (Eutektikum), s. Abb. 35 (Beispiel Bi-Cd). Außerdem gibt es den Fall der teilweisen Löslichkeit im festen Zustand, s. Abb. 36, (Beispiel Ag-Cu). Einen Sonderfall

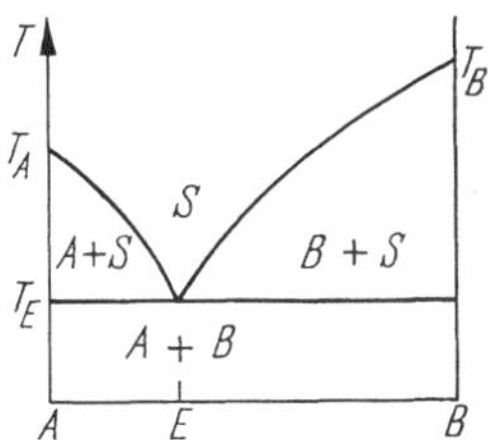

Abb. 35 Zweistoffsystem mit im flüssigen Zustand löslichen, im festen Zustand unlöslichen Metallen (Eutektikum).

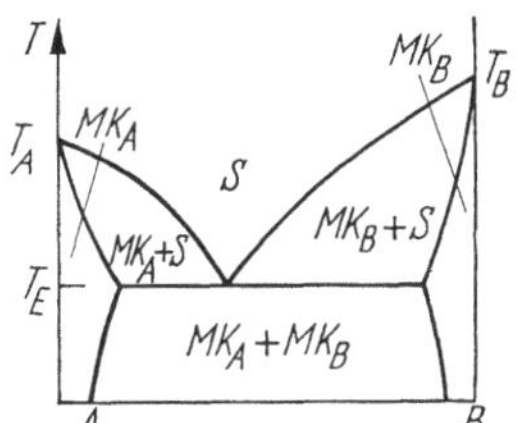

Abb. 36. Zweistoffsystem mit im flüssigen Zustand löslichen, im festen Zustand begrenzt löslichen Metallen (Eutektikum mit Mischungslücke).

stellt das Peritektikum dar, bei dem die pertitektische Temperatur zwischen den Schmelztemperaturen der beiden Komponenten liegt, s. Abb. 37, (Beispiel Ag-Cd). Wenn die beiden Metalle eine ausreichend große Affinität zueinander besitzen, können sie eine intermetallische Verbindung bilden, s Abb. 38, (Beispiel Mg-Si).

Bei Zweistoffsintersystemen können alle in den Zustandsschaubildern der entsprechenden Schmelzlegierungen vorkommenden Phasen auftreten. Darüberhinaus können Zwischenzustände eingestellt werden, die auf dem

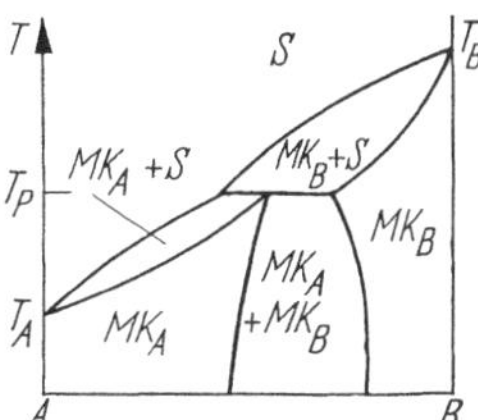

Abb. 37. Zweistoffsystem mit im flüssigen Zustand löslichen, im festen Zustand begrenzt löslichen Metallen (Peritektikum).

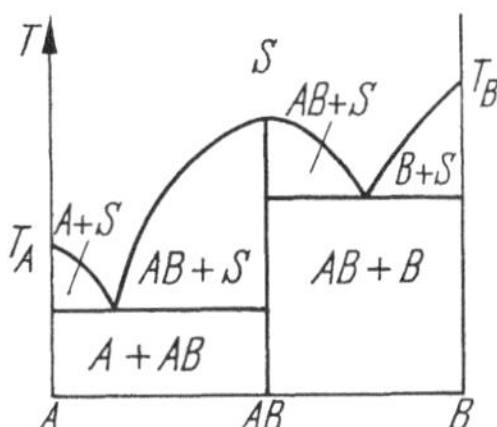

Abb 38 Zweistoffsystem mit intermetallischer Verbindung.

Schmelzwege nicht realisierbar sind. So kann das Gefüge eines Sinterkörpers aus Pulvern zweier Metalle A und B die Mischkristalle bilden, bei unvollständiger Diffusion aus Zentren von reinem A und reinem B bestehen, die durch Mischkristallzwischenschichten mit kontinuierlichem Konzentrationsübergang verbunden sind. Solche Sinterstoffe befinden sich bei hoher Temperatur nicht im Gleichgewicht und gehen durch Diffusionsausgleich in die Mischkristalle gleicher Zusammensetzung über. Bei tiefen Temperaturen sind sie jedoch lange Zeit beständig.

Werkstoffe mit besonderen Eigenschaften werden in der Pulvermetallurgie gerade in den Systemen erschlossen, deren Komponenten im festen *und* flüssigen Zustand ineinander unlöslich sind (Abb. 34) und die nach dem Schmelzverfahren praktisch nicht hergestellt werden können. Diese Werkstoffe können entweder als Einlagerungsverbundstoffe mit einem Gefüge ähnlich dem Eutektikum oder als Durchdringungsverbundstoffe erhalten werden. Die Durchdringungsverbundmetalle haben ein Sondergefüge, das in der Schmelzmetallurgie ebenfalls nicht vorkommt.

5.51 Sinterung mit flüssiger Phase

Bei den Zweistoffsystemen wird als Ausgangspulver entweder eine Mischung aus Pulvern der reinen Metalle oder ein aus beiden Komponenten bestehendes Legierungspulver eingesetzt. In letzter Zeit werden zur Herstellung von Zwei- und Mehrstoffsystemen auch Verbundpulver eingesetzt, die entweder durch gleichzeitige Abscheidung als inniges Gemenge anfallen oder durch nachträgliches Überziehen eines Pulvers mit der zweiten Komponente erhalten werden. Eine weitere Variante ist die Verwendung von Mischungen mehrerer Legierungspulver verschiedener Zusammensetzung, die nach dem Diffusionsausgleich die gewünschte Zusammensetzung ergeben. Schließlich wird häufig ein Teil des Ausgangspulvers als Legierungspulver im Gemisch mit einer oder beider Komponenten verwendet. Mit diesen meist im Unterschuß verwendeten Zusätzen an reinen Komponenten zum Legierungspulver kann ein besonderer Effekt erzielt werden, nämlich dann, wenn die Sintertemperatur oberhalb der Schmelztemperatur einer Komponente liegt. In diesem Fall tritt während der Sinterung ein Anteil flüssiger Phase auf. Dabei bleibt die Form des Preßkörpers während der Sinterung erhalten und wird nicht wie beim Schmelzen zerstört. Das Auftreten einer flüssigen Phase beeinflußt die Sintervorgänge wesentlich. Die Diffusion verläuft im flüssigen Zustand erheblich schneller als im festen Zustand, wodurch eine rasche Dichtsinterung ermöglicht wird. Die Sintertemperatur wird bei Mischkristallsystemen (Abb. 33) zwischen die Liquidus- und Soliduslinie in das Zweiphasengebiet flüssig + fest und bei eutektischen Systemen (Abb. 35 u. 36) oberhalb der eutektischen Temperatur in das Zweiphasengebiet und bei peritektischen Systemen (Abb. 37) in das Zweiphasengebiet MK_A + Schmelze bzw. oberhalb der peritektischen Temperatur in das Zweiphasengebiet MK_B + Schmelze gelegt. Der Anteil der flüssigen Phase kann bei bekanntem Schmelzdiagramm und vorgegebener Zusammensetzung nach dem Hebelgesetz leicht berechnet werden. Das in Abb. 39 dargestellte Schema gibt einen Überblick über einige Sintertypen, ausgehend von einem Preßkörper der aus Pulvermischung $A + B$ oder aus Mischkristallpulver oder aus Pulver der Verbindung AB. Die Sinterung der Preßkörper erfolgt ohne oder mit flüssiger Phase nach den im Schema eingezeichneten Linien und ergibt heterogene Sinterkörper $A + B$ der homogene Sinterkorper aus Mischkristallen oder der Verbindung AB. Beispiele fur heterogene Sinterkörper $A + B$, die ohne flüssige Phase gesintert werden, sind die Kontaktstoffe Ag-Ni, Ag-CdO und Ag-C. Heterogene Sinterkörper $A + B$, die ohne oder mit flussiger Phase gesintert werden, sind die Verbundmetalle W-Cu und W-Ag. Als Beispiel für heterogene Sinterwerkstoffe $A + B$, die mit flüssiger Phase gesintert werden, seien die Systeme W-Cu-Ni (Kontaktstoffe und Schwermetalle) und die technisch wichtige Gruppe der Sinterhartmetalle genannt. Sinterkörper aus homogenen Mischkristallen können aus dem Gemisch $A + B$ oder aus Mischkristallpulver auf dem Weg uber Sinterungen ohne und mit flussiger Phase erhalten werden. Als Beispiele fur die Sinterung mit flüssiger Phase sind die Dauermagnetlegierungen z.B. aus Fe-Ni-Al und die Bronzen für poröse Lager und Filter genannt. Sinterkörper der Verbindung AB können aus der Pulvermischung AB durch Sinterung ohne und mit flüssiger Phase bzw. aus dem Verbindungspulver AB durch Sinterung ohne flüssige Phase erhalten werden.

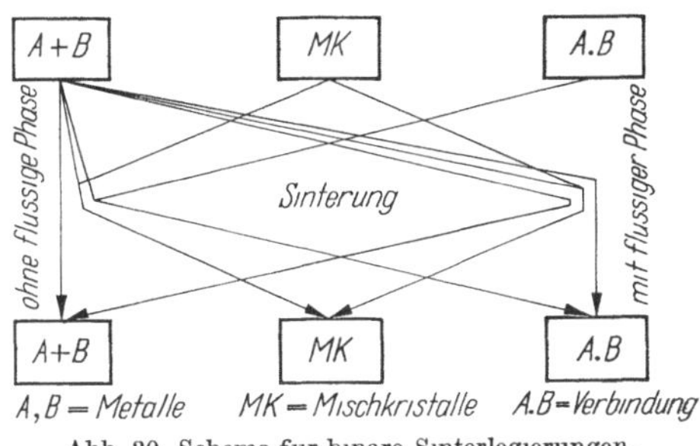

Abb. 39 Schema fur binare Sinterlegierungen.

Für die Auswirkung der flüssigen Phase auf die Sinterverdichtung sind die Systeme zu unterscheiden, bei denen die feste Komponente in der flüssigen Phase unlöslich ist und solche, bei denen die feste Komponente darin löslich ist. Je nach Lage der Sintertemperatur im Schmelzdiagamm (im Einphasengebiet fest oder im Zweiphasengebiet fest/flussig) tritt in beiden Fallen die flüssige Phase nur am Anfang der Sinterung oder wahrend der gesamten Sinterdauer auf. Ist die feste Komponente in der flüssigen Phase unlöslich (W-Cu), ist die Sinterverdichtung klein. Die Verfestigung erfolgt durch Lötung der Pulverteilchen mit der flüssigen Phase (Lot). Bei einer Löslichkeit der festen Komponente in der flüssigen Phase ist die Sinterverdichtung sehr groß; meist erreicht sie das theoretische Maximum und fuhrt zur Dichte des porenfreien Korpers.

5.52 Gefüge der Zweistoffsysteme

Die moglichen Gefuge der homogenen und heterogenen zwei- und mehrkomponentigen Sinterwerkstoffe sind im Abschn. 2.4, Tab. 7 zusammengestellt Das Gefuge homogener Sinterkörper ist bei hoher Dichte ($\varrho \to 1$) durch die Kornform und Große und bei porenhaltigen Sinterkorpern ($\varrho < 1$) außer durch die Kornform und -größe noch durch die Porenform und -große sowie deren Verteilung gekennzeichnet. Die Gefüge heterogener Sinterkörper werden bei hoher Dichte durch das Mengenverhältnis, die Kornform und -größe sowie die Verteilung der Kristallarten ineinander und bei entsprechenden porenhaltigen Sinterkörpern noch zusätzlich durch die Porenform- und -größe und deren Verteilung beschrieben.

Für die gesinterten heterogenen metallischen Zweistoffsysteme, die im festen und flüssigen Zustand ineinander unloslich sind, hat sich die Bezeichnung Verbundmetall eingefuhrt. Nach Abschn. 2.33 konnen die Verbundmetalle in zwei Grenzgefügen vorliegen, namlich als sogenannte Einlagerungs- oder als Durchdringungsverbundmetalle. In Abb. 40 sind die beiden Falle schematisch dargestellt. Das Gefuge des Einlagerungsverbundmetalls zeigt die in das Grundmetall eingelagerten Teilchen der anderen Komponente. Sie werden von dem Grundmetall vollig umschlossen und stehen im Idealfall mit keinen gleichartigen Nachbarteilchen in Verbindung. Das Gefuge des Durchdringungsverbundmetalls besteht aus einem porenhaltigen Gerust des Metalls A, in das das Metall B eingesaugt ist, wodurch die zugänglichen Poren des Gerusts A ausgefullt werden und die Komponente B ebenfalls ein zusammenhangendes Gerust bildet.

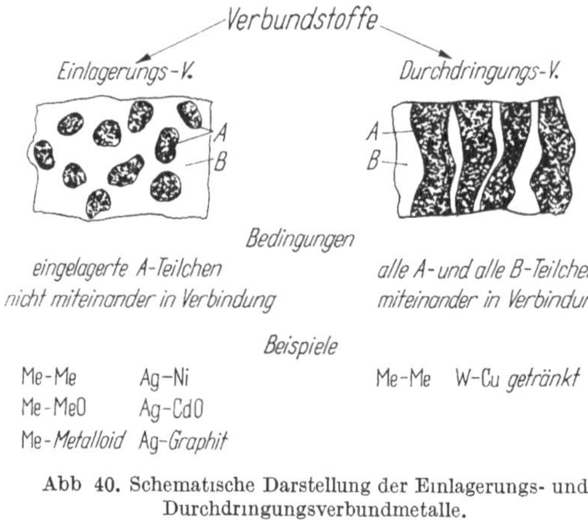

Abb 40. Schematische Darstellung der Einlagerungs- und Durchdringungsverbundmetalle.

Literatur zu 5

[1] Ulich, H., u. W. Jost. Kurzes Lehrbuch der physikalischen Chemie, 8 Aufl.' Darmstadt: Dr. Dietrich Steinkopff, 1955, S. 96.

[1a] Chevenard, M. P.: Rev. Mét. 38 (1941), Dez.; 39 (1942) Febr., Marz u. April.

[2] Eilander, W., u. R. Schwalbe: Arch. Eisenhuttenwes. 13 (1939–1940) 267 bis 272.

[3] McAdam, G. D.: J. Iron. Steel Inst. 168 (1951) 346–358.

[4] Grube, G., u. H. Schlecht: Z. Elektrochem. 44 (1938) 367–374 u. 413–422.

[5] Trzebiatowski, W.: Z. Phys. Chem. B 24 (1934) 87–94.

6. Drucksintern oder Heißpressen

Beim Sintern eines Metallpulvers unter Druck werden die beiden Arbeitsschritte der Kaltpreßverdichtung und der Sinterung in einen Arbeitsgang zusammengelegt. Bei niedrig schmelzenden Metallen wie z B. Sn kann man bereits bei Zimmertemperatur von Drucksintern sprechen (s. S. 49). Bei hohen Temperaturen werden selbst kaltsprode Metalle in den Zustand plastischer Verformbarkeit gebracht, so daß bei diesen beiden Bedingungen durch plastisches Fließen unmittelbar nach dem Aufbringen des Drucks eine hohe Dichte erreicht wird. Gleichzeitig wird durch Warmpreßschweißen (Diffusionsvorgange und plastisches Fließen) die Festigkeit gesteigert. Damit steigt auch die elektrische Leitfahigkeit gegen den Wert des gleich zusammengesetzten kompakten Korpers, und auch die Dehnung nimmt zu.

In Abschn. 1, S. 1 wurde bereits darauf hingewiesen, daß die geschichtlichen Vorlaufer des Heißpressen in der vorgeschichtlichen Eisen- und Stahlherstellung beim Druckverdichten erhitzter Eisenluppen durch Hammern zu finden sind.

Uber das Drucksintern von Kupfer berichten zuerst F. Sauerwald und Mitarbeiter [*1*, *2*] und danach W. Trzebiatowski [*3*] und C. G. Goetzel [*4*] Bei 8 Mp/cm² und 500 °C wird praktisch die theoretische Dichte erhalten. Goetzel zeigt an Warmdruckproben aus gesinterten Kupferpreßkorpern, daß durch Heißpressen oberhalb 250 °C die plastische Verformbarkeit des Sinterkorpers stark zunimmt. Nach R. Kieffer und W. Hotop [*5*] konnen W-Cu-, W-Ag-, Mo-Cu- und Mo-Ag-Kontakte und insbesondere solche mit W-Gehalten uber 80% nicht mehr stranggepreßt werden; sie lassen sich jedoch durch Drucksintern zu praktisch porenfreien Korpern verdichten. Ahnlich wie durch Drucksintern zwischen 1300 und 1500 °C praktisch porenfreie Hartmetalle [*5a*] erhalten werden, konnen hohe WC-haltige WC-Cu- und WC-Ag-Kontaktstoffe druckgesintert werden.

Als Matrizenwerkstoffe dienen bis 8 Mp/cm² und 800 °C hochlegierte Warmarbeitsstahle, im Temperaturbereich zwischen 800 und 2000 °C wird Graphit bei Drücken zwischen 200 und 400 kg/cm² verwendet. Bei der Drucksinterung bis 2000 °C kann die Erhitzung nach Art des Tammann-Ofens uber ein Graphitrohr im direkten Stromdurchgang erfolgen; die Graphitmatrize befindet sich im Inoern des geheizten Graphitrohrs und die herausragenden Stempel werden von außen belastet.

Nach J. Williams [*6*] muß die Verdichtung proportional dem Fließen des Materials in die Poren sein. Der mogliche Ablauf kann wie in einer Newtonschen Flüssigkeit in einem quasiviskosen Material oder wie in einer Newtonschen Flussigkeit mit Streckgrenze, unterhalb der kein Fließen stattfindet, erfolgen (Bingham-Festkorper).

In enger Beziehung zum Heißpressen steht das Strangpressen (s. S. 61) Der zu pressende Bolzen wird auf eine Temperatur erwarmt, bei der das Metall plastisch verformbar ist und aus einem Zylinder durch eine Duse ausgepreßt werden kann Die Arbeitsweise ist die gleiche wie beim Herstellen von Preßdrahten oder Profilen aus kompakten Metallen [7]. Eine Strangpreßanlage zum Verpressen elektrischer Kontakte aus W-Cu- bzw. W-Ag-Verbundmetallen beschreibt F. KRALL [8] Die Strangpreßtemperatur und der spezifische Druck richtet sich nach dem W-Gehalt, die spezifischen Preßdrucke betragen bis zu 18 Mp/cm². Dabei wird fur eine langere Standzeit die Anwendung von Hartmetalldüsen empfohlen.

Literatur zu 6

[1] SAUERWALD, F., u. J. HUNCZEK: Z. Metallkde 21 (1929) 22–23.
[2] SAUERWALD, F., u. St. KUBIK: Z. Elektrochem. 38 (1932) 33–41.
[3] TRZEBIATOWSKI, W.: Z. Phys. Chem. Abt. A 169 (1934) 91–102.
[4] GOETZEL, C. G.· Trans. Am. Soc. Metals 28 (1940) 909.
[5] KIEFFER, R., u. W. HOTOP: Pulvermetallurgische Sinterwerkstoffe, Berlin/Gottingen/Heidelberg: Springer 1948, S. 322.
[5a] KIEFFER, R., u. P. SCHWARZKOPF: Hartstoffe und Hartmetalle, Wien: Springer 1953, S. 375.
[6] WILLIAMS, J.: Iron Steel Inst. Special Report Nr. 58 (1956) 112–124.
[7] KIEFFER, R., u. W. HOTOP: Pulvermetallurgische Sinterwerkstoffe, Berlin/Gottingen/Heidelberg: Springer 1948, S. 321.
[8] KRALL, F.: In R. KIEFFER u. W. HOTOP: Sintereisen und Sinterstahl, Wien: Springer 1948, S. 249.

7. Mehrfach-Pressen-Sintern

Bei einmaligem Pressen und Sintern ohne flüssige Phase wird meist kein höherer Raumerfullungsgrad als 0,9 erhalten. Eine Dichtesteigerung ist durch einen weiteren Preßvorgang (Kaltnachpressen oder zweites Pressen) und durch nochmaliges Sintern (Nachsintern oder zweites Sintern) möglich. Dabei bleibt die Form des Preßkörpers erhalten, die Verdichtung beim Nachpressen erfolgt meist bei etwa gleicher Preßflache unter Verminderung der Höhe des Preßkörpers. Beim Nachsintern kann die Dichte weiter ansteigen. Diese Technik wird als Doppelpreß- und Sintertechnik bezeichnet. Bei plastischen Kontaktmetallen wie z.B. mit uberwiegendem Ag- oder Cu-Gehalt steigt dabei ϱ gegen 1 an.

Erfolgt die Verdichtung des Sinterkorpers durch Warmpressen (Schmieden oder Warmwalzen), so wird dabei praktisch die theoretische Dichte des porenfreien Körpers erreicht. Die ursprungliche Form des Preßkorpers geht dabei verloren.

Bei der Herstellung von gesinterten elektrischen Kontakten werden meist die Sinterkorper in einer Matrize kalt nachgepreßt (kalibriert) und erhalten eine maßgenaue Fertigform. Die dabei am Preßkorper auftretenden Grate werden durch Trommeln der Teile ohne oder mit Scheuermitteln abgeschliffen. Bei plastischen Kontaktmetallen wird der Preßkörper haufig so dimensioniert, daß der Sinterkorper nach dem Schrumpfen mit um 10 bis 20% kleinerer Flache und mit großerer Hohe als der Endformkorper anfallt und beim Kaltnachpressen verdichtet und zur Endform plastisch verformt wird. Aus wirtschaftlichen Grunden wird zum Pressen und Nachpressen haufig die gleiche Matrize eingesetzt.

Die bei der Doppelpreßtechnik erzielbaren Raumerfullungsgrade und Festigkeitseigenschaften von Sintereisen und -stahl haben R. KIEFFER und W. HOTOP [1] angegeben. Die beim Nachpressen von Sinterkorpern erhaltenen Dichten hat C. G. GOETZEL [2] in Abhangigkeit vom Nachpreßdruck mitgeteilt. G. BOCKSTIEGEL [3] beschrieb das Nachpressen durch die Beziehung (Gl. 37)

$$p_y = p_{y(0,5)} \cdot \left(\frac{f_x - f_y}{f_y}\right)^n \tag{37}$$

worin n = 0,43 ... 0,58, p_y der Nachpreßdruck, $p_{y(0,5)}$ der Nachpreßdruck für $f_y = f_y/2$ und f_y = Porositat in Prozent nach der Ausgangs- und Endsinterung darstellen.

Literatur zu 7

[1] KIEFFER, R., u. W. HOTOP: Sintereisen und Sinterstahl, Wien: Springer 1948, S. 223–235.
[2] GOETZEL, C. G.: Metal Progress 36 (1931) 57–59.
[3] BOCKSTIEGEL, G.: Arch. Eisenhuttenw. 28 (1957) 167–177.

8. Sintertheorien

Auf die Eigenschaftsänderungen der Preßkorper wahrend der Sinterung wurde bereits ausfuhrlich eingegangen (s. Abschn. 5). Im folgenden werden die verschiedenen Theorien besprochen, die es ermoglichen, die Vorgange im Preßkorper wahrend der Sinterung zu beschreiben. Es sei vorausgeschickt, daß die Sinterreaktion einen komplexen Vorgang darstellt, bei dem meist mehrere Einzelmechanismen uberlagert sind. Je nach der Höhe der Sintertemperatur laufen verschiedene Einzelmechanismen wahrend der Sinterung gleichzeitig ab; durch den unterschiedlichen Energiebedarf und Temperaturgradienten konnen sie voneinander getrennt und ihre Anteile bestimmt werden Die Sintertheorien basieren auf Modellvorstellungen, zu deren experimenteller Bestatigung eine große Anzahl von Einzelmessungen verschiedener Eigenschaften erfolgt ist. So kann z.B. der Sinterablauf an der Änderung der Dichte, der elektrischen und Warmeleitfahigkeit, der Harte, Festigkeit, Dehnung, des elektrochemischen Potentials, der Losungsgeschwindigkeit, der katalytischen Wirksamkeit sowie anderer physikalischer, chemischer und technologischer Eigenschaften verfolgt werden. Zur weiteren Beschreibung kann auch die Adsorption von Gasen, Dampfen sowie in Flussigkeiten gelösten Stoffen an Metallpulvern und den daraus hergestellten Sinterprodukten herangezogen werden [*1*]. Die Adsorption gestattet Aussagen uber Große und Aktivitat der Oberflache.

Man unterscheidet verschiedene Untersuchungsverfahren. Haufig werden die Eigenschaften der Sinterkorper bei Zimmertemperatur gemessen und in Abhangigkeit von der Sintertemperatur als Eigenschaftstemperaturkurven (Sinterzeit konstant) dargestellt. Eine gunstige Beschreibung des Sinterverlaufs anhand der Eigenschaftsanderungen geben die bei konstanter Sintertemperatur in Abhangigkeit von der Sinterzeit gemessenen Eigenschaftswerte (Eigenschaftszeitkurven, Temperatur konstant) Von Vorteil ist die Anwendung von Verfahren, die es ermoglichen, die Eigenschaftswerte wahrend der Sinterung selbst zu messen und nicht nur die bei der Raumtemperaturmessung nach der erfolgten Sinterung verbleibenden irreversiblen Anteile irgendeines Eigenschaftswerts Ohne großere Schwierigkeiten lassen sich z B. wahrend des Sintervorgangs die Langenanderungen im Dilatometer, die elektrische Leitfahigkeit oder die Thermokraft [*2*] messen Haufig werden auch andere physikalische Eigenschaften wahrend der Sinterung gemessen. So wurde vom Verfasser [*2a*] zur Verfolgung der Sinterkinetik die Emaniermethode mit Erfolg eingefuhrt. Dabei wird in das Gitter des zu untersuchenden Metallpulvers eine radioaktive emanationsabgebende Atomart eingebaut. Das Emaniervermogen (EV) ist durch den Bruchteil der Emanation definiert, die aus dem Pulver, Preß- oder Sinterkorper entweichen kann. Aus den EV-Temperaturkurven konnen die Oberflachen- und Gitterdiffusion getrennt werden und bei konstanter Sintertemperatur konnen aus den EV-Zeitkurven die Sinterkinetik gemessen und Aussagen uber den Mechanismus abgeleitet werden.

Zunachst wird in Tab. 12 ein Überblick uber die fur die Sinterreaktion verfugbare Energie und die moglichen Arten des zur Klarung des Sintervorgangs erforderlichen Materietransports gegeben.

Die Energie fur den Sintervorgang wird zunachst von der Oberflachenenergie der Pulverteilchen zur Verfugung gestellt. Neben der Oberflachenenergie, die proportional der Oberflachengroße ist und sich als Oberflachenspannung außert, wird durch die Gitterfehler (Gitterleerstellen, Gitterdefekte, Versetzungen usw.) zusatzliche freie Energie in den Pulverteilchen gespeichert. Die stark aufgelockerten Pulverteilchen, die neben der außeren Oberflache auch eine große innere Oberflache besitzen, stellen damit zusatzliche Energie fur die Sinterung zur Verfugung. Demgegenüber haben die porenfreien Pulverteilchen mit kleinerer Fehlstellenkonzen-

Tabelle 12. *Energie und Materietransport beim Sintervorgang*

Energie fur Sintervorgang	Materietransport ohne oder mit Volumenanderung
Oberflachenenergie	Keimbildung
Kohasions- und Adhasionskrafte	Rekristallisation
Energiezentren des Gitters bedingt durch Leerstellen, Gitterspannungen, Zwischengitteratome, Versetzungen, Fremdatome auf Gitterplatzen	Oberflachendiffusion
	Korngrenzendiffusion
	Gitterdiffusion (Atome und Locher)
	Korngrenzenverschiebungen
	Verdampfen und Kondensation
Gitterverspannungen durch Kaltverformung	Viskosis und plastisches Fließen
	Hochtemperaturkriechen

tration und weitgehend ausgeheiltem Gitter nahezu nur die Oberflachenenergie verfugbar. Beim Verdichten des Pulvers durch Pressen wird fur die elastische und plastische Verformung Energie aufgebracht, die zu einem Teil in Warme ubergeht und zum anderen Teil im Preßkorper gespeichert wird. Der Preßzustand ist vor allem durch eine hohere Fehlstellenkonzentration im Vergleich zum nicht gepreßten Pulver ein energiereicherer Zustand. Wie weitgehend die plastische Verformung die einzelnen Pulverteilchen erfaßt, hangt vom aufgebrachten Preßdruck ab Der Sintervorgang geschutteter und gepreßter Metallpulver unterscheidet sich nicht grundsatzlich von dem des Preßkorpers, sondern nur in der Sinterkinetik durch die höhere verfugbare Energie der Preßkorper und die beim Pressen entstandenen großeren Beruhrungsflachen zwischen benachbarten Pulverteilchen. Die Verfestigung des Preßkorpers beim Sintern geht von diesen Beruhrungsflachen aus. Bei tiefen Temperaturen ($<0{,}23$ der absoluten Schmelztemperatur) sind es die Kohasionskrafte, die den Zusammenhalt der Pulverteilchen verursachen Diese Krafte sind wesentlich kleiner als die Krafte der Metallbindung. Bei hoheren Temperaturen (das 0,5 bis 0,9fache der absoluten Schmelztemperatur), wie sie beim Sintern von Metallpulver angewendet werden, steuert die thermische Energie den Sintervorgang. Zur Verfestigung der Brucken, die zunachst ohne Volumenanderung und damit ohne Dichteanstieg erfolgen kann, tragen Vorgange bei, die einen Materietransport ermoglichen Dazu gehoren Keimbildung, Rekristallisation, Oberflachendiffusion, Korngrenzenverschiebungen und Korngrenzendiffusion. Weitere Materietransportvorgange, bei denen entweder Einzelatome wie bei der Gitterdiffusion, der Verdampfung und Kondensation oder aber ganze Atombereiche wie beim viskosen und plastischen Fließen sowie beim Hochtemperaturkriechen bewegt werden, fuhren meist zur Porenveranderung und damit zur Volumen- und Dichteanderung des Sinterkorpers.

Die im folgenden in ihren wesentlichen Punkten zusammengestellten Sintertheorien sind aus den Ergebnissen einer großen Zahl von Einzelmessungen wahrend oder nach der Sinterung abgeleitet worden.

F. SAUERWALD [*3*] unterscheidet beim Sintern im wesentlichen zwei aufeinanderfolgende Vorgänge, nämlich Adhäsion und Kristallisation. In neueren Arbeiten weist SAUERWALD auf den Einfluß der Oberflächendiffusion hin. Mit steigender Temperatur erreichen Dichte und Festigkeit ein Maximum, noch bevor Kornwachstum eintritt. Die Temperatur des beginnenden Kornwachstums (2/3 bis 3/4 der absoluten Schmelztemperatur) ist unabhängig vom Preßdruck. Die Kornvergrößerung wird als Sammelrekristallisation aufgefaßt (nicht durch Kaltbearbeitung hervorgebracht). Nur im Falle sehr hoher Preßdrucke räumt F. SAUERWALD [*3*] eine Beschleunigung des Kristallwachstums durch Rekristallisation (bedingt durch Kaltbearbeitung) ein. Nach Wirkung des Preßdrucks (nicht nach seiner absoluten Größe) lassen sich die Vorgänge beim Pressen in solche mit rein elastischer und solche mit elastischer und plastischer Deformation der Pulverteilchen. Bei niedrigen Drucken liegt nur elastische Deformation vor. Mittlere Drücke rufen eine lokale plastische Deformation, ein Anwachsen der Kontaktflächen und der Adhäsionskräfte hervor. Mit steigender Sintertemperatur tritt Dichtesteigerung und Härteabfall (Verringerung der Kaltverfestigung) ein. Hohe Drücke bewirken eine intensive Deformation, erst dann erfaßt die Rekristallisation beim Sintern die Gesamtheit der Pulverteilchen. Mit steigender Sintertemperatur fallen dabei Dichte und Härte ab.

Verschiedene Beobachtungen weisen aber bereits bei den Anfangsschritten des Sinterns auf den Einfluß der Kaltverformung auf die nachfolgende Kristallerholung und Rekristallisation [*4*] hin. Die Kristallerholung wird verantwortlich gemacht für den Härteabfall. Andere Verfasser beschreiben die Sinterkräfte als Kohäsionskräfte [*5*] Mit steigender Sintertemperatur ergibt sich eine erhöhte plastische Deformierbarkeit. Es vergrößern sich die Kontaktflächen der Teilchen und damit auch die Kohäsionskräfte im Sinterkörper.

Das Hauptgewicht bei den Arbeiten von M. J. BALSHIN [*6*] liegt auf der großen Bedeutung der Pulverbeschaffenheit für die Vorgänge beim Pressen und Sintern. Die Änderung der relativen Lage (gegenseitige Verschiebung), innere individuelle Gestalt- und Formänderungen (inneres Kornwachstum) und äußere kollektive Umformung (äußeres Kornwachstum, mehrere Partikelchen umfassend) der Teilchen sind von Bedeutung. Während des Verfestigens wird Energie verbraucht zur Überwindung der Adhäsion zwischen den Teilchen (dürfte nur berechtigt sein zu Beginn des Vorgangs), zur Deformation und Zerkleinerung der Teilchen, sowie zum Überwinden elastischer Spannungen und Restspannungen. Die Wirkungen der Sintertemperatur lassen sich nach M. J. BALSHIN [*6*] in vier Abschnitten beschreiben. Im ersten Abschnitt liegen nichtmetallische Kontakte zwischen den Teilchen vor. Der Übergang zum metallischen Kontakt und die Reduktion der Oxyde gehen im zweiten Abschnitt vor sich, sie konnen innerhalb eines gewissen Temperaturintervalls jedoch auch zusammen mit dem ersten Abschnitt verlaufen. Der dritte Abschnitt besteht in der Rekristallisation, er ist abhangig von der Dispersitat des Pulvers und erhoht die Zunahme des metallischen Kontakts. Die Rekristallisation findet zunachst nur innerhalb einzelner Pulverteilchen statt (verlauft aber fast im ganzen Temperaturbereich gemeinsam mit dem zweiten Abschnitt), die Restspannungen werden abgebaut. Eine starke Beschleunigung der Diffusionsprozesse charakterisiert die vierte Phase (Beginn zwischen 50 und 75% der absoluten Schmelztemperatur). Dabei treten Kornwachstum, Korngrenzenverschiebung und eine Beschleunigung des Kriechens ein Die optimale Sintertemperatur liegt fur sehr feine Pulver bei 66 bis 75% des absoluten Schmelzpunkts, fur grobe industrielle Pulver liegt sie dicht unter dem Schmelzpunkt. Nach Uberschreitung der optimalen Sintertemperatur vermindern sich Dichte und Festigkeit wieder, Verwerfung und Rißbildung (Totgluhen) sind zu beobachten.

Nach G F. Huttig [7] und Mitarbeitern laufen innerhalb der verschiedenen Temperaturbereiche wahrend des Sinterns bestimmte elementare Prozesse ab. Fur diese Einteilung wird der Tammannsche Temperaturfaktor α (Verhaltnis der absoluten jeweiligen Sintertemperatur zur absoluten Schmelztemperatur) herangezogen.

1. Temperaturbereich $\alpha = 0$ bis 0,23 Periode der Adhasion, lediglich ein Aneinanderhaften der Teilchen, keine nennenswerte Schrumpfung.

2. Bereich $\alpha = 0{,}23$ bis 0,36. Periode der Oberflachendiffusion, Aktivierung durch Molekulumgruppierungen in der Oberflache, Hineinwandern in die engste Spalte, Bruckenbildung und Schrumpfung, Abgabe oberflachlich adsorbierter Gase, Anstieg des Adsorptionsvermogens.

3 Bereich $\alpha = 0{,}33$ bis 0,45 Periode der Korngrenzenverschiebung durch Wachsen eines Kristallits auf Kosten eines anderen, Stabilisierung und Desaktivierung der Oberflache, Abnahme des Adsorptionsvermogens.

4 Bereich $\alpha = 0{,}37$ bis 0,53: Periode der Gitterdiffusion, bedingt durch Atom- bzw. Molekultransport durch den ganzen Kristallit, Gassubstanzenausstoß.

5. Bereich $\alpha = 0{,}48$ bis 0,8: Periode der Bildung neuer Kristallisationszentren infolge Rekristallisation, Sammelkristallisation, weiterer Abfall des Adsorptionsvermögens.

6 Bereich $\alpha = 0{,}8$ bis 1: Periode ubermaßigen Kornwachstums, neue Aktivierung als Vorbereitung des Schmelzvorgangs.

P. E. Wretblad und J. Wulff [8] sehen den Sintervorgang als grundlegenden Mechanismus des Bindens durch Atomkrafte bei besonderer Betonung der plastischen Deformation und Rekristallisation (welche das Kornwachstum beeinflußt) an. Eine adhäsive Bindung liegt bereits bei Raumtemperatur vor. Das Netzwerk dunner Kanale geht in kugelige Poren über. Die Diffusion von Metallatomen entlang der Porenoberfläche oder ein plastisches Fließen des Metalls in die Risse und Spalte bewirken die Änderung der Poren und der Oberflächenspannungskräfte. Für die Kohäsion und Oberflächenspannung macht P. Schwarzkopf [*9*, *9a*] interatomistische Kräfte verantwortlich. Plastisches Fließen und Oberflächendiffusion laufen ab. Das plastische Fließen nimmt auch nach J. K. Mackenzie und R. Shuttleworth [*10*] am Sintermechanismus teil.

Bezüglich der Sinterkräfte folgen W. Dawihl [*11*] und Mitarbeiter den Ansichten von W. D. Jones [*5*], andererseits schließen sie sich auch der Sauerwaldschen Theorie an. Freie molekulare Kräfte an den Oberflächen der Pulverteilchen wirken fördernd auf die Festigkeit und Schrumpfung des Sinterkörpers. Vier wichtige Begriffe während des Schwindungsvorgangs werden herausgestellt: die Klebetemperatur, die Korneinformung (Hineinziehen der Körner in die Poren), die Kornumformung und die Gerüstbildung. Die Schrumpfung wird mit dem Ansteigen der Atombeweglichkeit bei höheren Temperaturen begründet (im Gegensatz zu M. J. Balshin [*6*]. Oberflächenspannungskräfte (sie spielen auch die Hauptrolle bei C. C. Balke [*12*]) bilden die Triebfeder des Sintervorgangs nach der Theorie von J. Frenkel [*13*]. Die Diffusion einzelner Höhlungen (Poren) von atomistischer Größe führt im kristallinen Körper zu einem viskosen Fluß Zwei Hauptschritte treten markant hervor: In der ersten Stufe wird sich die Kontaktfläche benachbarter Teilchen ausweiten, die Poren trennen sich. In der nachfolgenden zweiten Phase werden die Restsporen eingeschlossen. A. J. Shaler und J. Wulff [*14*] erweitern die Theorie von J. Frenkel [*13*], indem sie Rücksicht auf Fremdgase innerhalb und außerhalb des Kristallverbands nehmen. Oberflächenspannungskräfte bewirken einen Metallfluß. G. C. Kuczynski [*15*] betrachtet die Brückenbildung an Modellversuchen (Draht- und Kugelmodelle). Die Brückenbildung während der Sinterung kann je nach Temperaturbereich durch viskoses oder plastisches Fließen, Verdampfungs- und Kondensationsvorgänge sowie Volumen- und Oberflächendiffusion erfolgen. Der Zusammenhang zwischen dem Brückenradius x und dem Radius des Drahts a, der Zeit t und der Temperatur T wird durch die Gl (38)

$$x^n/a^m = F(T) \cdot t \tag{38}$$

beschrieben. Für viskoses oder plastisches Fließen sind $n = 2$ und $m = 1$; für Verdampfung und Kondensation gilt $n = 3$, $m = 1$; für Volumendiffusion $n = 5$, $m = 2$ und für Oberflächendiffusion $n = 7$, $m = 3$. Der Vorgang der Sinterverdichtung oder des Einschlusses von isolierten Poren wurde nicht näher untersucht.

Reaktionen zwischen festen Phasen in den Kontaktpunkten laufen nach A. Smekal [*16*] und F. P. Bowden [*17*] und Mitarbeitern unter Einschaltung einer flüssigen oder plastischen Zwischenphase ab. J. A. HEDVALL [*18*] bringt die pulvermetallurgischen Vorgänge in Verbindung mit der Physik und Chemie der Oberfläche. Gerade im Zustand der Umwandlung (besonders im „statu nascendi") haben die Stoffe ihr Maximum an Reaktionsfähigkeit hinsichtlich der Strukturvariationen. Nach W. E. KINGSTON [*19*] findet ein kontinuierlicher Prozeß der Selbstdiffusion statt. Erholung, Rekristallisation und Kornwachstum bilden weitere Schritte. Nach der Theorie von J. HEUBERGER [*20*] wird das Sintern hauptsächlich bewirkt durch die Erholung der Gitterstörungen, die bei der Herstellung der Pulver oder während des Pressens entstehen.

In den neueren Theorien wird vor allem dem Löcherwanderungsprozeß ein wesentlicher Platz eingeräumt. Nach der Theorie von F. N. RHINES [*21*] kann man den Sintervorgang aus drei sich überlappenden Schritten darstellen: Einmal tritt ein Punktschweißen zwischen den Teilchen durch Oberflächendiffusion auf. In einer weiteren Phase tritt eine Bindungserweiterung ein, die Poren nehmen kugelige Gestalt an; den wesentlichen Prozeß verursacht die Oberflächenspannung. Der weitere Fortgang läßt kleine Poren (wegen ihrer großen Oberflächenspannung) zusammenschrumpfen, während benachbarte größere Poren auf ihre Kosten anwachsen. Die Besetzung von Gitterlücken (Leerstellen) durch Metallatome infolge der Diffusion macht sich bemerkbar. Hierbei nimmt F. N. RHINES [*21*] gegen die Theorie des viskosen Fließens von J. FRENKEL [*13*] Stellung. Seiner Meinung nach diffundieren die Löcher in einer bevorzugten Richtung zur Metalloberfläche hin (die submikroskopischen Löcher gehen an die Atmosphäre verloren). Gase, sofern sie keine große Diffusionsgeschwindigkeit haben, können bei der Elimination der Poren hinderlich sein. B. Ya. PINES [*22*] erklärt das Sintern als einen Diffusionsprozeß, molekulare Löcher wandern durch die Festkörperstruktur hindurch. Während J. FRENKEL [*13*] die Auffüllung der Löcher durch langsames viskoses Kriechen des Kristalls darstellt, werden bei B. Ya. PINES [*22*] die Löcher mit Atomen aufgefüllt (wobei sich gewissermaßen die Löcher nach außen bewegen). Die Schrumpfung ist demnach von der örtlichen Löcherkonzentration abhängig. Auch F. R. N. NABARRO [*23*] pflichtet analogen Ansichten bei. Oberflächenkräfte verändern die Konzentration der Gitterdefekte. Es findet eine Diffusion von Defekten durch das Gitter von einem Teil der Oberfläche zu einem anderen statt. Stufenversetzungslinien können sich in einer zu den Gleitflächen senkrechten Richtung durch Diffusion von Löchern oder Zwischengitterionen bewegen.

Den Sintervorgang sieht R. G. BERNARD [*24*] als einen speziellen Fall einer allgemeinen thermodynamischen Erscheinung an, nach welcher sich irgendein System in den Zustand mit einem Minimum an freier Energie umwandeln will. Nicht anders ist es beim Sintern von Metallpulvern. Sie werden aus dem ursprunglich dispersen Zustand mit großer spezifischer Oberflache (große freie Energie) in einen festen Korper unter Verringerung der spezifischen Oberflache ubergefuhrt. Als charakteristische Eigenschaft, als Sinterantrieb, kann daher die Oberflachenenergie angesehen werden. Unter den moglichen Transportmodellen, welche eine Atomneuorientierung unter Verringerung der Oberflachenenergie herbeifuhren konnen, lehnt R. G Bernard [24] die viskose oder plastische Fließtheorie ab. Beim Sintern eines reinen Metallpulvers ohne auftretende flussige Phase oderWechselwirkung mit der Atmosphare werden drei aufeinanderfolgende Schritte herausgestellt:

a) die Adhasion (ohne Schrumpfung),

b) die Verdichtung, wobei die Löcher (Leerstellen) kugelige Gestalt annehmen und geschlossen werden,

c) die Elimination der letzten kugeligen und isolierten Leerstellen.

Seiner Meinung nach konnen der erste oder die zwei ersten Schritte der Volumendiffusion, d.h. dem individuellen Transport von Atomen durch Sprunge von einer vakanten Gitterstelle zu einer anderen zugeordnet werden, wahrend bei der dritten Phase der Einfluß der Oberflachendiffusion, genauer der Korngrenzendiffusion, von großer Bedeutung ist. Das Sintern ist im thermodynamischen Sinne vergleichbar mit einer chemischen Reaktion, die charakterisiert ist durch die Aktivierungsenergie Q, d h. ihre Geschwindigkeit gehorcht dem Arrheniusschen Gesetz als Funktion der Zeit.

$$\log v = -Q/RT + C. \tag{39}$$

Bei Gultigkeit dieses Gesetzes ergibt $\log v$ gegen $1/T$ aufgetragen eine Gerade. Der Q-Wert kann aus der Neigung erhalten werden. Ein Vergleich ergibt, daß die Aktivierungsenergien der Oberflachenselbstdiffusion ungefahr halb so groß sind wie die der Volumenselbstdiffusion. Damit die Volumenselbstdiffusion ablaufen kann, muß ein Gradient der Defekte (hauptsachlich Leerstellen) bestehen. Diese Bedingung wird zu Beginn des Sintervorgangs (Schritt a) erfullt sein, wenn die Krummungsradien der Kornoberflachen klein sind und die Oberflachen der Kontakte hohen Spannungen unterliegen. Damit wird eine große freie Energie an den Kornoberflachen existieren. Unter dem Einfluß des Leerstellengradienten diffundieren Atome zu diesen Oberflachen und verschweißen, die Leerstellen diffundieren in entgegengesetzter Richtung, also in das Innere. Im zweiten Schritt (Verdichtung) bewirkt der Leerstellengradient – er besteht zwischen Punkten der Oberflachen mit verschiedener Krummung –, daß die Leerstellen aus den Gebieten hoher Krummung zu solchen von kleinerer Krummung fließen. Die Locher (Leerstellen) nehmen kugelige Gestalt an, sie werden isoliert und in ihrer Anzahl verringert, ihre Durchmesser wachsen an. Der Leerstellengradient verringert sich und es setzt die Oberflächendiffusion, speziell die Korngrenzendiffusion, ein. Der letzte Schritt kann ohne die Korngrenzendiffusion nicht erklärt werden.

Zwei mögliche Hypothesen sind angeführt: In dem einen Fall spielt die Oberflächendiffusion eine indirekte Rolle. Sie bewirkt einen raschen Leerstellenfluß entlang der Korngrenzen zur Oberfläche der Probe. Die Leerstellenkonzentration in den Zwischenschichten fällt schnell unter den Gleichgewichtswert. Es besteht die Neigung, das Gleichgewicht durch Volumendiffusion von Leerstellen aus dem Innern wieder herzustellen. Eine andere Möglichkeit, die Verringerung der Porosität zu erklären, besteht darin, daß sich die Korngrenzen durch Rekristallisation langsam verschieben und die dadurch gestreiften Leerstellen durch Korngrenzendiffusion beseitigt werden. Im Falle des Sinterns von Pulvermischungen, wo sich feste Lösungen bilden bzw. chemische Reaktionen ablaufen können, bleiben die vorher erwähnten Gesichtspunkte im wesentlichen bestehen. Die Gegenwart von Verunreinigungen, das Hinzufügen eines Metalls oder ablaufende chemische Reaktionen lassen allerdings die Konzentration der Versetzungen und der Leerstellen anwachsen, die Oberflächenenergie wird erhöht und dadurch der Sintervorgang aktiviert.

Die Anwesenheit einer flüssigen Phase bringt grundsätzliche Veränderungen der Sinterbedingungen mit sich. Bei Temperaturen, die unterhalb einer auftretenden flüssigen Phase liegen, wird der Vorgang der Verfestigung und die beginnende Verdichtung wahrscheinlich durch Diffusionserscheinungen bestimmt. Das Auftreten und Wachsen der flüssigen Phase unterliegt oberflächlichen und zwischenschichtlichen Spannungen. Der Abkühlungsschritt ist vom Zustandsdiagramm abhängig.

W. Dienst und O. Werner [*25*] versuchten, auf Grund der Messung von thermischen Aktivierungsenergien des Sinterprozesses an Kupfer- und Eisenpulvern Hinweise auf den Sintermechanismus zu erhalten. Es wurde der zeitliche Verlauf der linearen Sinterschrumpfung mit dem Dilatometer verfolgt. Der ganze Sinterverlauf konnte nicht durch eine einzige Näherungspotenzfunktion dargestellt werden. Die Sinterschrumpfung läßt sich in einer früheren und in einer späteren Sinterphase durch zwei verschiedene Potenzfunktionen näherungsweise angeben, d.h. die verschiedenen Phasen sind durch verschiedene Sintervorgänge bestimmt. Die sich ergebenden thermischen Aktivierungsenergien des Sintermechanismus liegen unterhalb der Werte der Volumenselbstdiffusion (etwa halb so groß). Daraus wird gefolgert, daß die Volumenselbstdiffusion als beherrschender Sintermechanismus ausgeschlossen werden muß. Ebenso werden der darauf begründete Mechanismus des quasi-viskosen Korngrenzenfließens und die Oberflächenselbstdiffusion abgelehnt. Als wahrscheinlichster Materialtransportmechanismus während der Anfangsphase der Sinterung wird ein Prozeß auf der Grundlage plastischen Fließens in der Form des Hochtemperaturkriechens, bei dem eine Ablösung von Gitterversetzungen in der Anfangsphase der Verformung durch thermische Energie erfolgen kann – im Gegensatz zum plastischen Fließen oberhalb der Fließgrenze –, angesehen. Ihrer Meinung nach kann die thermische Aktivierungsenergie dieses Vorgangs bei Einwirkung relativ niedriger Spannungen tatsächlich im Bereich der Aktivierungsenergie der Volumenselbstdiffusion liegen.

Zu ähnlichen Aussagen über das plastische Fließen zu Beginn der Sinterung kamen auch P. W. Clark und J. White [*26*] und F. Thümmler [*27*]. Für die fortgeschrittene Sinterphase sehen W. Dienst und O. Werner [*25*] die Korngrenzendiffusion als maßgebenden Prozeß an. Bei ihren weiteren Untersuchungen konnte eine systematische Änderung der thermischen Aktivierungsenergien nach Erzeugung oberflächlicher Oxydschichten auf den zu sinternden Metallpulvern festgestellt werden. Bereits bei schwacher Oxydation (0,2 bis 0,35% Sauerstoffaufnahme) lieferte die Sinterung in neutraler Atmosphäre eine Abnahme der Aktivierungsenergie um fast die Hälfte ihres Wertes. Sie stieg erst wieder bei sehr starker Oxydation erheblich an. Die sinterungsfördernde Wirkung ist also weitgehend von der Dicke der Oxydschicht unabhängig. Die Förderung der Sinterung kann damit erklärt werden, daß Metallionen aus dem Innern in die Metallschicht hineindiffundieren, während die Sauerstoffionen sich in entgegengesetzter Richtung bewegen. So kann sich an Stelle des Oxyds an der Oberfläche ein stark gestörtes Metallrestgitter mit geringerem Energiebedarf für die Aktivierungsvorgänge im Gitter bilden.

Diese Vorstellung über den Einfluß oberflächlicher Oxydschichten bestätigt die Ansichten von M. Clasing und F. Sauerwald [*28*] über die Auflockerung der Oberflächen durch den Abbau der Oxydschichten. Oxydschichten, die in der Sinteratmosphäre reduzierbar sind, können den Sintervorgang also durch die nach der Reduktion gebildete reine, metallische, hochaktivierte Pulverkornoberfläche erleichtern [*29*]. M. Clasing und F. Sauerwald [*28*] konnten sogar beobachten, daß in einer neutralen Atmosphäre Oxydschichten verschwinden können. Die Reduktion wird durch noch gelöste Wasserstoffreste erklärt. Die günstige Beeinflussung des Sinterns durch eine Oxydschicht von bestimmter Dicke stellte auch W. Rutkowski [*30*] fest. Das beste Zusammensintern ergab sich bei ihm bei einem Oxydgehalt von 4 bis 6% bei Kupfer und von 2 bis 4% bei Eisen.

Ebenso wie R. G. Bernard [*24*] sieht H. J. Oel [*31*] als treibende Kraft für das Sintern den Unterschied der freien Energie zwischen Ausgangs- und Endzustand an. Er gelangt aber hinsichtlich des Transportmechanismus zu konträren Aussagen. Die Aktivität eines Pulvers hängt vom Gehalt an Kristallfehlern, insbesondere an freier und innerer Oberfläche (Kristallgrenzen) ab, denn mit der Anzahl der Kristallfehler wächst die freie Energie und damit die treibende Kraft. Beim Sintern findet neben der Abnahme der Gesamtoberfläche Rekristallisation statt, es tritt eine Änderung der Anordnung der Kristallite und der Versetzungen auf. Da bei all diesen Vorgängen die freie Energie abnimmt, wird der Ablauf dieser Vorgänge möglich. Anhand eines Modellversuchs kommt H. J. OEL [*31*] zu der Annahme, daß als treibende Kraft nicht die Oberflächenspannung und als Transportmechanismus nicht die Volumendiffusion oder die Korngrenzendiffusion in Frage kommen. Bei seinen Volumenuntersuchungen beim Sintern von losem (also ungepreßtem) Silberpulver bei verschiedenen Temperaturen trägt er diese sich ändernde Größe gegen den Logarithmus der Zeit auf. Ist bei verschiedener Temperatur der gleiche Transportvorgang maßgebend, so müssen sich die Kurven durch Parallelverschiebung ineinander überführen lassen. Der Abstand der Kurven gibt lediglich den Geschwindigkeitsunterschied gegenüber der höheren Temperatur an. Handelt es sich um einen thermisch aktivierten Prozeß, für dessen Temperaturabhängigkeit die ARRHENIUSsche Gleichung gilt, so ergibt sich aus dem Kurvenabstand die Aktivierungsenergie. Da eine deckende Parallelverschiebung nur in kleinen Bereichen von Zeit und Temperatur möglich war, so kann es sich also beim gesamten Sintervorgang nicht um einen einzigen einfachen Mechanismus handeln. Er nimmt daher an, daß verschiedene Mechanismen ablaufen. Der Einfluß der Temperaturerhöhung bei langen Sinterzeiten ist viel größer als für kurze Zeiten. Für den anfänglichen Sinterverlauf können plastisches Fließen, Rekristallisation und innere Spannungen von großer Bedeutung sein. Eine mögliche Diffusion kann erst später auftreten (analoge Ergebnisse wie bei W. DIENST und O. WERNER [*25*]). Ebenfalls in dieser Richtung liegen die Ergebnisse von Untersuchungen an Sinterkörpern aus Silberpulver von W. POSCH [*32*]. Nur bei bereits genügend dichten Körpern findet Volumendiffusion statt.

In letzterer Zeit sind zur Verfolgung des Sintervorgangs von W. R. GEORGE, R. SHARPLES und J. E. THOMPSON [*33*] sowie von F. WENDLER und dem Verfasser [*34*] thermoelektrische Halbleiter (z.B. Bi_2-Te_3) herangezogen worden. Diese Stoffe gestatten aus Messungen der thermoelektrischen Eigenschaften Aussagen über die während der Sinterung ablaufenden Diffusionsvorgänge. Die oben genannten Verfasser erklären die mehrmalige Inversion der thermoelektrischen Kraft in Abhängigkeit von der Sintertemperatur an gepreßten und gesinterten sowohl undotiertem als auch mit Jod dotiertem Bi_2Te_3 mit der Diffusion von Leerstellen. Über eine Schmelze hergestelltes Bi_2Te_3 zeigt die elektrische Leitfähigkeit des *p*-Typs (Löcherleitung). Wird der Regulus zerkleinert und das Pulver zu einem Preßkörper verdichtet, so ist dieser *n*-leitend (Elektronenleitung). Diese Inversion der elektrischen Leitfähigkeit wird mit dem Anwachsen der Versetzungsdichte bei der Zerkleinerung und beim Pressen erklärt. Bei der Sinterung des Preßkörpers wird die Thermokraft positiv, ohne den Wert des geschmolzenen Materials zu erreichen. Etwa bei 150 °C (0,5 T_F) beginnt die Sinterung, die als Diffusion von Gitterleerstellen aus den Kontaktflächen in das Teilcheninnere und Atomdiffusion in umgekehrter Richtung zu den Brucken gedeutet wird. Mit steigender Temperatur (bis 350 °C) kommt es zu einem Anwachsen der Leerstellen, wodurch eine erneute Inversion zum n-Typ erfolgt. Nach CLELAND und CRAWFORD [*35*] konnen die Leerstellen als Löcherfallen (hole-traps) wirksam sein; dieser Vorgang unterstutzt die Inversion zum n-Typ. Bei weiter steigender Temperatur (oberhalb 350 bis 500 °C) nimmt die Locherbeweglichkeit zu, wahrend die Wirksamkeit der Lochfallen abnimmt. Dadurch wird die n-Leitung des Sinterkörpers geringer; sie geht schließlich wieder in die p-Leitung über. Oberhalb 500 °C bis zum Schmelzpunkt bleibt das Material p-leitend und erreicht fast den Wert der Schmelzlegierung. Der bei großen Preßdrucken (4 bis 8 Mp/cm²) und hohen Sintertemperaturen bis 550 °C auftretende Dichteabfall kann durch Diffusion von Leerstellen und deren Vereinigung zu Poren submikroskopischer Große durch den KIRKENDALL-Effekt oder durch Gaseinschlusse verursacht werden. Die Erklärung des Sintervorgangs mit Hilfe der Leerstellenwanderung stützt sich auf Beobachtungen und Aussagen von N. CABRERA [*36*], R. G. BERNARD [*24*], J. J. CRAWFORD und J. W. CLELAND [*35*], L. D. DA SILVA und R. F. MEHL [*37*] und R. S. BARNES [*38*]. In Abb. 41 sind die wesentlichen

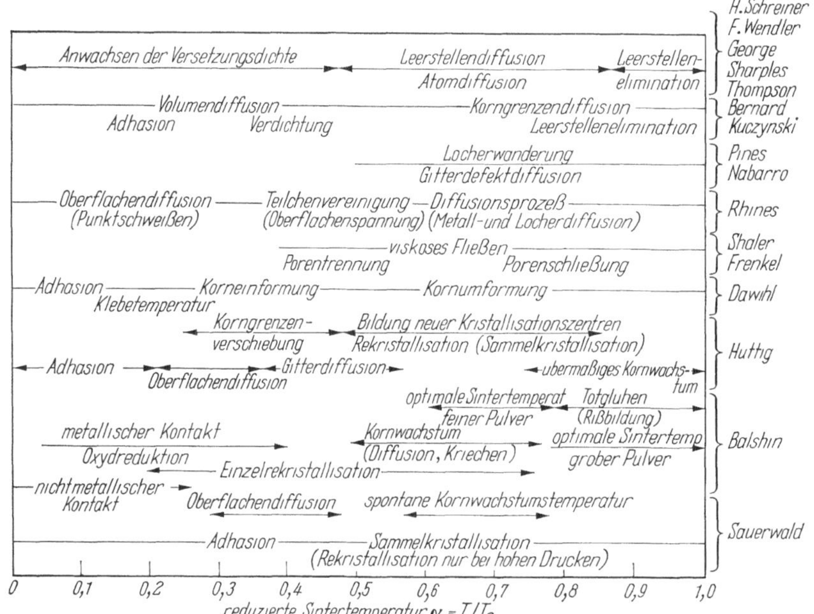

Abb. 41. Schema der Sintervorgange in Abhangigkeit der reduzierten Temperatur.

Schritte des Sintervorgangs unter Hinweis auf die Temperaturbereiche in einem Schema dargestellt.

Obwohl es anhand der einzelnen Theorien gelingt, verschiedene Sintervorgange zu erklaren, liegt noch keine einheitliche Sintertheorie vor. Das liegt mit an der Vielgestaltigkeit des Phanomens. Die Sinterkinetik stellt mit großer Wahrscheinlichkeit eine Uberlagerung einzelner Mechanismen dar und eine Entscheidung uber den vorherrschenden Mechanismus ist meist nur fur das jeweils verwendete Ausgangsmaterial innerhalb einer bestimmten Phase möglich. Es werden noch weitere theoretische Studien und einwandfreie Meßergebnisse nötig sein um die Sintervorgange in allen Einzelheiten klaren zu konnen.

Literatur zu 8

[*1a*] SCHREINER, H.: Metal Powder Report 2 (1948) Nr. 12 S. 192.

[*1b*] SCHREINER, H.: Z. anorg. Chem. 262 (1950) 113–121.

[*1c*] HUTTIG, G. F., H. SCHREINER u. R. KLEIN: Kolloid-Z. 119 (1950) 157.

[*2*] RITZAU, G.: Beitrag zur physikalischen Analyse des Sintervorganges, in F. BENESOVSKY: Pulvermetallurgie, 1. Plansee-Seminar, Wien: Springer 1953, S. 188; Osterr. Chemiker-Ztg. 49 (1948) 188.

[*2a*] SCHREINER, H.: Die Anwendung der Emaniermethode in der Pulvermetallurgie, in F. BENESOVSKY: 1. Plansee-Seminar, Wien: Springer 1953, S. 203. SCHREINER, H., u G. GLAWITSCH: Z. Metallkde. 3 (1954) 102–108.

[*3*] SAUERWALD, F.: Z. anorg. Chem. 122 (1922) 227; Z. Metallkde. 16 (1924) 41; 20 (1928) 227; 21 (1929) 22; Lehrbuch der Metallkunde, Berlin: Springer 1929; Metallwirtschaft 20 (1941) 649; Z Elektrochem. 29 (1923) 78; Kolloid Z. 104 (1943) 144; Arch. Metallkde. 1 (1947) 363. – F. SAUERWALD u. G. ELSNER: Z Elektrochem. 31 (1925) 15. – F. SAUERWALD u. L. HOLUB: Z. Elektrochem. 39 (1933) 750. – F. SAUERWALD u. J. HUNCZEK: Z. Metallkde. 21 (1929) 22. – F. SAUERWALD u. E. JANICHEN · Z. Elektrochem. 30 (1924) 175; 31 (1925) 18. – F. SAUERWALD u. St. KUBIK: Z. Elektrochem. 38 (1932) 33 – F. SAUERWALD u. E. THILO: Aktuelle Probleme der physikalischen Chemie, Berlin: Akademie-Verlag 1953. – F. SAUERWALD. Z. Phys. Chem. 209 (1958) 206.

[*4*] TRZEBIATOWSKI, W.. Naturwiss 10 (1933) 205; Z. Phys. Chem. A 169 (1934) 91; Z. Phys Chem. B 24 (1934) 75, 87.

[*5*] JONES, W. D.. Principsel of Powder Metallurgy. London: Arnold 1937; Metal Industr. 52 (1638) 75, 131; 54 (1939) 51; 56 (1940) 225; 72, Nr. 2 (1948) 23; Metals Alloy 9 (1938) 125.

[*6*] BALSHIN, H. J.: Pulvermetallurgie Halle (Saale): Wilhelm Knapp 1954.

[*7*] HÜTTIG, G. F.: Kolloid Z. 97 (1941) 227, 281; 98 (1942) 6, 263; 99 (1942) 262; 104 (1943) 161, 189; Z. anorg. allg. Chem. 249 (1942) 134; Metallwirtsch. 23 (1944) 367; I.P.T. Graz, Juli 1948, Ref. Nr. 22; Arch. Metallkde. 2 (1948) 93. – G. F. HUTTIG u. Mitarb.: Z. anorg. allg. Chem. 247 (1941) 221. – G. F. HUTTIG u. J. HAMPEL: Z. Elektrochem. 48 (1942) 82. – G. F. HUTTIG u. K. ARNESTAD: Z. anorg. allg. Chem. 250 (1942) 1. – G. F. HUTTIG u. H. H. BLUDAU: Z. anorg. allg. Chem. 250 (1942) 36. – G. F. HUTTIG u. W. HENNIG · Z. anorg. allg. Chem. 251 (1943) 260. – G. F. HUTTIG u T. FREITAG: Z. anorg. allg. Chem. 252 (1943) 95. – G. F. HUTTIG u. H. RAINER: Powder Met. Bull. 3, Nr. 3 (1948) 48. – G. F. HUTTIG u. W. E. KINGSTON: Symposium in the Physics of Powder Metallurgy, Sylvania Electr. Prod., Inc. Bayside, L. I. N. Y. August 1949. – G. F. HUTTIG: Z. Elektrochem. 54 (1950) 89.

[8] WRETBLAD, P. E.: Jerkontorets Annaler 122 (1938) 125, 537. – J. WULFF: Powder Metallurgy, Am. Soc. Metals, Cleveland, Ohio (1942) S. 36.

[9] SCHWARZKOPF, P.: I.P T. Graz, Juli 1948, Ref Nr. 50; Powder Met. Bull. 3, Nr. 4 (1948) 74. – P. SCHWARZKOPF u. C G. GOETZEL· Iron Age 148, Nr. 10 (1940) 37.

[9a] SCHWARZKOPF, P., u. R. KIEFFER: Cemented Carbides, Vol II., New York: MacMillan 1960.

[10] MACKENZIE, J. K., und R SHUTTLEWORTH: Proc. Phys. Soc. B 62 (1949) 833.

[11] DAWIHL, W.: Z techn. Phys. 21 (1940) 336; Stahl u Eissen 61 (1941) 907. – W. DAWIHL u. J. HINNUBER: Kolloid Z. 104 (1943) 233. – W. DAWIHL u. W. RIX: Z. Metallkde. 36 (1944) 197; 40 (1949) 115; I.P.T. Graz, Juli 1948, Ref. Nr. 2.

[12] BALKE, C. C . Iron Age 147, Nr. 16 (1941) 23.

[13] FRENKEL, J.: J. Phys. USSR 9 (1945) 385.

[14] SHALER, A J., u. J. WULFF. Phys. Rev. 72 (1947) 79; 73 (1948) 926; Ind. Eng. Chem. 40 (1948) 838. – A. J. SHALER: Trans. AIME 185 (1949) 796; Sympos. on the Physics of Powder Metallurgy. Sylvania Electr. Prod., Inc., Bayside, C. J., N. Y., August 1949. – UDIN, H., A. J. SHALER u. J. WULFF: Trans. AIME 185 (1949) 186.

[15] KUCZYNSKI, G. C.: Bull. Am. Phys. Soc. 23, Nr. 7 (1948) 25; Trans. AIME 185 (1949) 169. – ALEXANDER, B. H., u. G. C. KUCZYNSKI: Sympos. on the Physics of Powder Metallurgy. Sylvania Electric Prod., Inc., Bayside, C. J., N. Y., August 1949. – KUCZYNSKI, G. C.: J. Appl. Phys. 21 (1950) 632; Acta Met. 4 (1956) 58.

[16] SMEKAL, A.: Z. techn. Phys. 7 (1926) 535; I.P.T. Graz, Juli 1948, Ref. Nr. 60; Symposium on the Physics of Powder Metallurgy, Sylvania Electric Prod., Inc., Bayside, C. J., N. Y., Aug. 1949; Powder Metallurgy Bull. 4, Nr. 4 (1949) 120.

[17] BOWDEN, F. P.: Science News 4 (1947) 139. – BOWDEN, F. P., u. K. E. W. RIDLER: Proc. Roy. Soc. (London) A 154 (1936) 640. – BOWDEN, F. P., u. T. P. HUGHES: Proc. Roy. Soc. (London) A 160 (1937) 575. – BOWDEN, F. P. J. N. GREGORY u. D. TABOR: Nature 156 (1945) 97.

[18] HEDVALL, J. A.: Arch. Metallkde. 1 (1947) 293; Z. angew. Chem. 44 (1931) 781; Z. Phys. Chem. 123 (1926) 35; Forschg. u. Fortschr. 17 (1941) 322; I.P.T. Graz, Juli 1948, Ref. Nr. 48.

[19] KINGSTON, W. E , I. P. T. Graz, Juli 1948, Ref. Nr 62.

[20] HEUBERGER, J.: Festskrift tillagnad J. Arvid Hedvall, Goteborg 1948, S. 241; I.P.T. Graz, Juli 1948, Ref. Nr 60.

[21] RHINES, F. N.: Trans. AIME 166 (1946) 474; Powder Met. Colloq. N. Y. Univ., Mai 1946; Powder Metallurg. Bull. 3, Nr. 2 (1948) 28. – RHINES, F. N., u. R. A. MEUSSNER: Symposium on Powder Metallurgy. A.S.T.M., Philadelphia (1943) S. 25. – RHINES, F. N., C. E. BIRCHENALL u. L. A. HUGHES: Trans. AIME 188 (1950) 378.

[22] PINES, B. Ya.: Ukrain. Phys. Techn. Inst. and State Univ. Sci. Publ. Jan. 1946, Zurn. Tekn. Fiz. 16 (1946) 737.

[23] NABARRO, F. R. N.: Conference on Strength of Solids, Univ. of Bristol 1947. The physical Soc., London (1948) S. 75.

[24] BERNARD, R. G.. Powder Metallurgy 3 (1959) 86; Met. Ital. 49 (1957) 651; La Metallurgia 89 (1957) 307; Neue Hutte 2 (1957) 757.

[25] DIENST, W., u. O. WERNER: Z. Metallkde. 51 (1960) 45. – WERNER, O.: Z. Metallkde. 47 (1956) 28.

[26] CLARK, P. W., u. J. WHITE: Trans. Brit. Ceram. Soc. 49 (1950) 305.

[27] THUMMLER, F.: Technik 9 (1954) 77. – EISENKOLB, F.: Die neuere Entwicklung der Pulvermetallurgie, Berlin: VEB Technik 1955. – Planseeber.: Pulvermet. 6 (1958) 2; Stahl und Eisen 78 (1958) 1134.

[28] Clasing, M., u. F. Sauerwald: Z. anorg. allg. Chem. 271 (1952) 88. – Clasing, M.: Z. Metallkde. 49 (1958) 69; Z. Phys. Chem. 209 (1958) 48.
[29] Hedvall, J. A.: Einführung in die Festkörperchemie, Braunschweig: Vieweg 1952.
[30] Rutkowski, W.: Z. Metallkde. 51 (1960) 59; Neue Hütte 2 (1958).
[31] Oel, H. J.: Z. Metallkde. 51 (1960) 53; in Kinger, W. D.: Kinetics of High-Temperature Process, New York u. London 1959.
[32] Posch, W.: Z. Elektrochem. 62 (1958) 882.
[33] George, W. R., R. Sharples u. J. E. Thompson: Proc. Phys. Soc. 74 (1959) 768.
[34] Schreiner, H. u. F. Wendler: Z. Metallkde. 52 (1961) 218–228.
[35] Crawford, J. H., u. J. W. Cleland: Phys. Rev. 95 (1954) 1177.
[36] Cabrera, N.: Trans. AIME 188 (1950) 677.
[37] da Silva, L. C., u. R. F. Mehl, J. Metals 3 (1951) 155; Trans. AIME 191 (1951) 155.
[38] Barnes, R. S.: Phil. Mag. 43 (1952) 1221; Proc. Phys. Soc. B 65 (1952) 512.

9. Gesinterte Kontaktwerkstoffe

9.1 Übersicht

In der Systematik der Kontaktstoffe sind die drei Gruppen Elemente, Legierungen und Verbundstoffe angeführt (s. S. 10). In allen drei Stoffgruppen sind Sinterwerkstoffe von Interesse.

Bei den Reinmetallen gehen die Anfänge der pulvermetallurgischen Herstellung bis in die Frühgeschichte zurück. Während damals die Schmelztemperaturen höherschmelzender Metalle (z. B. Fe, Pt), nicht erreicht werden konnten und man deshalb bei der Herstellung zum Sinterverfahren gezwungen war, so wird aus ähnlichen Gründen und wirtschaftlichen Gesichtspunkten noch heute für hochschmelzende Metalle (z. B. W, Re, Mo) das pulvermetallurgische Verfahren eingesetzt.

Legierungen werden überwiegend nach dem Schmelzverfahren hergestellt, jedoch gibt es auch bei den Legierungen Gruppen, zu deren Herstellung das Sinterverfahren Vorteile bietet:

1. Für hochschmelzende Legierungen; hier sind ähnliche Gesichtspunkte maßgebend wie für hochschmelzende Reinmetalle.

2. Für Legierungen mit Sondergefüge und damit Sondereigenschaften, z. B. mit Feinkorngefüge, oder für Legierungen, bei denen die Diffusion der Komponenten ineinander noch nicht bis zum Gleichgewichtszustand des Schmelzwerkstoffs abgelaufen ist. Die letzteren Legierungen befinden sich in einem „Zwischenzustand", einem Ungleichgewicht mit differentiell anderen Konzentrationsverhältnissen als die Schmelzlegierung bei gleicher Summenzusammensetzung.

3. Für Verbundstoffe, die eine besondere Domäne der Pulvermetallurgie sind. Es gelingt die Kombination von Komponenten, die nach anderen Verfahren nur schwer in feiner und gleichmäßiger Verteilung in einem Werkstoff vereint werden können. So lassen sich im flüssigen und festen Zu-

stand ineinander unlosliche Metalle zu einem heterogenen Verbundmetall paaren, das eine vergleichbar feine Verteilung der beiden Komponenten ineinander besitzt, wie sie sonst nur bei den Systemen mit Eutektikum erhalten werden konnen. Verbundstoffe mit interessanten Eigenschaftsspektren werden mit den Systemen Metall-Metallverbindung (Oxyd, Karbid, Nitrid, Silizid, Borid, Silikat usw.) und mit dem System Metall-Metalloid erhalten.

Sowohl bei Reinmetallen als auch bei Legierungen ergeben sich wirtschaftliche Vorteile fur komplizierte Teile, die als Sinterteile abfallfrei in der Fertigform mit hoher Maß- und Massengenauigkeit anfallen.

9.2 Reinmetalle

Als Reinmetalle fur elektrische Kontakte werden Silber, Kupfer, Nickel, Wolfram, Rhenium, Platinmetalle, Gold und Quecksilber verwendet (s. S. 11). Die Herstellung von Wolfram, Molybdan und Rhenium erfolgt wegen der hohen Schmelztemperaturen meist nach dem pulvermetallurgischen Verfahren. Zur Herstellung großer Blocke wird speziell bei Molybdan neuerdings auch das Lichtbogenschmelzen im Vakuum oder Schutzgas angewendet. Reinnickelkontakte werden bei komplizierten Formen in solchen Fallen gesintert, bei denen sich wie bei den „Formteilen" gegenuber der spangebenden Fertigung aus dem geschmolzenen Metallblock Fertigungsvorteile ergeben. Die Kontakte aus den Reinmetallen Silber, Kupfer, den Platinmetallen oder Gold werden dagegen zum großten Teil auf dem Schmelzwege hergestellt, und die Formgebung erfolgt auf Grund der hohen Duktilitat dieser Metalle durch Walzen, Ziehen, Strangpressen, Pragen, Schneiden, Stanzen usw.

9.21 Wolfram

Herstellung. Ein geschichtlicher Überblick uber die verschiedenen Verfahren zur Herstellung von Reinwolfram wurde von R. Kieffer und W. Hotop [*1*] gegeben. Der hohe Schmelzpunkt von Wolfram (3410 °C) macht seine Herstellung als relativ leicht zu gewinnendes Pulver und dessen anschließende Weiterverarbeitung durch Pressen und Sintern besonders wirtschaftlich. Die ersten Wolframdrahte fur Gluhfaden wurden nach dem Pasteverfahren [*2* bis *4*] hergestellt, wobei eine plastische Masse aus reinem Wolframpulver mit organischen Zusatzen durch eine Düse zu einem Draht stranggepreßt wurde. Durch direkte Stromerhitzung wurden die Drahte unter Schutzgas zu hoher Dichte gesintert. Dieses Verfahren wurde modernisiert, was in der Patentliteratur seinen Niederschlag fand [*5*, *6*]. Zur Herstellung von Wolfram in Rohrform wurde WCl_6 auf gluhenden Kohlefaden thermisch zersetzt, wobei eine Wolframschicht aufwächst; durch darauffolgende Wasserstoffsinterung wird ein Wolframrohr erhalten [*7*]. Wolframdrahte aus Wolframpulver wurden auch durch

Strangpressen eines Gemisches von Wolframpulver mit einem Amalgam und nachtraglichem Sintern hergestellt [*8*] In ahnlicher Weise wurden aus einer Wolfram-Kupfer-Pulvermischung durch Pressen, Erhitzen, Verformen und Abdampfen des Kupfers Wolframdrahte erhalten [*9*]. Großere technische Bedeutung fur die Herstellung von Wolframgluhlampenfaden erlangte ein Verfahren durch Pressen und Sintern einer Wolfram-Nickel-Pulvermischung, Drahtziehen des Sinterkorpers und Ausdampfen des Nickels im Vakuum [*10*] Spater gelang es C. Coolidge [*11*], durch Pressen und Sintern von reinem Wolframpulver ohne Bindemittelzusatz und anschließend Warmverformen durch Hammern duktile Wolframdrahte herzustellen. Dieses Verfahren wird noch heute zur Herstellung von Wolframstaben, -drahten oder -blechen angewendet.

Das Wolframpulver wird durch Wasserstoffreduktion aus reinem WO_3 etwa bei 850 °C hergestellt. Die Reduktion lauft uber verschiedene Oxydationsstufen, die an der Farbanderung erkannt werden konnen. Die Wolframkorngroße wird außer von der WO_3-Korngröße und der Reduktionstemperatur auch von dem Wasserdampfgehalt (Taupunkt) des Wasserstoffschutzgases bestimmt [*12*]. Der sich bei der Reduktion bildende Wasserdampf wird von dem entgegenstromenden Wasserstoff weggespult, deshalb ist auch die Stromungsgeschwindigkeit von Einfluß. Mit steigender Reduktionstemperatur und steigendem Wasserdampfgehalt nimmt die Wolframkorngroße zu. Das bei der Reduktion von WO_3 erhaltene Wolframpulver besteht aus aufgelockerten porenhaltigen Sekundarteilchen. Das Wolframpulver wird mit Drucken bis 6 Mp/cm² in einer Stahlmatrize zur Stabform verpreßt. Je nach dem maximalen Preßdruck der verfugbaren, meist hydraulischen Presse haben die Stabe bis 5 × 5 cm² Querschnitt und bis 60 cm Lange (1500-Mp-Presse). Gelegentlich wird das Wolframpulver zu zylindrischen Staben hydrostatisch gepreßt Nach Einfullen des Pulvers in elastische Schlauche wird es in einer Flussigkeitsdruckkammer verdichtet. Durch den allseitig wirkenden Druck genugen Drucke von 1500 bis 4000 atu, um durchgepreßte Rundstabe zu erhalten. Zur Erhohung der Festigkeit werden die Preßstabe unter Wasserstoff bei 1100 °C vorgesintert. Danach erfolgt die Sinterung der Stabe in direktem Stromdurchgang unter Wasserstoff. Von der gesamten Sinterzeit, etwa 30 min, betragt die Sintertemperatur wahrend 10 min etwa 3000 °C. Dabei steigt die Preßdichte von etwa 10 g/cm³, die beim Vorsintern praktisch gleichbleibt, auf uber 17 g/cm³ an. Durch Hammern bzw. Schmieden bei Temperaturen oberhalb 1400 °C steigt die Dichte uber 18,5 g/cm³. Bei der Herstellung von Staben und Drahten werden die Vierkantstabe in Hammermaschinen rund geformt. Durch anschließendes Ziehen durch Diamantziehdusen wird die Dichte auf uber 19 g/cm³ bis zur theoretischen Dichte gesteigert (Raumerfullungsgrad 0,97 bis 1,0). Durch das Ziehen entsteht ein in der Drahtachse ausgerichtetes Fasergefüge (Textur, s. Abb. 42). Bei Temperaturen oberhalb 2000 °C wird das Fasergefuge durch Rekristallisation und Kornwachstum verändert. Abb. 43 zeigt das grobe Wolframkorn dieses Gefüges. Die Festigkeit des gezogenen Wolframdrahts von 200 bis 400 kp/mm² fällt dabei auf etwa 100 kp/mm² ab. Die Rekristallisation des Wolframs bei hohen Temperaturen kann durch Einbau von

300 : 1

Abb. 42. Fasergefüge eines gezogenen, gehämmerten Wolfram-Sinterstabes.

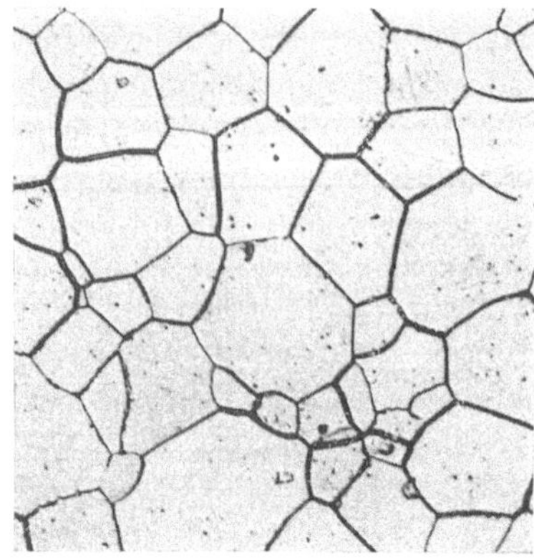

300 : 1

Abb. 43. Gefüge eines Wolframdrahtes (Abb. 42) nach der Rekristallisation oberhalb 2000 °C.

temperaturbeständigen Metalloxyden wie Al_2O_3 oder ThO_2 vermindert werden. Al_2O_3 kann maximal 0,05% und ThO_2 bis maximal 2% zugesetzt werden, die gebräuchlichen Zusätze liegen bei 0,03% Al_2O_3 und 1% ThO_2.

Die Eigenschaften von Reinwolfram sind in der Tab. 13 angegeben. Durch die hohe Härte und Festigkeit besitzt Wolfram eine hohe Abrieb- und Abbrandfestigkeit. Durch die hohe Schmelztemperatur ist Wolfram sehr widerstandsfähig gegen Kleben und Schweißen der Kontakte. Beim Schalten von Gleichstrom zeigen Wolframkontakte nur geringe Materialwanderung.

Anwendungen. Wolframkontakte werden in der Autoelektrik als Unterbrecherkontakte für Signalhupen, Spannungsregler und auch als Zündkerzenelektroden verwendet. Wegen des kleinen Dampfdrucks und der guten Entgasbarkeit ist Wolfram auch für Kontakte im Vakuumschalter geeignet. Auf den gleichen Eigenschaften beruhen auch die breiten Anwendungen als Baustoff in der Vakuum- und Röhrentechnik. Wegen der hohen Abbrandfestigkeit im Lichtbogen wird Wolfram an hochbeanspruchten Stellen zur Armierung verwendet. Beim Schalten an Luft bildet Wolfram schlechtleitende Deckschichten. Zur sicheren Kontaktgabe ist deshalb eine Mindestkontaktlast erforderlich. Bei einigen in Schaltern verwendeten Kunststoffteilen führen die daraus abgegebenen Dämpfe speziell in gekapselten Schaltgeräten zur Bildung von Korrosionsprodukten auf der Wolframoberfläche. Durch geeignete Kunststoffauswahl läßt sich dieser Einfluß vermeiden.

Tabelle 13. *Physikalische Eigenschaften von Wolfram, Molybdän und Rhenium*

		W	*Mo*	*Re*
Atomgewicht	g	183,92	95,95	185,19
Dichte (20 °C)	g/cm³	19,3	10,2	21,04
Schmelzpunkt	°C	3410 ± 20	2625 ± 50	3170 ± 60
Siedepunkt	°C	5900	4800	5900
Spezifische Wärme	cal/g °C	0,034	0,062	0,033
Schmelzwärme	cal/g	44	70	42,4
Gittertyp, Gitterparameter	Å	kub. rz. 3,158	kub. rz. 3,140	hexagonal $a_0 = 2{,}760$ $c_0 = 4{,}458$
Austrittsarbeit	eV	4,50	4,27	4,80
Ionisierungsspannung	V	8,1	7,3	7,8
Elektrische Leitfähigkeit (20 °C)	$m\Omega^{-1}\,mm^{-2}$	18,2	17,3	5,23
Elektrischer Widerstand (20 °C)	$\Omega\,mm^2\,m^{-1}$	5,5	5,78	19,3
Temperaturkoeffizient elektrischen Widerstandes	$10^3\,Gr^{-1}$	4,82	4,73	3,9
Wärmeleitfähigkeit etwa	$cm^{-1}\,s^{-1}\,Gr^{-1}$	0,31	0,38	0,14
E-Modul	kg/mm²	40000	30000	47000
Zugfestigkeit	kg/mm²	weich 140 hart 400	80 250	120 240
Dehnung	%	weich 1–3 hart 0	20 1–3	20 2
Vickershärte	kg/mm²	weich – hart 360	70 200	100 200

Kontaktformen. Die Wolframkontakte bis 15 mm Durchmesser werden mit Trennscheiben vom Stab geschnitten. Die Dicke der Plättchen beträgt meist 0,5 bis 3 mm. Dabei steht das Richtgefüge in günstiger Richtung senkrecht zur Kontaktfläche. Kontakte mit größerem Durchmesser werden bevorzugt aus gewalzten Wolframbändern oder -blechen gestanzt. Bei der Heißverformung der Wolframsinterkörper können auch rechteckige Querschnitte oder Sonderprofile hergestellt werden. Durch Verwendung eines ringförmigen Wolframkontakts gegen eine massive Wolframscheibe wird beim Schalten die Gasströmung ausgenutzt [*13*].

Aufbringen auf Trägermetalle. Die Wolframkontakte werden auf den Trägermetallen hart aufgelötet. Als Trägermetalle werden kohlenstoffarmer Stahl, Kupfer, Silber und Nickel- oder Kupferlegierungen verwendet. Die Lötung der Wolframplättchen mit Kupfer auf Stahl ist besonders wirtschaftlich. Auf Nickel- oder Kupferlegierungen erfolgt die Lötung mit Silberhartlot (DIN 1734 und 1735). Die Trägermetalle werden in Niet-, Schrauben- oder Sonderprofilformen eingesetzt. Die wichtigsten Formen und Maße der Kontaktniete mit Lötauflage sind in dem Normblatt DIN 46240 enthalten. Die Kontaktschrauben ermöglichen nach größerem Abbrand der Kontaktauflagen ein leichtes Nachstellen. Die Trägermetalle Stahl oder Monel werden als Schweißkontakte mit einem balligen oder ringformigen Buckel versehen.

9.22 Molybdän

Herstellung. Die bei der Wolframherstellung beschriebenen Verfahren werden auch bei der Herstellung von Molybdan angewendet. Wegen der leichten Fluchtigkeit von MoO_3 laßt es sich durch Sublimieren leicht hoch reinigen. Das Mo-Pulver wird durch Reduktion von MoO_3 mit Wasserstoff erhalten. Bei 700 °C entsteht zuerst MoO_2, das bei 1100 °C zum Metall reduziert wird. Der Raumerfullungsgrad des Pulvers im Klopfzustand betragt etwa 0,2, nach dem Pressen mit 6 Mp/cm² steigt der Raumerfüllungsgrad auf 0,6, nach dem Sintern bei 1800 bis 2000 °C steigt ϱ auf 0,9, nach dem Hammern, Schmieden oder Walzen auf $> 0{,}97$, und nach dem Ziehen zum Draht wird der Wert fur den porenfreien Zustand von $\varrho = 1{,}0$ erreicht. Neben dem Sinterverfahren wird Molybdan auch in Form von Blocken bis uber 1 Mp durch Lichtbogenschmelzen im Vakuum oder im Schutzgas hergestellt [*14*]. Die Eigenschaften des Molybdans sind in der Tab. 13 angegeben.

Anwendungen. Molybdan wird ebenfalls wie Wolfram als Abbrennkontakt in Hochleistungs- und Hochspannungsschaltern eingesetzt. In den Fällen, bei denen die elektrische Belastung den Einsatz von Wolfram nicht unbedingt erfordert, wird das billigere Molybdan eingesetzt. Molybdankontakte benutzt man auch in jenen Fallen, bei denen die hohe Dichte des Wolfram und damit die Massentragheit aus mechanischen Grunden stört. Auch fur Niederstromkontakte und Hochspannungskontakte wird Molybdan eingesetzt. Außerdem werden Molybdankontakte in verschiedenen Haushaltsgeraten sowie Photo- und Industriegeraten, und auch in Quecksilberschaltern sowie in Quecksilberdampfgleichrichtern verwendet Schließlich wird noch auf die Anwendung des Molybdans als Hochvakuumwerkstoff in der Elektronen- und Röntgenrohrentechnik und als Heizleiter hoher Oberflachenbelastung fur Hochtemperaturofen (bis 1800 °C) sowie fur vakuumdichte Glas-Metall- und Quarz-Metall-Verbindungen hingewiesen.

Wie das Wolfram wird das Molybdan in Form von Drahten, Stangen, Streifen oder Blechen hergestellt. Gegenuber Wolfram besitzt Molybdan eine hohere Duktilitat und damit eine bessere Bearbeitbarkeit. Molybdan zeigt auch eine etwas großere Widerstandsfahigkeit gegen den Angriff von Gasen und Dampfen als Wolfram.

9.23 Rhenium

In letzter Zeit wird Rhenium in steigendem Maße anstelle von Wolfram als Kontaktmaterial eingesetzt [*14a*]. Durch seinen hohen Schmelzpunkt von 3170 ± 60 °C ist Rhenium ebenfalls sehr abbrandfest und neigt nicht zum Kleben und Schweißen. Ein Vorteil gegenuber Wolfram ist der niedrigere Kontaktwiderstand. Nach Leitfahigkeitsmessungen von A. KEIL [15] sollen die niedrigeren Oxydationsstufen des Rheniums in gewissem Umfang elektrisch leitend sein. Nach V. E. HEIL, P. C. MURPHY und L. F. NEELY [15a] zeigten Rheniumkontakte bei Hochstromabbrandversuchen gute Ergebnisse ohne sichtbare Oxydation. In einpoligen 30-A-Schaltern konnten bei 230 V Wechselstrom Kurzschlußstrome von 5000 A geschaltet werden. Wegen der niedrigen Wärme- und elektrischen Leitfahigkeit ist Rhenium fur Leitungsschutzschalterkontakte nicht günstig. Verschiedene Ergebnisse aus der industriellen Anwendung deuten auf einen Anwendungsbereich der Rheniumkontakte bei niedrigen Stromen und geringen Bogenbelastungen hin. Die Sicherheit der Kontaktgabe von Rheniumkontakten beschreibt HEIL nach dem Erhitzen bei 450 °C wahrend 30 min an Luft. Wahrend die Rheniumkontakte bei 8 g Kontaktlast und 0,065 V Spannung bei einer Schaltzahl von 200 in 100% der Schaltungen Kontakt gaben, wurden bei gleichbehandelten Wolframkontakten bis 27 Kontaktfehler registriert.

E. M. SAVITSKI, M. A. TYLKINA und I. E. DECABRUN [15b bis d] weisen auf die Vorteile von Rhenium- gegenuber Wolframkontakten in feuchter Atmosphäre und bei hohen Temperaturen hin. Die bis 1000 °C erhitzten Kontakte zeigten bei Rhenium nur eine geringe Änderung des Kontaktwiderstands, wahrend Wolframkontakte oberhalb 700 °C Kontaktausfall zeigen. Wegen der Korrosionsbestandigkeit des Rheniums gegen Salzwasser findet es als Unterbrecherkontakte in Außenbordmotoren Verwendung [16]. Die Herstellung der Rheniumkontakte ist sehr ahnlich der der Wolframkontakte [16a, 16b]. Reines Rheniumpulver wird durch Reduktion von ReO_2 bei hoher Temperatur in Wasserstoffatmosphare erhalten [17, 18]. Aus dem Rhenium gepreßte Stabe werden bei etwa 1100 °C vorgesintert und danach in direktem Stromdurchgang bei 2500 bis 2800 °C im Wasserstoff dicht gesintert. Nach dem Heißverdichten durch Hammern, Walzen oder Ziehen erhält man das Rhenium porenfrei [19]. Das Verformungsgefuge ist dem des etwa gleich verformten Wolfram sehr ähnlich. C. AGTE und Mitarbeiter [19] wie andere Autoren [20] haben verschiedene physikalische Eigenschaften des Rheniums mitgeteilt (Tab. 13).

Literatur zu 9.1 und 9.2

[1] KIEFFER, R., u. W. HOTOP: Pulvermetallurgie und Sinterwerkstoffe, 2. Aufl., Berlin/Gottingen/Heidelberg. Springer 1948, S. 222.
[2] AUER v. WELSBACH: Siehe ULLMANN Enzyklopadie der technischen Chemie, 2. Ausg., Bd. 5, Berlin u. Wien: Urban & Schwarzenberg 1931, S. 787.
[3] D.R.P. 154262 (1903); E.P. 23809 (1904).
[4] MENNICKE, H.: Die Metallurgie des Wolframs, Berlin: M. Krayn 1911.
[5] D.R.P. 194348 (1905); E.P. 7655 (1906).

[6] D.R.P. 291994 (1913), 296191 (1914).
[7] D.R.P. 154262 (1903), 184379 (1905), 193221 (1906); E.P. 11949 (1905).
[8] D.R.P. 207395 (1906); A.P. 1026434 (1907).
[9] D.R.P. 207395 (1906); A.P. 963872 (1906).
[10] D.R.P. 233885 (1907).
[11] COOLIDGE, C.: J. Amer. Inst. Electr. Engng. 29 (1910) 953.
[12] SMITHELLS, C. J.: Tungsten, London: Chapman & Hall 1936.
[13] KLEIS, J. D.: Electrical Mfg. (1955) 102–107.
[14a] D.P. 539493 (1930).
[14b] RENGSTORFF, G. W. P., u. S. FISCHER: Trans. A.I.M.E. 194 (1952) 157–160.
[14c] GRUBER, H · Metall 12 (1958) 901–912; VDE-Fachberichte 21 (1960).
[14d] Moss, A. R : J. Metals 1 (1959) 34–41.
[14e] AGIERMANN, G., u. W. SCHEIBE: Metall 15 (1961) 3–8.
[15] KEIL, A.: Z. Metallkde. 47 (1956) 243–246.
[15a] HEIL, V. E., P. C. MURPHY u. L. F. NEELY: Rhenium, hrsg. von B. W. GONSER, Amsterdam/New York: Elsevier Publ. 1962, S. 163–170.
[15b] TYLKINA, M. A , u. E. M. SAVITSKI: Seltene Metalle und ihre Legierungen, Metallurgizdat 1960, S. 80.
[15c] SAVITSKI, E. M., M A. TYLKINA u. I. E. DECABRUN: Rhenium als Material fur elektrische Kontakte, Symposium uber elektrische Kontakte Gosenergoisdat, Moskau 1960
[15d] SAVITSKI, E M., u. M. A. TYLKINA: Einige physikalische Eigenschaften von Rhenium u. seinen Legierungen in Rhenium von B. W. Gonser, Amsterdam/New York. Elsevier Publ. 1962, S. 57–66.
[16] SIMS, C. T.. Materials and Methods 41 (1955) 109.
[16a] NODDACK, W.: Siemens & Halske AG: US-Pat. 1,829.756 (1931).
[16b] Vereinigte Gluhlampen und Elektrizitats AG: Brit. Pat. 384309 (1932).
[17] NODDACK, J., u. W. NODDACK: Das Rhenium, Leipzig 1933.
[18] NODDACK, J., u W. NODDACK: Z. anorg. allg. Chem. 215 (1933) 129.
[19] AGTE, C., H. ALTERTHUM, K. BECKER, G. HAYNE u. K. MOERS: Z. anorg. allg. Chem. 196 (1931) 129.
[20] Rhenium, Hrsg.: B. W. GONSER, Amsterdam/New York: Elsevier Publ. 1962.

9.3 Sinter- und Tränklegierungen

Legierungen der verschiedenen Zweistoffsysteme (s. S. 66) sind auch dem pulvermetallurgischen Verfahren ohne weiteres zuganglich. Es sind vor allem die Systeme, bei denen die Komponenten im flussigen und festen Zustand ineinander löslich sind (luckenlose Reihe von Mischkristallen), bei denen sie im flussigen Zustand löslich, im festen jedoch unloslich sind (Eutektikum), bei denen sie im flussigen Zustand löslich sind, jedoch im festen Zustand eine Mischungslucke aufweisen (Eutektikum mit Mischkristallbereichen und Peritektikum) und bei denen sie im flüssigen Zustand loslich sind und im festen Zustand eine Verbindung bilden. Als Ausgangspulver wird ein Gemisch der reinen Metalle oder ein Legierungspulver verwendet. Das Legierungspulver kann der Endzusammensetzung des Sinterkorpers entsprechen, oder es können zwei oder mehrere Legierungspulver gemischt oder auch im Gemisch mit einem Anteil der reinen Metalle eingesetzt werden. Die Verdichtung der Pulvermischung erfolgt wie bei den Reinmetallen beschrieben. Die Sinterung unterscheidet sich jedoch von der der reinen Metalle hinsichtlich der verwendbaren Sintertemperatur. Die reinen Metalle können nur unterhalb der Schmelztemperatur gesintert werden. Die reinen Metalle technischer Reinheit haben allerdings meist Verunreinigungen der Größenordnung von 0,1 Gew.-% und darüber hinaus an der Oberfläche der Pulverteilchen eine Oxydschicht. Beim Sintern kann durch diese Verunreinigungen häufig unbemerkt örtlich eine flüssige Phase auftreten und den Sinterablauf wesentlich beschleunigen. Bei den Pulvermischungen und auch den Legierungspulvern ist das Sintern unterhalb der Schmelztemperatur der niedrigschmelzenden Komponente, d.h. im Einphasengebiet „fest" (ohne flüssige Phase) möglich. Dabei erfolgt der Materialtransport durch Diffusion oder die anderen Materietransportvorgänge (s. S. 84, Abb. 41) im festen Zustand. Die Sintertemperatur kann jedoch auch im Zweiphasengebiet „fest/flüssig" erfolgen. Bei der Sinterung mit flüssiger Phase kann die Diffusion außer im festen auch im flüssigen Zustand ablaufen. Die Geschwindigkeit der Diffusion im flüssigen Zustand ist viel größer als die im festen Zustand und damit für den Gesamtvorgang bestimmend. Die bei der Sinterung der Pulvermischung auftretenden Phasen können aus dem jeweiligen Zustandsdiagramm für den Gleichgewichtsfall entnommen werden. Für die Diffusionsvorgänge sind die Diffusionskoeffizienten der Legierungspartner in den entsprechenden Phasen maßgebend [*1*]. Bei ausreichender Sintertemperatur und -zeit führt die Diffusion zum Konzentrationsausgleich, und die Sinterlegierung entspricht im Gefüge der Schmelzlegierung; meist ist sie allerdings wesentlich feinkörniger. Mit kleinerer Korngröße der Ausgangspulver werden die Diffusionswege kürzer, und der Konzentrationsausgleich erfolgt rascher. Die gleichmäßige Verteilung feinkörniger Pulver kann durch Fällungsmischpulver, gemeinsam aus der Gasphase abgeschiedene Pulver oder durch Verbundpulver verbessert werden. Bei der thermischen Granulation nicht fließfähiger Ausgangspulvermischungen beginnt der Konzentrationsausgleich bereits bei der Vorsinterung.

Bei kürzerer Sinterzeit und niedrigerer Sintertemperatur erhält man heterogene Sinterlegierungen, während die gleich zusammengesetzten Schmelzlegierungen homogen sind (Nichteinstellung des Gleichgewichts durch unvollständige Diffusion). In analoger Weise können auch Systeme mit begrenzter Löslichkeit im festen Zustand (Eutektikum oder Peritektikum) bei der Sinterung im Einphasengebiet „fest" zu Körpern hoher Festigkeit gesintert werden, ohne daß das Lösungsgleichgewicht der Komponenten ineinander entsprechend dem Zustandsdiagramm erhalten wird. Solche nicht im Gleichgewicht befindliche Legierungen können für elektrische Kontakte interessante Eigenschaften aufweisen; dies soll am Beispiel Silber-Blei gezeigt werden.

Silber-Blei. Das Zweistoffsystem nach HANSEN [2, 2a] ist in Abb. 44 angegeben. E. RAUB [2b] hat verschiedene Eigenschaften von Silber-Blei-Legierungen mitgeteilt. Fur elektrische Kontakte sind die Silberlegierun-

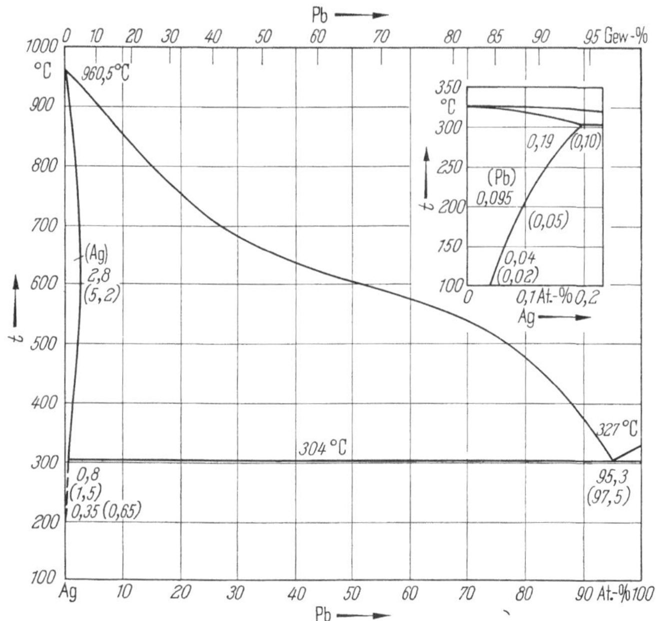

Abb. 44 Zustandsbild Silber-Blei nach HANSEN [2].

gen mit 3 bis 15% Blei von Interesse. In Abb. 45 ist die Sinterdichte von Ag-Pb 95/5 bei einer 30-min-Sinterung in Wasserstoff als Funktion

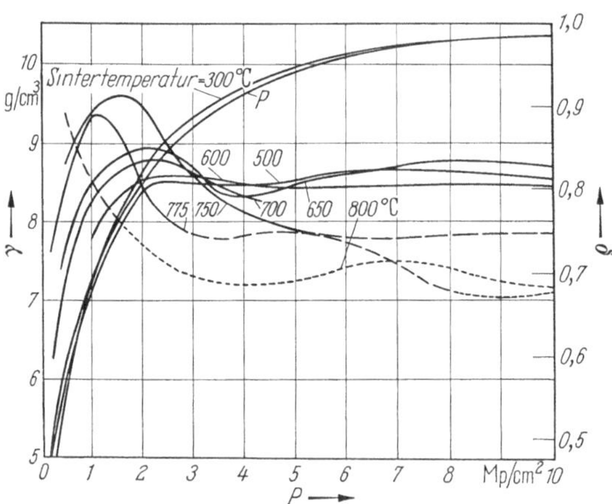

Abb. 45. Sinterdichte von Ag-Pb 95/5 als Funktion des Preßdruckes, Sintertemperatur als Parameter.

des Preßdrucks und der Sintertemperatur aufgetragen [*3*]. Aus dem Diagramm können die geeigneten Bereiche für den Preßdruck und die Sintertemperatur entnommen werden, die zu einer maximalen Sinterverdichtung führen. Der Dichteabfall beim Sintern der mit höheren Preßdrücken hergestellten Sinterkörper wird wie bei Silber-Nickel (s. S. 127) durch Gaseinschlüsse verursacht.

In Abb. 46 sind gesinterte Ag-Pb-90/10-Kontakte gezeigt, im rechten Bildteil ist der Kontakt mit Silberlot auf das Kontaktträgerteil aus Kupfer hartgelotet.

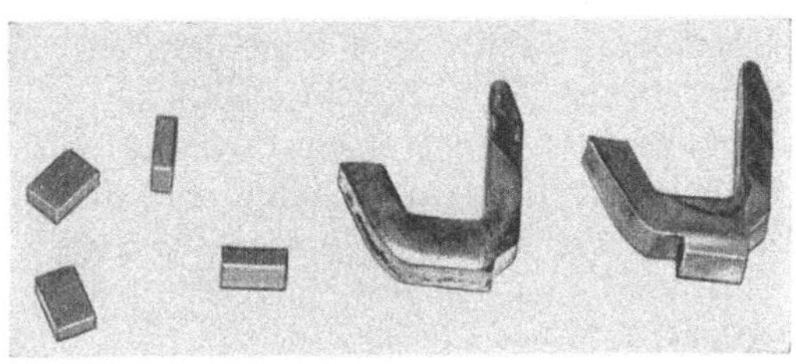

1 1,2

Abb. 46. Gesinterte Fertigformkontakte aus Ag-Pb 90/10 (im Bild links) und auf Kupferträger (im Bild Mitte) hart gelötet (im Bild rechts).

Die elektrische Leitfähigkeit des nachgepreßten Ag-Pb-90/10-Sinterkörpers beträgt 10 Ω^{-1} m mm^{-2}. Durch Warmpressen der gleich zusammengesetzten Pulvermischung bei 300 bis 320 °C knapp unterhalb des Pb-Schmelzpunkts wird die Lösung von Blei in Silber stark herabgesetzt. Der warmgepreßte Körper enthält das Blei im Silber eingelagert (Einlagerungsverbundmetall). Nach U. Baumann und dem Verfasser beträgt die elektrische Leitfähigkeit 40 bis 42 Ω^{-1} m mm^{-2} [*4*].

Das pulvermetallurgische Verfahren bietet die Möglichkeit, Legierungen auch durch Tränkung herzustellen (Tränklegierungen) und dabei Sondergefüge zu erhalten, die der Schmelzmetallurgie verschlossen sind. Hier wird besonders auf die Arbeit von R. Kieffer und F. Benesovsky [*1a*] hingewiesen, in der die Herstellung und Eigenschaften von getränkten Sinterlegierungen beschrieben sind. Die industrielle Anwendbarkeit des Tränkverfahrens bringen R. Kieffer und F. Kölbl an anderer Stelle [*1b*]. Auch auf heterogene Uranlegierungen, erhalten durch Tränken poröser Sinterkörper, haben R. Kieffer und K. Sedlatschek [*1c*] hingewiesen. Im ersten Schritt wird aus der höherschmelzenden Komponente ein porenhaltiges Gerüst gesintert, das in einer zweiten Behandlung mit der niedrigschmelzenden Komponente getränkt wird. Das Tränkmetall oder die Tränklegierung (z. B. Eutektikum) wird als fester Körper unter oder auf den Sinterkörper gelegt und geschmolzen. Das durch Kapillarkräfte in den porösen Sinterkörper eindringende flüssige Metall steht im Lösungsgleichgewicht mit den Gerüstkomponenten (Metall, Legierung oder Verbindung), und es werden die bei der Tränktemperatur im Zweistoffsystem möglichen Phasen gebildet. Das Tränkverfahren kann auf Legierungen der in den Abb. 33 und 35 bis 38 angegebenen Systeme angewendet werden. Elektrische Kontakte werden danach nur in Sonderfällen hergestellt.

Fur elektrische Kontakte kommen zweikomponentige Legierungen bevorzugt auf dem Schwachstromgebiet fur Schaltkreise von Sprechwegen sowohl in Relais als auch in Wahlern oder Koppelfeldern sowie fur Kontakte in Meßkreisen fur kleine Spannungen (1 bis 10^{-6} V) und kleine Strome (10^{-6} bis 10^{-9} A) in Betracht. L. Borchert [*4a*] hat eine Zusammenstellung der in der Praxis bewahrten Werkstoffe fur Schwachstromkontakte sowie deren Eigenschaften, wie Abriebfestigkeit, chemische Bestandigkeit gegen H_2S, Bestandigkeit gegen die Bildung organischer Abbauprodukte, und einen Preisvergleich angegeben. In Tab. 14 sind verschiedene Kontaktwerkstoffe fur diese Schwachstromanwendungsfalle und deren Eigenschaften angegeben. Fur den Eigenschaftsvergleich sind auch einige Reinmetalle und zwei Dreistofflegierungen angefuhrt.

Von den hochschmelzenden Legierungen sind Mo-Re 50/50 und W-Re 70/30 zu erwahnen. E. M. Savitskii und M. A. Tylkina [*5a*], Jaffee, Sims und Harwood [*5b*] haben die bessere Warmverformbarkeit dieser Legierungen gegenuber Reinmolybdan und Wolfram beschrieben. Mo-Re besitzt bereits bei Raumtemperatur bemerkenswerte Duktilitat. Nach den Versuchen von I. Class und G. Bohm [*6*] ist die Duktilitat von Mo-Re-Legierungen bereits bei Re-Gehalten von 15 bis

Tabelle 14

Stoff	Zusammensetzung %	Dichte g/cm³	Schmelztemperatur °C	Siedetemperatur °C	Elektrische Leitfahigkeit $10^{-4}\Omega^{-1}$ cm^{-1}	Spez elektrischer Widerstand 10^4 Ω cm
Ag-Cu	97/3	10,4	900– 935	2150	35,7	0,028
Au-Ni	95/5	18,3	995–1018	2600	7,2	0,14
Au-Pt	93/7	19,5	1090–1150	–	12,5	0,08
Au-Ag-In	70/26/4	15,0	970–1010	2200	6,3	0,16
Pt-Ni	92/8	19,2	1670–1710	3400	6,3	0,3
Pt-Ir	90/10	21,5	1780–1800	4400	4,0	0,25
Pt-Ir	75/25	21,7	1875–1900	4450	3,0	0,33
Pt-W	95/5	21,3	1835–1850	4900	2,5	0,4
Pd-Cu	85/15	11,3	1370–1410	3300	2,8	0,36
Pd-Ag	30/70	10,9	1155–1220	2200	6,3	0,159
Pd-Ag	50/50	11,2	1295–1343	–	3,1	0,32
Pd-Cu-Ni	80/10/10	11,2	–	–	2,7	0,37
Pd-W	80/20	13,4	–	–	0,9	1,09
Rh-Ni	85/15	11,7	–	–		–
W-Ir	50/50	20,9	–	–	0,5	2,0
Ag		10,5	961	2210	62,5	0,016
Au		19,3	1063	2966	45,5	0,022
Pd		12,0	1554	3980	9,3	0,108
Rh		12,4	1966	4500	22,2	0,045
Mo		10,2	2525	4800	17,3	0,058
W		19,3	3410	5900	18,2	0,055

20% für technische Zwecke ausreichend. Mit steigenden Re-Gehalten nimmt die Duktilität der Legierungen noch weiter zu. E. A. Schumskaja, I. A. Sinowjewa, N. S. Konontschuk und E. I. Pawlowa haben die Anwendung von Wolfram-Rhenium-Legierungen für die Autoelektrik beschrieben [*5c*]. Von K. Sedlatschek und A. Elsas [*6a*] wurde auf die Leistungssteigerung von Röntgen-Drehanoden-Röhren bei Verwendung von Wolfram-Rhenium-Legierungen mit bis 15% Rhenium anstelle von Reinwolframanoden hingewiesen.

In diesem Zusammenhang sind auch die W-Legierungen mit Mo, Nb und Ta zu erwähnen, die von W. Köster und H. Bückle [*7*] röntgenographisch untersucht worden sind. Von R. Kieffer und H. Braun [*7a*] wurden die Systeme der hochschmelzenden Metalle mit Nb, Ta und V eingehend abgehandelt. Die W-Mo-Zweistofflegierungen sind duktiler und leichter herstellbar als reines Wolfram, aber erheblich weniger biegsam als reines Molybdän. Wegen des kleineren spezifischen Gewichts gegenüber Reinwolfram werden diese Legierungen für Kontakte mit hoher Schaltfrequenz verwendet. Die Oxydationsrate der Legierungen ist kleiner als bei Reinwolfram; die Oxydschichten haben eine geringere Haftfestigkeit und fallen leichter ab [*8*].

Tabelle 14

TK des Widerstandes $10^3 \frac{R_{100}-R_0}{R_0 \cdot 100}$ °C⁻¹	Wärmeleitfähigkeit $\frac{cal}{°C \cdot cm \cdot s}$	Spezifische Wärme $\frac{cal}{g °C}$	Härte weich geglüht kp/mm²	Härte hart kp/mm²	E-Modul 10^{-3} kp/mm²	Zugfestigkeit kp/mm²	Dehnung im geglühten Zustand %
3,2	–	–	40	140	8	25–58	36
0,7	–	–	105	255	8,3	38–71	31
1,4	–	–	25	130	9,5	17–43	20
0,56	–	–	42	176	7,7	28–75	49
–	–	–	119	240	18,7	67–127	27
$1{,}3 \cdot 10^{-3}$	0,075	0,03	100	210	22	33–90	25
0,6	0,04	–	209	281	25	107–157	12
0,6	–	–	185	230	18,5	52–89	36
0,4	–	–	90	210	13,5	38–90	40
0,35	–	–	68	160	12,0	31–84	38
0,2	–	–	80	198	13,2	32–89	35
0,8	–	–	130	280	15,2	52–101	39
–	–	–	130	–	–	64–164	–
–	–	–	235	642	–	–	–
0,2	–	–	600	700	–	–	–
4,1	1,0	0,056	24	100	8,1	20–42	45
4,0	0,75	0,031	18	58	8	14–30	>40
3,77	0,16	0,058	–	75	12	20–45	>30
4,4	0,21	0,06	55	410	28	24–30	15
4,7	0,34	0,06	180	270	30	80–250	3–20
4,8	0,40	0,032	280	400	40	140–400	0–3

Literatur zu 9.3

[1] SEITH, W.: Diffusion in Metallen, 2. Aufl., Berlin/Gottingen/Heidelberg: Springer 1955.
[1a] KIEFFER, R., u. F. BENESOVSKY: Berg- u. Huttenmann. Mh. 94 (1949) 284 bis 294.
[1b] KIEFFER, R., u. F. KOLBL: Berg- u. Huttenmannische Mh. 95 (1950) 49–58.
[1c] KIEFFER, R., u. K. SEDLATSCHEK: Planseeber. Pulvermetallurgie 5 (1957) 104 bis 120.
[2] HANSEN, M., u. K. ANDERKO: Constitution of Binary Alloys, New York: McGraw-Hill 1958, S. 40.
[2a] JANECKE, E.: Handbuch aller Legierungen, 2. Aufl., Heidelberg: Universitatsverlag Carl Winter 1949, S. 89.
[2b] RAUB, E.: Die Edelmetalle und ihre Legierungen, Berlin: Springer 1940, S. 147
[3] SCHREINER, H.· Siemens-Z. 36 (1962) 804–808.
[4] BAUMANN, U., u. H. SCHREINER: O. Pat. 216079 (1960) u. F. Pat. 1219802 (1959).
[4a] BORCHERT, L.: Nachrichtentechn. Z. 14 (1961) 175–179.
[5] GEACH, G. A., u. J. E. HUGHES: in F. BENESOVSKY: Warmfeste und korosionsbestandige Sinterwerkstoffe, 2. Plansee Seminar Juni 1955, Wien: Springer 1956, S. 245–253.
[5a] SAVITSKII, E. M., u. M. A. TYLKINA: Rhenium and Its Alloys. Chapter in Investigation Into High Temperature Alloys, Moskow: Izdatel'stvo Akademii Nauk SSSR 1956.
[5b] JAFFEE, R. J., C. T. SIMS u. J. J. HARWOOD: Hochschmelzende Metalle, 3. Planseeseminar, Metallwerk Plansee, Reutte (Tirol) 1959, S. 380.
[5c] SCHUMSKAJA, E. A., I. A. SINOWJEWA, N. S. KONONTSCHUK u. E. I. PAWLOWA: Trudy Sowjestschanija (1.–6. 6. 1959) Goseuergoisdat, Moskau/Leningrad 1960, S. 295.
[6] CLASS, I., u. G. BOHM: Planseeber. 10 (1962) 144–167.
[6a] SEDLATSCHEK, K., u. A. ELSAS: Z angew. Phys. 15 (1963) 175–178 .
[7] KOSTER, W., u. H. BUCKLE: Z. Metallkde. 37 (1946) 53–56.
[7a] KIEFEFR, R , u. H. BRAUN: Vanadin-Niob-Tantal, Berlin/Gottingen/Heidelberg: Springer 1963.
[8] *Gibson*. Firmenschrift: TIB 4029-61-15 M (1961).

9.4 Heterogene Legierungen (Verbundstoffe) als Sinter- und Tränkwerkstoffe

9.41 Übersicht

Im Abschn. 2.33 (S. 13) ist ein Überblick uber die zwei- und mehrkomponentigen heterogenen Legierungen (Verbundstoffe) aus M_1-M_2^*, M-Metallverbindung und M-Metalloid sowie einige Beispiele fur diese Stoffgruppen angegeben. Wegen der Unloslichkeit der Komponenten im festen und flussigen Zustand ist zur Herstellung der Verbundstoffe praktisch nur das pulvermetallurgische Verfahren geeignet. Innerhalb dieses

* M bedeutet Metall, die Indizes 1 und 2 deuten an, daß es verschiedene Metalle sind.

Verfahrens sind verschiedene Herstellungsvarianten anwendbar. Alle diese Verfahren setzen mindestens eine Komponente des Verbundstoffs im pulverformigen Zustand ein. In Abb. 47 sind die wesentlichen Verfahren zur Herstellung der Verbundstoffe angegeben.

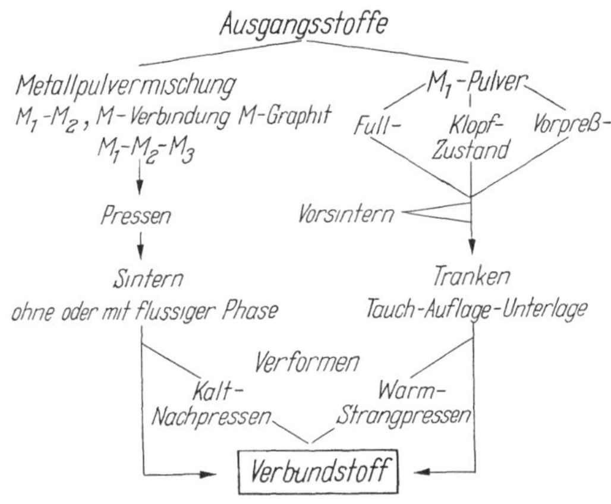

Abb. 47. Herstellungsschema fur Verbundstoffe

Nach dem klassischen Verfahren der Pulvermetallurgie werden die Verbundstoffe durch Pressen und Sintern der entsprechend zusammengesetzten Pulvermischung hergestellt.

Beim Sintern in fester Phase sind die Vorgänge in solchen Mehrstoffsystemen sehr ahnlich denen bei Einstoffsystemen Die Verfestigung erfolgt dabei durch die an den Teilchenoberflachen wirkenden Adhasionskrafte (s. S. 75). Das Kornwachstum wird durch die Teilchen der anderen Komponente behindert. Diese Erscheinung findet Anwendung zur Vermeidung von grobkornigen Gefugen.

Durch Anwendung einer flussigen Phase wahrend der Sinterung wird annahernd die theoretische Dichte erreicht. Zur Erzielung des Verdichtungseffekts genügt haufig ein kleiner Anteil (< 1 Vol.-%) an flussiger Phase.

Beim Trankverfahren wird das Metallpulver des hoherschmelzenden Metalls im Füll-, Klopf-, Vorpreß- oder Vorsinterzustand als porenhaltiges System mit dem flussigen niedrigschmelzenden Metall getrankt. Eine Komponente wird also nach dem pulvermetallurgischen, die andere nach dem schmelzmetallurgischen Verfahren verarbeitet. Die nach dem Sinter- oder Trankverfahren hergestellten Verbundstoffe sind innerhalb bestimmter Grenzen kalt- und warmverformbar. Die Dichte der gesinterten Verbundmetalle kann dadurch praktisch auf den theoretischen Wert erhoht werden. Die Trankmetalle liegen nach der Trankung meist mit der theoretischen Dichte vor; sie lassen sich bei bestimmter Zusammensetzung ebenfalls in gewissen Grenzen kalt- oder warmverformen.

9.42 Eigenschaften der heterogenen Legierungen

Die Berechnung der Eigenschaften einer heterogenen Legierung aus den Eigenschaften der zwei Komponenten ist in vielen Fallen nach der Mischkorpertheorie möglich. Man unterscheidet die skalaren Eigenschaften wie Dichte, spezifische Wärme, Sättigungsmagnetisierung usw., die sich unabhängig von der Struktur additiv aus denen der Komponenten zusammensetzen, und die vektoriellen oder Leitfähigkeitseigenschaften, die dem Grundgesetz der stationären Strömung gehorchen und von der Struktur des Mischkörpers abhängen. Die den Verbundstoff aufbauenden zwei Komponenten können zwischen den zwei Grenzfällen der Reihen- und der Parallelschaltung vorliegen (Abb. 48).

Bei der Kombination beider Schaltungen erhält man die logarithmische Mischungsregel nach K. LICHTENECKER [1]:

$$y = y_1^{x_1} y_2^{1-x_1}. \tag{40}$$

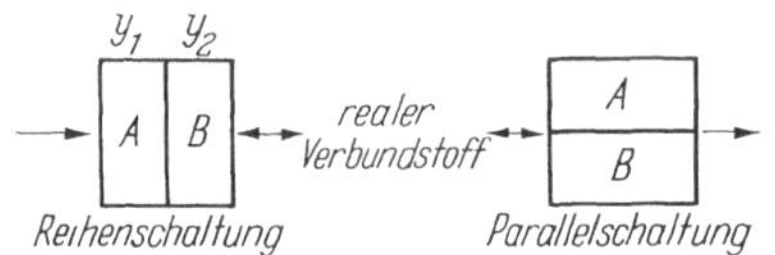

Abb. 48 Grenzfälle bei der Leitfähigkeit von Verbundstoffen.

Darin ist y die Leitfähigkeit des Mischkörpers, y_1 die Leitfähigkeit der Komponente A, y_2 die Leitfähigkeit der Komponente B und x_1 der Volumenanteil der Komponente A in Prozent.

Bei der Anwendung von Mischkörperformeln ist zwischen Einlagerungs- und Durchdringungsmischkörpern zu unterscheiden. Bei den Einlagerungsmischkörpern sind die Strukturelemente der einen Komponente in der anderen eingelagert, wobei die eingelagerten Teilchen gegenseitig nicht in Verbindung stehen. Bei den Durchdringungsmischkörpern stehen alle Strukturelemente sowohl der einen als auch der anderen Komponente miteinander in Verbindung, so als ob zwei Gerüste beider Komponenten ineinandergeschoben sind. Bei der Berechnung von Mischkörpereigenschaften ist diese Unterscheidung von Bedeutung. Bei Durchdringungsmischkörpern ist es gleichgültig, welche der beiden Komponenten mit y_1 oder y_2 bezeichnet wird, wogegen die Vertauschung bei den Einlagerungsmischkörpern nicht vorgenommen werden darf. Die logarithmische Mischungsregel nach K. LICHTENECKER [1] läßt sich nur auf Durchdringungsmischkörper anwenden. Für die Einlagerungsmischkörper hat sich die Formel von W. DOEBKE [2] bewährt:

$$\frac{y - y_1}{y + K y_1} = x \frac{y_1 - y_2}{y_1(1 + K)}. \tag{41}$$

Darin ist x_1 der Volumenanteil von A und K nach K. TORKAR [3] der Strukturfaktor. Für Parallelschaltung ist $K = \infty$ und für Reihenschaltung ist $K = 0$. Der Faktor K ist vom Volumenanteil der Komponente weitgehend unabhängig, aber abhängig vom Verhältnis der Eigenschaftswerte beider Komponenten. Die Gl. 41 läßt sich auch auf poröse Sinterkörper anwenden, wobei die zweite Komponente die Poren sind. Die Gleichung 41 geht dann über in

$$\frac{y}{y_1} = \frac{K x_1}{K + (1 - x_1)}. \tag{42}$$

Nach G. F. HUTTIGS [*4*] Theorie der bezogenen Eigenschaften bezeichnet man das Verhaltnis

$$\frac{y}{y_1} = \frac{E_s}{E_k} = \beta_E \tag{43}$$

als den β-Wert der entsprechenden Eigenschaft. Dabei ist E_s der Eigenschaftswert des Sinterkorpers und E_k der Eigenschaftswert des Kompaktkörpers. Fur porose Kupfer-, Nickel- und Eisensinterkorper konnte mit $K = 0{,}6$ Übereinstimmung mit den Meßergebnissen erzielt werden.

9.43 Aus Metallen aufgebaute heterogene Legierungen

Die aus zwei oder mehreren Metallen bestehenden heterogenen Legierungen (Verbundmetalle) dieses Abschnitts sind dadurch gekennzeichnet, daß mindestens eines dieser Metalle sowohl im festen als auch im flüssigen Zustand in den anderen Metallen praktisch unloslich ist. Von einer geringen Loslichkeit, die immer vorhanden ist, sei in diesem Zusammenhang abgesehen, das wesentliche Kennzeichen ist das Vorhandensein zweier Phasen auch im flussigen Zustand eines oder mehrerer Metallanteile.

Die als Kontakte am haufigsten verwendeten Verbundmetalle sowie ihre Zusammensetzungsbereiche sind in der Tab. 15 zusammengestellt.

Tabelle 15. *Heterogene Legierungen (Verbundmetalle) fur elektrische Kontakte*

Verbundmetall	Schwachstromkontakte kleine Schaltleistung kein Lichtbogen Gew.-%	Starkstromkontakte, Lichtbogen: fur mittlere Schaltleistung bis etwa 10^5 VA Gew.-%	Starkstromkontakte, Lichtbogen: fur große Schaltleistung 10^5 VA Gew.-%
M_1-M_2	Ag-Ni 99/1 bis 95/5	Ag-Ni 90/10 bis 70/30	Ag-Ni 91/10 bis 60/40
	Ag-Ir 99/1 bis 90/10	Ag-Mo 90/10 bis 70/30	Ag-Mo 70/30 bis 10/90
		Ag-W 90/10 bis 70/30	Ag-W 70/30 bis 10/90
		Cu-Pb 98/2 bis 85/15	Cu-Mo 70/30 bis 10/90
M_1-M_2-M_3		Ag-Ni-Cd, Ni bis 20, Cd bis 10	Ag-Ni-Cd Ni bis 40 Cd bis 15
			Ag-Ni-Cu Ni bis 40 Cd bis 10
		Ag-Ni-Cu Ni bis 20 Cu bis 5	W-Cu-Ni Cu bis 30 Ni bis 20

Gleichzeitig ist ein Hinweis auf den Bereich der Schaltleistung gegeben, in dem die Kontakte zur Anwendung kommen. Hinsichtlich der Schaltleistung ist natürlich keine scharfe Abgrenzung moglich. Im Schwachstromgebiet werden bei kleinen Schaltleistungen und in Stromkreisen, bei denen beim Schalten kein Lichtbogen auftritt, Ag-Ni mit kleinen Nickelanteilen ($\leqslant 5\%$) verwendet. Durch den Nickelzusatz können Härte und Festigkeit des Silbers sowie das Gefüge (Feinkörnigkeit) und auch die Rekristallisation sowie das Kornwachstum beeinflußt werden. Beim Schalten von Gleichstrom werden die Feinwanderung des Reinsilbers durch den Nickelzusatz herabgesetzt und die Klebeneigung vermindert. Ag-Ir ist ein Verbundmetall, das aus Edelmetallen besteht; der Iridiumanteil beträgt 1 bis 10%. Es besitzt eine hohe Beständigkeit gegen Feinwanderung und zeigt wie Ag-Ni bei höheren Temperaturen geringes Kornwachstum. Im Schwachstromgebiet kommen gelegentlich auch die in Spalte 3 angegebenen Verbundmetalle zur Anwendung. Das Hauptanwendungsgebiet der Verbundstoffe liegt auf dem Starkstromgebiet. Für die Verbundmetalle mit Silber, Kupfer, Wolfram und Molybdän als Grundmetalle sind die möglichen Zusatzmetalle in der Tab. 4 (S. 11) angeführt. Die Zusammensetzungsbereiche dieser Verbundmetalle für mittlere und große Schaltleistungen sind in der Tab. 15 in den Spalten 3 und 4 angegeben. Bei den Silber-Nickel-Verbundmetallen mit im Silber eingelagerten Nickelteilchen beträgt der Nickelgehalt gewöhnlich bis 40%, nur in Sonderfällen bis 50%. Aus der Gruppe der dreikomponentigen Verbundmetalle mit Silber als Grundmetall werden Kontakte der Systeme Ag-Ni-Cd (Ni bis 40% und Cd bis 15%) und Ag-Ni-Cu (Ni bis 40% und Cu bis 10%) für Starkstromschalter verwendet. Verbundmetalle aus Kupfer und Blei, bisher nur für Gleitlager eingesetzt, wurden erstmals vom Verfasser und R. Scherbaum als elektrische Kontakte beschrieben [5]; der Bleigehalt beträgt 2 bis 15%. Die wolfram- und molybdänhaltigen Verbundstoffe mit Silber bzw. Kupfer werden sowohl als Einlagerungsverbundmetalle als auch als Durchdringungsverbundmetalle für Starkstromkontakte bis zu höchster Schaltleistung eingesetzt. Die Wolfram- bzw. Molybdängehalte liegen meist zwischen 30 und 90%. Mit Zusatzmetallen wie Nickel, Kobalt oder Eisen, die bei höherer Temperatur eine Löslichkeit gegenüber Wolfram, Molybdän und Kupfer oder Silber besitzen, lassen sich besonders günstige Sintereffekte erzielen. Dadurch können Kontakte dieser Drei- oder Mehrstoffsysteme sehr wirtschaftlich hergestellt werden.

Literatur zu 9.42 und 9.43

[1] Lichtenecker, K.: Phys. Z. 27 (1926) 115.
[2] Doebke, W.: Z. techn. Phys. 11 (1930) 12.
[3] Torkar, K.: Ber. dtsch. Keram. Ges. 31 (1954) 148.
[4] Hüttig, G. F.: Powder Met. Bull. 6 (1951) 7.
[5] Schreiner, H., u. R. Scherbaum: DBP 1087813 (1961), Belg. Pat. 566636 (1958), Ital. Pat. 587.894 (1958) u. Ö. Pat. 205705 (1959).

9 431 Silber-Nickel

Nach dem von Hansen-Anderko [*1*] angegebenen Zustandsdiagramm (Abb. 49) sind Silber und Nickel im festen Zustand ineinander unlöslich; im flussigen Zustand besteht eine geringe Loslichkeit. Bei einer Temperatur von 100 °C oberhalb des Silberschmelzpunkts betragt die Nickelloslichkeit im Silber etwa 0,3%. Beim Abkuhlen scheidet sich das geloste

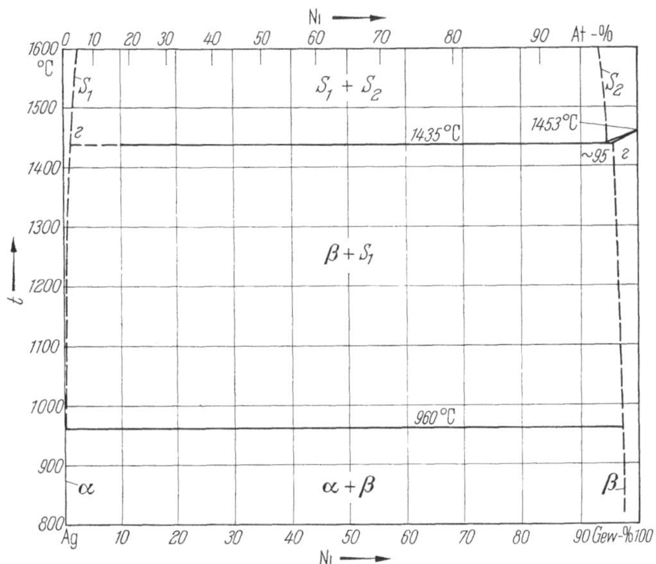

Abb 49. Zustandsbild Silber-Nickel nach Hansen

Nickel wieder aus Nach K. W. Frohlich [*2*] wird bei raschem Abkuhlen das Nickel in gleichmaßiger Verteilung und feiner Form ausgeschieden. Die Nickelausscheidung bewirkt eine Hartung; gleichzeitig werden dadurch die Erweichungstemperatur zu hoheren Werten verschoben und die Rekristallisationsgeschwindigkeit herabgesetzt Da bei der pulvermetallurgischen Herstellung die Sintertemperaturen unterhalb des Silberschmelzpunkts liegen, hat die geringe Nickelloslichkeit im flussigen Silber keinen Einfluß. Für gesinterte Silber-Nickel-Kontakte sind die Zusammensetzungen mit Nickelgehalten bis 40%, entsprechend 41,7 Vol.-%, von Interesse. Nach dem Diagramm ist diese Metallkombination schmelzmetallurgisch nicht herstellbar.

Die Herstellung und Eigenschaften gesinterter Silber-Nickel-Verbundmetalle wurden bereits 1939 von G. J. Comstock [*3*] beschrieben. Dabei wurde die innige Mischung der beiden Metallpulver in einer Matrize verpreßt und der Preßkorper unterhalb des Silberschmelzpunkts gesintert. H. R. Brooker [*4*] und K. W. Frohlich [*5*] weisen auf die gunstigen Kontakteigenschaften der Silber-Nickel-Sintermetalle hin.

9.431.1 Ausgangspulver. Die Herstellungsverfahren fur die Metallpulver sind im Abschn. 3 1 beschrieben. In der Tab. 16 sind die Verfahren

Tabelle 16

Herstellungsverfahren fur Silberpulver	Korngestalt	Korngroße in µm
1. *Mechanische Verfahren*		
Feingranulieren in Wasser	kugelig	100–500
Zerkleinern in Wirbelschlagmuhlen	tellerartige Plattchen	20–400
Zerschleudern nach dem DPG-Verfahren	kugelig, mit spratzigen Anteilen	20–400
Druckverdusen von flussigem Reinsilber	kugelig, teilweise spratzig	20–400
2 *Physikalisch-chemische Verfahren*		
Elektrolyse	kristallin, dentritisch	1– 10
Fallung	amorph	0,1– 10
Reduktion von Silber-Salz-Losungen	vielgestaltig	1– 10
mit organischen Reduktionsmitteln	amorph, schwammig	0,1– 10
mit Cu-Pulver	schwammig	0,1– 10
Reduktion von Silberchlorid in Salzsaurelosung mit Zink	amorph, schwammig	
Thermische Zersetzung von Silberverbindungen, z.B. Silberoxyd, Karbonat, Oxalat usw.	vielgestaltig	0,1– 10

zur Herstellung von Silberpulver sowie die Korngestalt und -große dieser Pulver angegeben. Das Nickelpulver wird meist als Karbonylpulver, seltener durch thermische Zersetzung und Reduktion von Nickelverbindungen (Hydroxyd, Karbonat oder Oxalat) hergestellt. Fur die Herstellung von Silber-Nickel-Verbundmetallen ist die Kornform und -größe der Ausgangspulver entscheidend fur das Gefuge des Sinterkorpers. Die mittlere Korngröße der im Silber eingelagerten Nickelteilchen ist fur die physikalischen und technologischen Eigenschaften des Verbundmetalls und damit auch für die Kontakteigenschaften von Interesse (s. S. 125). Die Pulvereigenschaften einiger Silberpulver und von Karbonylnickelpulver sind in Tab. 17 angegeben. Die beiden Pulver, z.B. Reduktionssilberpulver und

Tabelle 17. *Eigenschaften von Silber- und Nickelpulver*

Pulver	Herstellungsverfahren	Korngroße µm	V_F cm³/100 g	γ_F g/cm³	ϱ_F	V_K cm³/100 g	γ_K g/cm³	ϱ_K	t_{F_4} s/100 g
Ag	Verdusung	$<$ 60	21,0	4,76	0,454	16,0	6,25	0,595	∞
Ag I	Elektrolyse	$<$ 40	57,7	1,73	0,165	31,8	3,14	0,299	∞
Ag	Fallung	$<$ 30	62,5	1,60	0,152	39,1	2,56	0,244	∞
Ni	$Ni(CO)_4$ Zersetzung	5	57,7	1,73	0,197	35,4	2,83	0,32	∞

Karbonylnickelpulver, werden in einem Mischer trocken oder naß vermischt, wobei eine gleichmäßige Verteilung der beiden Pulver erzielt wird. Mahlversuche zur Verfeinerung der Ausgangspulvermischung führten sowohl bei der Trocken- als auch Naßmahlung unter Verwendung von anorganischen (H_2O) als auch organischen Mahlflüssigkeiten (Benzol, Alkohol) zu keinem Erfolg [*6*]. Das Endgefüge zeigt die gleiche Nickelkorngröße wie die nicht gemahlene Pulvermischung. Durch die Kaltschweißneigung und die hohe Plastizität des Silberpulvers findet bei der Mahlung keine Zerkleinerung des harten Nickelpulvers statt, sondern es tritt eine Zusammenballung von Silberteilchen mit Nickeleinschlüssen auf. Etwas feineres Gefüge erhält man, wenn das Nickelpulver allein gemahlen und danach mit dem Silberpulver gemischt wird, doch waren die Effekte nicht ausreichend. Auch die Verwendung feiner Nickelausgangspulver hat infolge Zusammenballung Grenzen. Ein neuer Weg zur Erzielung wesentlich feinerer Nickelverteilung im Silber-Nickel-Verbundmetall wurde in der gemeinsamen Abscheidung beider Metalle beschritten (S. 22). In der wäßrigen Lösung der Metallsalze, z.B. $AgNO_3$ und $Ni(NO_3)_2$ liegen beide Metalle in Form von $Ag^{\cdot}$- und $Ni^{\cdot\cdot}$-Kationen vor. Sie sind im Lösungsmittel praktisch atomar verteilt. Durch gleichzeitige Fällung beider Metalle, z B. mit Na_2CO_3 als Karbonate, wird ein Niederschlag mit sehr feiner Verteilung beider Metallsalze erhalten. Nach Abfiltrieren, Waschen und Trocknen wird das Mischkarbonat gemahlen, thermisch zersetzt und unter Wasserstoff bei 400 °C zu den Metallen reduziert. Vom restlichen Alkaligehalt wird das Metallpulver durch öfteres Waschen mit destilliertem Wasser in einer Kugelmühle befreit (p_H-Kontrolle). Das Metallpulvergemisch läßt sich rascher bis zur Alkalifreiheit waschen als die gefällte Karbonatmischung. Nach dem Trocknen ist das *Fällungsmischpulver* einsatzfertig. Es enthält Silber und Nickel in sehr gleichmäßiger und feiner Verteilung.

In gleicher Weise werden durch Fällung von Ag_2WO_4 oder Cu_2WO_4 nach Reduktion der Verbindungen feinverteilte Ag-W- bzw. Cu-W-Pulvermischungen erhalten (s. S. 149, 150).

Als Fällungsform eignen sich neben Karbonaten auch die Hydroxyde und Oxalate bzw. allgemein alle schwer löslichen Verbindungen der gleichzeitig zu fällenden Metalle. Nach dem *Fällungsmischverfahren* lassen sich fast alle Kombinationen mit im Silber unlöslichen Metallen herstellen. Dabei kann die gewünschte Zusammensetzung zwischen 0 und 100 % Ag liegen. Das Verfahren gestattet auch, neben Silber zwei oder mehrere Metalle gleichzeitig auszufällen, wie z.B. Ag-Ni-Cd, Ag-Cu-Ni-Cd und dgl. Das wie oben beschrieben gewonnene Fällungsmischpulver wird durch Pressen und Sintern zum Endkontakt verarbeitet. T. Matsukawa [*6a*] hat Ni-Pulver im Verhältnis Ni:Ag = 28:72 mit Silber durch Reaktion von Ni-Pulver mit $AgNO_3$-Lösung überzogen.

Die Mischfällung kann auch elektrochemisch durch gleichzeitige elektrolytische Abscheidung erfolgen.

Die in den folgenden Abbildungen angegebenen Sinterergebnisse wurden mit einer Pulvermischung aus Reduktionssilberpulver mit Karbonylnickelpulver (Pulvermischung I) sowie mit Ag-Ni-Fällungspulver (II), beide der Zusammensetzung 90% Ag, 10% Ni, durchgeführt. Die Sekundärkorngröße des Silberpulvers beträgt < 5 µm. Die Primärteilchen sind vielgestaltig und bilden Agglomerate, das Silberpulver enthält 99,4% Ag und 0,03% Cl; der Rest ist vor allem Sauerstoff. Das Karbonylnickelpulver hat größte Teilchen von 10 µm und eine mittlere Korngröße von etwa 5 µm. Die Einzelteilchen des Fällungspulvers bestehen aus einem Metallgemisch von Silber und Nickel, was bei höherer Vergrößerung sichtbar ist. Die Teilchengrößen der Sekundärteilchen liegen bei 1 bis 10 µm. Die mittlere Nickelteilchengröße ist < 1 µm.

9.431.2 Das Pressen. Die beiden Silber-Nickel-Pulver I und II lassen sich leicht verpressen. In Abb. 50 sind die Preßdichten und Raumerfüllungsgrade in Abhängigkeit vom Preßdruck angegeben. Zum Vergleich sind die Werte auch für zwei Sorten von Reinsilberpulver eingezeichnet. Bei gleichem Preßdruck liegen die Preßdichten beim Fällungspulver niedriger als bei der Pulvermischung I.

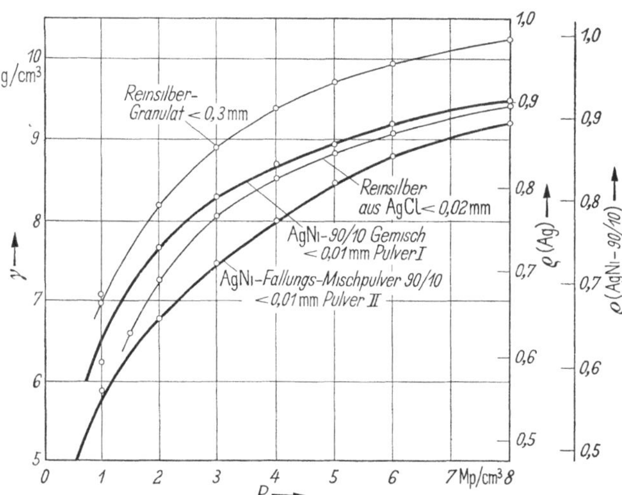

Abb. 50. Preßdichten in Abhängigkeit des Preßdruckes.

9.431.3 Das Sintern. Der Sintermechanismus von Preßkörpern aus Silberpulver ist der gleiche wie bei denen aus anderen Metallpulvern, z.B. Eisen, Nickel u. a. Man muß jedoch berücksichtigen, daß beim Pressen das Silberpulver in den plastisch verformten Bereichen durch die dort auftretenden großen Reibungskrafte kalt verschweißt. Dies tritt gegenüber anderen Metallen bereits bei niedrigen Preßdrucken auf. Dadurch werden die an der Metallpulveroberflache adsorbierten Gase und in den Pulverteilchen enthaltene Gase im Preßkorper eingeschlossen. Beim Erhitzen auf Sintertemperatur dehnen sich die Gase aus, der Gasdruck steigt schließlich über die Materialfestigkeit, und das Volumen des Sinterkörpers wächst, die Dichte sinkt also gegenuber der Preßdichte ab. Diese durch Gaseinschlusse im Sinterkorper verursachte Erscheinung des Volumenwachstums beim Sintern von Silberpreßkorpern ist somit keine spezifische Eigenschaft des Silbers, sondern sie kann unter entsprechenden Arbeitsbedingungen auch bei anderen Metallen auftreten. Um diesen störenden Einfluß zu vermeiden, sind beim Pressen und Sintern von Silber und Silberverbundstoffen die Bedingungen so zu wahlen, daß die

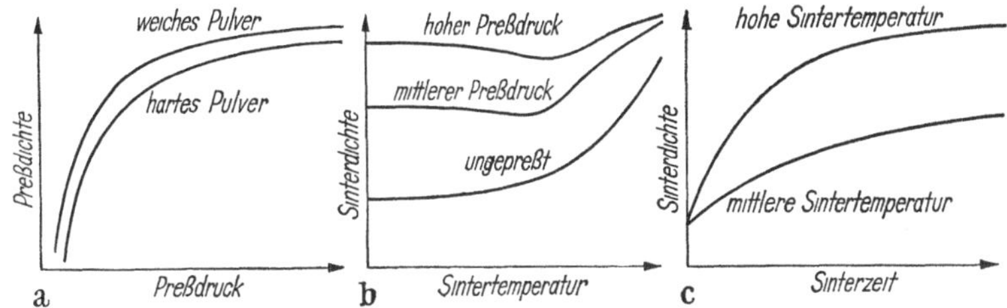

Abb. 51 a–c Dichte von Metallpulver-Preß- und -Sinterkorpern (z.B. Eisen) als Funktion des Preßdruckes der Sintertemperatur und -zeit (nach R. KIEFFER und W. HOTOP [*9 a*]).

Gase aus dem Sinterkorper vor dem volligen Dichtsintern der Oberflache entweichen konnen, denn im Kontakt und daher auch bereits im Sinterkorper ist ein moglichst hoher Raumerfüllungsgrad anzustreben. Die Abb. 51 a bis c geben die Einflußgroßen an, die bei den meisten Metallen zu einer hohen Dichte fuhren:

a) hoher Preßdruck und damit hohe Preßdichte (Abb. 51 a)

b) hohe Sintertemperatur, jedoch unterhalb des Schmelzpunkts (Abb. 51 b)

c) lange Sinterzeit (Abb. 51 c).

Im Gegensatz dazu unterscheidet sich das Sinterverhalten des Silbers und der silberreichen Verbundmetalle aus den oben dargelegten Grunden (Kaltpreßschweißen und Gaseinschlusse). In Abb. 52 a bis b ist die Abhangigkeit der Sinterdichte vom Preßdruck und der Sintertemperatur schematisch dargestellt.

Bereits R. KIKUCHI [7] hat an Preßkörpern aus Silberpulver durch Messung mechanischer Eigenschaften eine Abnahme der Sinterdichte mit zunehmender Sintertemperatur festgestellt. R. KIEFFER und W. HOTOP [*8*, *9*] haben diese Erscheinung bestatigt und sie auf die Wirkung von eingeschlossenen oder absorbierten Gasen sowie auf die geringe Neigung des Silbers zum Kornwachstum zuruckgefuhrt. F. R. HENSEL und E. I. LARSEN [*10*] haben an Ag-Ni-Verbundstoffen ebenfalls gefunden, daß die Sinterdichte niedriger als die Preßdichte liegt, und als Ursache Gaseinschlusse angegeben. E. RAUB und W. PLATE haben die Vorgange beim

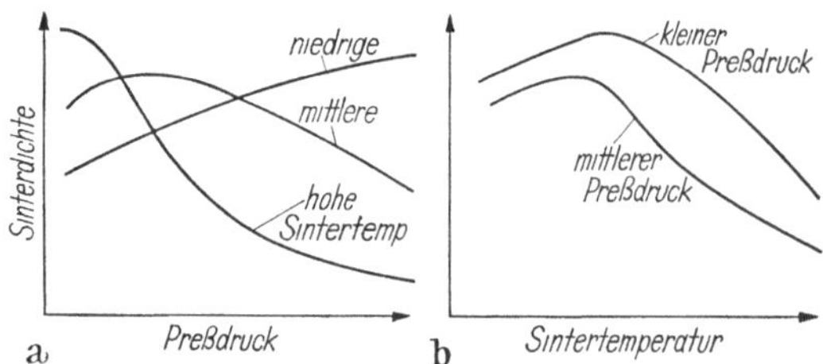

Abb 52a u b Sinterdichte von Silberverbundmetallen als Funktion des Preßdruckes und der Sintertemperatur

Sintern von gepreßtem Silberpulver [*11*] sowie von Silberverbundstoffen [*12*] durch Messung der linearen thermischen Ausdehnung verfolgt. Dabei zeigten sich in Preßrichtung die großten Langenanderungen. Fur eine genauere Beschreibung des Sintervorgangs ist die Verfolgung der Dichteanderung der Bestimmung der linearen Ausdehnung in einer Richtung vorzuziehen. Nach E. RAUB [*11*] ist jedoch eine genaue Dichtebestimmung der Silbersinterkorper mit Hilfe der hydrostatischen Waage wegen der Porositat nicht möglich, und die Berechnung des Volumens aus den Langenmeßwerten ist zu ungenau, da die Probe nach dem Sintern Formveranderungen, meist Aufblahungen, zeigt. Es wurde deshalb vom Verfasser eine Methode ausgearbeitet, die auch von porenhaltigen und aufgeblahten Sinterkorpern die genauen Dichten zu bestimmen gestattet (s. S. 51). Daruber hinaus erlaubt das Verfahren, das Gesamtporenvolumen in den Volumenanteil der von der Oberflache des Sinterkorpers aus zuganglichen Poren und den Volumenanteil der abgeschlossenen Innenporen aufzugliedern.

An einem geblahten Silbersinterkorper mit etwa 40% Porenvolumen konnte der Verfasser nur weniger als 1% von außen zugangliche Poren nachweisen. Dieses Ergebnis erbringt erstmals den Nachweis, daß bei dem Silbersinterkorper die Oberflache praktisch dichtgesintert ist und die Gaseinschlusse zur Aufblahung gefuhrt haben. Bei hohen Preßdrucken ist die Oberflache des Silberpreßkorpers durch Kaltverschweißen infolge der Wandreibung ebenfalls gasundurchlassig.

Es hat nicht an Versuchen gefehlt, das Aufblahen beim Sintern von Silberverbundstoffen zu vermeiden. R. PALME [*13*] hat Sinterkorper mit einem Raumerfullungsgrad $\varrho = 0{,}95$ erzielt, wenn das Silber in Form von leicht zersetzlichen Silberverbindungen wie Silberoxyd oder Silberkarbonat angewendet wird. Die Wirkung beruht darauf, daß nach dem Zerfall der Ag-Verbindungen bei verhaltnismaßig tiefen Temperaturen ein poroser Skelettkorper entsteht, aus dem bei der Weitersinterung im Inneren vorhandene Gase entweichen konnen. Der Verfasser konnte zeigen, daß es ohne teuere Sonderverfahren moglich ist, mit Silber-Nickel-Pulvermischungen lediglich durch geeignete Preß- und Sinterbedingungen insbesondere durch richtige Wahl von Preßdruck, Sintertemperatur, -atmosphare und -zeit einen maximalen Sinterdichtewert zu erreichen. Auf die Forderung nach optimaler Preßdichte, die zur maximalen Sinterverdichtung fuhrt, wird noch eingegangen. Die dafur erforderlichen Herstellungsbedingungen lassen sich auch in der Fertigung ohne weiteres einhalten.

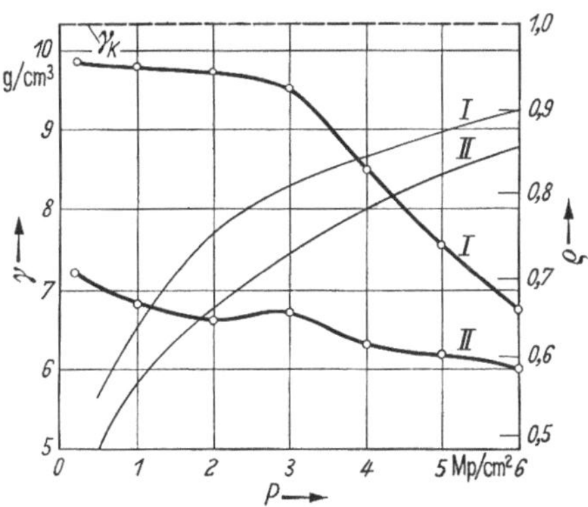

Abb 53. Sinterdichte von Ag-Ni 90/10 I, Nickelkorngroße < 10 µm, und II, Nickelkorngroße < 1 µm, als Funktion des Preßdruckes Sinterung in Wasserstoff bei 800 °C, dunne Kurven geben die Preßdichte an.

Die Abb. 53 zeigt die Ergebnisse der Sinterung in Wasserstoffatmosphare. In der Abb. 54 sind mit 1, 3 und 6 Mp/cm² gepreßte Stabe im Sinterzustand gezeigt. Die Stabe hatten im Preßzustand die gleiche Große 80 × 10 × 5 mm³. Die Schnittpunkte der stark ausgezogenen

0,8 1

Abb. 54 Ag-Ni-90/10-Sinterstabe II, Preßdruck von oben nach unten 1,3 und 6 Mp/cm², Sinterung 800 °C 1 h in Wasserstoff.

Sinterdichtekurven mit den dunn ausgezogenen zugehorigen Preßdichtekurven geben den Preßdruck an, bei dem die Sinterdichte gleich der Preßdichte ist ($\gamma_S = \gamma_P$), also wahrend der Sinterung keine Volumenänderung auftritt ($\Delta V = 0$). Bei kleineren Preßdrucken liegt die Sinterdichtekurve oberhalb der Preßdichtekurve ($\gamma_S > \gamma_P$), das ist gleichbedeutend mit einer Volumenverkleinerung bzw. einem Schrumpfen während der Sinterung (*positive Sinterverdichtung*). Liegt der Preßdruck oberhalb des Schnittpunkts, so tritt der umgekehrte Fall ein, und die Sinterdichtekurve verläuft unterhalb der Preßdichtekurve ($\gamma_S < \gamma_P$) Das entspricht einer Volumenvergrößerung (*negative Sinterverdichtung*) bzw. einem Aufblähen beim Sintern. Für das Pulver II wurde die Sintertemperatur zu rasch erreicht, so daß die Oberfläche dicht sinterte und Gaseinschlüsse eine Sinterverdichtung verhinderten. Die Sinterdichten fallen bei beiden Ag-Ni-90/10-Pulvern mit steigendem Preßdruck ab. Bei

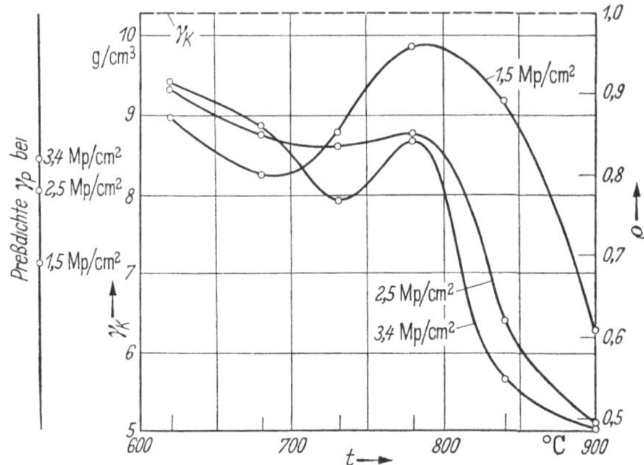

Abb. 55. Sinterdichte von Ag-Ni 90/10-I als Funktion der Sintertemperatur, Sinterung während 2 h in Wasserstoff. Preßdruck als Parameter.

den mit 6 Mp/cm² gepreßten Pulvern liegt die Porosität für den Sinterkörper I bei 34 % und für II bei 41 %. Für den späteren Vergleich der Sinterergebnisse, die beim Sintern der Proben in verschiedenen Atmosphären erhalten wurden, sind aus den Kurven die kennzeichnenden Preßdruckwerte für die erreichbare maximale Sinterdichte und für die Bedingungen $\gamma_S = \gamma_P$ entnommen.

Der Einfluß der Sintertemperatur auf die Sinterdichte ist für das Ag-Ni-90/10-Pulver I in Abb. 55 gezeigt. Bei steigender Temperatur fällt die Sinterdichte ab. Das steht in Übereinstimmung mit den Ursachen des Dichteabfalls, da der Gasdruck im Innern des Sinterkörpers mit steigender Temperatur zunimmt und gleichzeitig die Festigkeit des Materials abfällt. Der Abfall der Sinterdichte beginnt bei um so niedrigerer Temperatur, je höher der Preßdruck ist. Während der Gradient des Preßdrucks bei 620 bis 680 °C Sintertemperatur noch positiv ist, wird er bei Temperaturen oberhalb 730 °C stark negativ. Zu niedrige Sintertemperaturen sind technisch nicht von Interesse, da die geforderten Materialfestigkeiten zu lange Sinterzeiten bedingen. Für das Ag-Ni-90/10-Pulver I geben die folgenden Preßbedingungen optimale Werte: Pressen mit 1,5 Mp/cm², Sintern bei 780 bis 800 °C, 2 h in H_2, Sinterdichte 9,8 g/cm³. Fur das feinteiligere Ag-Ni-Pulver II ist eine langsamere Temperaturerhöhung anzuwenden bzw. eine inerte Gasatmosphäre zu benutzen. In einem räumlichen Sinterdichte-Preßdruck-Sintertemperatur-Diagramm werden die in Abhangigkeit vom Preßdruck und der Sintertemperatur erhaltenen Sinterdichten durch gekrümmte γ_S-Flächen beschrieben. Zwischen dem minimalen und maximalen Sinterdichtewert kann bei entsprechender Einstellung von Preßdruck und Sintertemperatur jeder dazwischenliegende Wert realisiert werden. Schließlich sind auch Kurven von Interesse,

Abb 56. Ag-Ni-90/10-Sinterkorper aus Pulver I, Sinterung 2 h bei 840 °C in Wasserstoff.

die anstelle der Sinterdichte auf der Ordinate den Durchmesser bzw. die Hohe des Sinterkorpers und auf der Abszisse den Preßdruck enthalten. Wegen der Anisotropie des Preßkörpers sind die Längenänderungen beim Sintern senkrecht und parallel zur Preßrichtung voneinander verschieden. Auch die Schnittpunkte $\varnothing_\perp = \varnothing_\parallel$ bzw. $l_\perp = l_\parallel$ unterscheiden sich daher von $h_\perp = h_\parallel$; sie liegen bei verschiedenen Preßdrucken.

Der starke Einfluß der Preßdichte auf die Sinterdichte (Volumenanderung) und die damit zusammenhangende Auswirkung der Gaseinschlüsse sind in den in Abb. 56 gezeigten Sinterkörpern sichtbar. Die in der Abb. 56 angegebenen Preßdrucke liegen nur wenig auseinander. Die großen Dichteänderungen der Proben beim Sintern sind fur den in Abb. 56 links gezeigten Preßkörper positiv und fur den in der Mitte und rechts gezeigten Körper negativ. Die Volumenanderungen sind hinsichtlich Größe und Richtung in der Abb. 56 an den im Preßzustand volumengleichen Zylindern deutlich sichtbar.

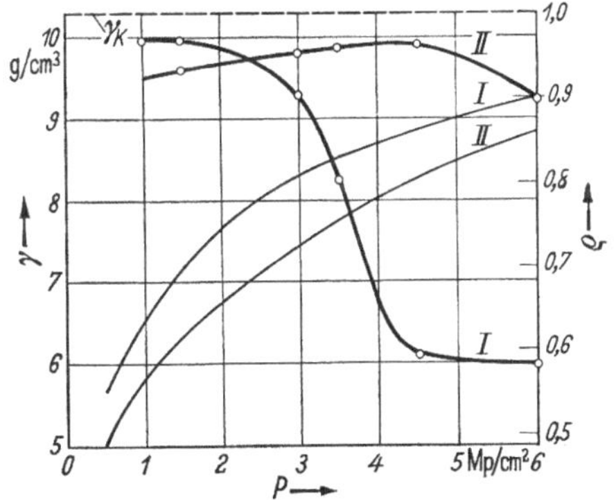

Abb 57. Sinterdichte von Ag-Ni-90/10-I, Nickelkorngroße < 10 µm, und II, Nickelkorngroße < 1 µm, als Funktion des Preßdruckes. Sinterung im Vakuum $p < 10^{-3}$ Torr, 2 h bei 800 °C, dunne Kurven geben die Preßdichte an.

Die Sinterergebnisse bei der Sinterung in *inerter Atmosphare* geben die Abb. 57 für Vakuumsinterung und 58 für die Stickstoffsinterung wieder. Die γ_S-Kurven unterscheiden sich in den maximalen γ_S-Werten und den $\gamma_S = \gamma_P$-Werten. Der Kurvenverlauf ist fur das Ag-Ni-90/10-Pulver I sehr ähnlich wie bei der Wasserstoffsinterung, wahrend fur das Pulver II eine hohere maximale Sinterdichte erzielt wird. Bei der Luftsinterung wird das eingelagerte Nickel bei 800 °C oxydiert. Diese innere Oxydation wird auch in anderen Fallen zur Herstellung von Verbundstoffen aus der Legierung eines bei hoher Temperatur oxydationsbestandigen, mit einem oxydierbaren Metall (Unedelmetall) benutzt; als Beispiel sei Ag-CdO erwahnt. Bei Verbundmetallen, die aus oxydationsbestandigen Edelmetallen bestehen, wie Silber-Iridium, ist eine Luftsinterung anwendbar. Bei der Luftsinterung, Abb. 59, sind die Sinterergebnisse oberhalb eines Preßdruckes von 2,5 Mp/cm² bei den beiden verwendeten Pulvern verschieden. Wahrend die Pulvermischung I einen Dichteabfall infolge von Gaseinschlüssen aufweist, tritt beim Fällungspulver II durch das rasche Fortschreiten der inneren Oxydation infolge der sehr feinen Nickelverteilung in der Mischung kein Dichteabfall ein, da dabei offenbar die Gase entweichen können. Im Axialschnitt durch den zylindrischen Sinterkörper ist die Zone der inneren Oxydation, bestehend aus dem Verbundstoff Ag-NiO, von dem nicht oxydierten Ag-Ni-Verbundmetall gut zu unterscheiden (Abb. 60). Die Dicke der oxydierten Schicht nimmt mit steigender Dichte des Preßkorpers ab. Dadurch werden auch die Dichte-

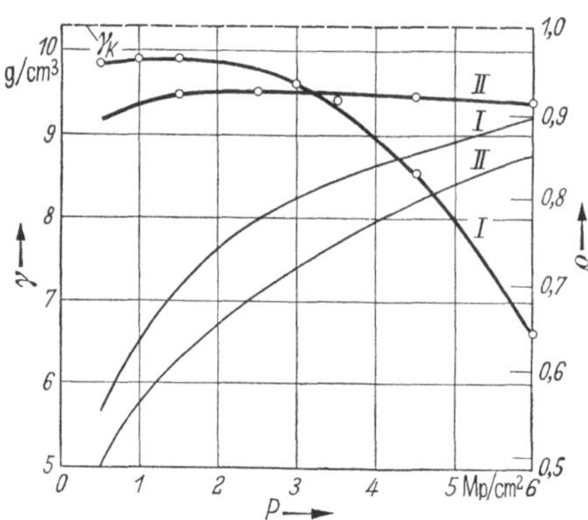

Abb. 58. Sinterdichte von Ag-Ni-90/10-I, Nickelkorngroße < 10 μm, und II, Nickelkorngroße < 1 μm, als Funktion des Preßdruckes. Sinterung in Stickstoff 2 h bei 800 °C, dunne Kurven geben die Preßdichte an.

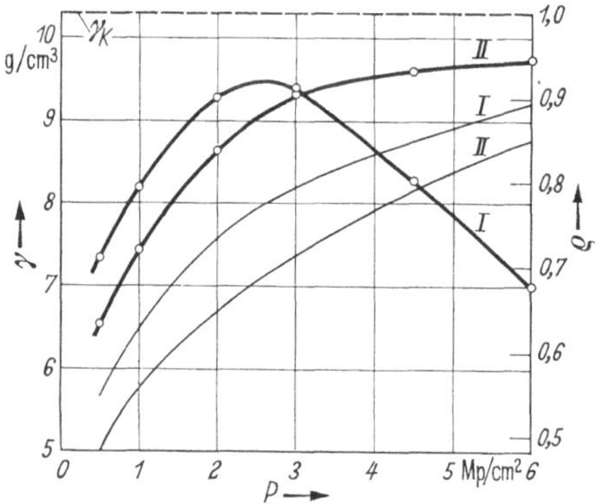

Abb. 59. Sinterdichte von Ag-Ni-90/10-I, Nickelkorngroße < 10 μm, und II, Nickelkorngroße < 1 μm, als Funktion des Preßdruckes. Sinterung in Luft 2 h bei 800 °C; dunne Kurven geben die Preßdichten an.

schwankungen im Preßkörper deutlich sichtbar. In diesem Zusammenhang wird die innere Oxydation als elegante Methode zum Nachweis der Dichteschwankungen und Dichteverteilung im Preßkörper angegeben.

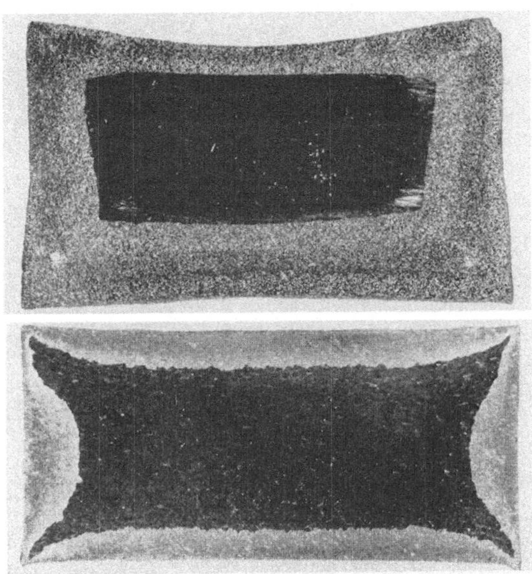

Abb. 60 Innere Oxydation von Ag-Ni-90/10-Verbundmetall zur Silber-Nickeloxyd-Verbundstoff bei der Luftsinterung bei 800 °C. Querschliff ungeätzt.

Bei der Luftsinterung unter vermindertem Druck von 10^{-1} bis 1 Torr reicht der Sauerstoffpartialdruck zur NiO-Bildung nicht mehr aus. Die Sinterergebnisse (Abb. 61) liegen ähnlich wie bei der Vakuumsinterung. Insbesondere für das Ag-Ni-90/10-Pulver II ist die leicht herstellbare Sinteratmosphäre von 10^{-1} Torr auch technisch interessant.

Einen Überblick über den Einfluß der Sinteratmosphäre bei der Sinterung der beiden Ag-Ni-90/10-Pulver, die sich in der Nickelkorngröße und deren Verteilung unterscheiden, gibt die Tab. 18. Sie enthält für jede Kurve der Abb. 53, 57, 58, 59 und 61 zusammengehörige γ_S- und γ_P-Werte für die beiden Kurven $\gamma_S = \gamma_P$ und

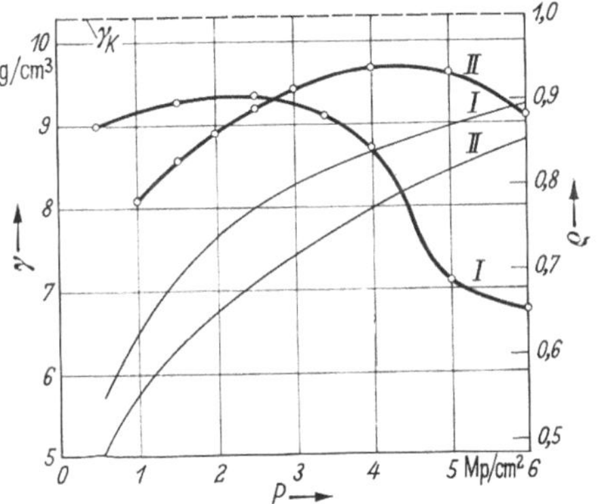

Abb. 61. Sinterdichte von Ag-Ni-90/10-I, Nickelkorngröße < 10 µm, und II, Nickelkorngröße < 1 µm, als Funktion des Preßdruckes. Sinterung in Luft bei vermindertem Druck $p = 10^{-1}$ Torr, 2 h bei 800 °C.

die jeweils maximal erreichbare Sinterdichte. Beim Pressen und Sintern der Pulvermischung Ag-Ni-90/10-I werden bei den Sinterungen in verschiedenen Atmosphären praktisch immer die gleichen maximalen Sinterdichten erhalten. Es sind dafür jedoch unterschiedliche Preßdrücke und

Tabelle 18

Sinteratmosphäre		Ag-Ni 90/10 I Pulvergemisch Nickelkorngröße < 10 µm		Ag-Ni 90/10 II Fällungsmischpulver Nickelkorngröße < 1 µm	
		p Mp/cm	γ_S g/cm³	p Mp/cm²	γ_S g/cm³
Reduzierend:	1	3,9	8,6	1,8	6,6
Wasserstoff	2	0,5	max. 9,8	0,5	max 7,0
Inert:	1	3,4	8,5	6,0	9,2
Vakuum $< 10^{-3}$ Torr	2	1	max. 9,95	4,5	max. 9,9
Stickstoff	1	4,0	8,7	6,5	9,3
	2	1,5	max. 9,9	2,5	max. 9,5
Oxydierend:	1	4,0	8,7	>6	>9,8
Luft 730 Torr	2	2,6	max. 9,5	6,0	max. 9,75
Dünnluft 10^{-1} bis	1	4,0	8,7	6,2	8,9
1 Torr	2	2,5	max. 9,35	4	max. 9,7

1 für Volumenänderung Null und 2 für maximales γ_S Sinterung: 800 °C, 2 h

damit ϱ_P-Werte erforderlich. Die maximale Sinterdichte entspricht einem Raumerfüllungsgrad $\varrho_S = 0{,}97$. Die Sinterverdichtung S (s. S. 147) ist bei der Wasserstoffsinterung mit $S = 0{,}89$ am größten. Die Ergebnisse beim Ag-Ni-90/10-Fällungsmischpulver II mit einer Nickelkorngröße < 1 µm liegen sehr ähnlich den Ergebnissen der Pulvermischung I. Es wurde bereits erwähnt, daß die Sintertemperatur bei der Wasserstoffsinterung zu rasch erreicht wurde und die Dichtsinterung der Oberfläche Gaseinschlüsse erzeugte, wodurch die Sinterverdichtung verhindert wurde. Bei langsamer Aufheizung und vorzeitiger Entgasung war auch bei der Wasserstoffsinterung eine Dichtsinterung bis $\gamma_S = 9{,}9$ g/cm³ möglich. Bei den anderen Sinteratmosphären werden die beiden ausgewählten γ_S-Werte jeweils bei erheblich höherem Preßdruck erhalten, was verfahrenstechnisch wegen des dabei auftretenden kleineren Schrumpfes von Interesse ist. Die bei der Luftsinterung

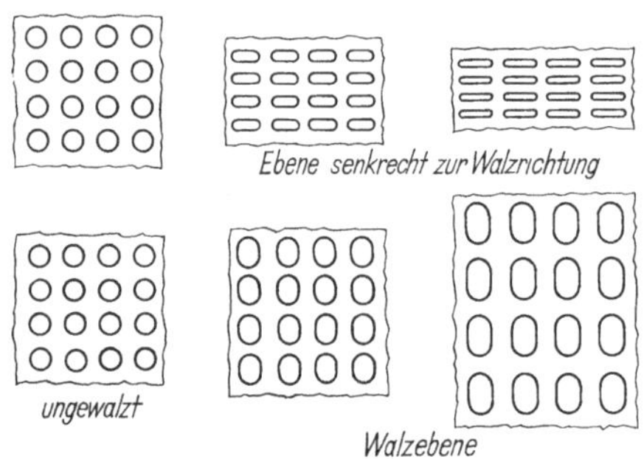

Abb. 62. Schema der Verformung eingelagerter Nickelteilchen beim Walzen von Silber-Nickel-Verbundmetall.

neben der Innenoxydation ablaufende Sinterverdichtung ist erwähnenswert.

Durch Walzen des Sinterkörpers zu einem Band werden Verbundmetalle mit Richtgefüge erhalten [14]. Die kugeligen Nickel-Karbonyl-Pulverteilchen werden beim Verpressen der Pulvermischung in dem weicheren Silber eingepreßt und dabei praktisch nicht plastisch verformt. Beim Walzen des Sinterkörpers hingegen werden die im Silber eingelagerten Nickelteilchen zu Plättchen verformt. Die Abb. 62 zeigt schematisch zwei verschieden starke Walzverformungen in den Ebenen senkrecht und parallel zur Walzebene. Die Abb. 63 a u. b zeigen die Gefüge

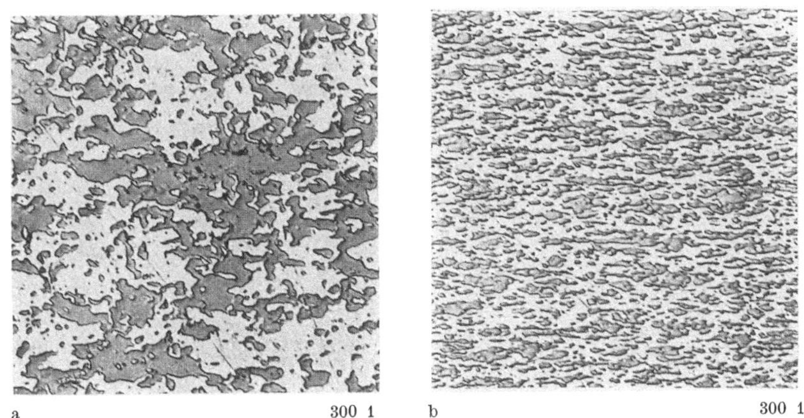

a 300 : 1 b 300 : 1

Abb. 63 a u. b. Gefüge von Ag-Ni 60/40, $P = 1$ Mp/cm², Sinterung bei 900 °C 1 h im Vakuum, $p < 10^{-3}$ Torr nach 80% Walzverformung, a) parallel zur Walzebene, b) senkrecht zur Walzebene in Walzrichtung.

von Ag-Ni 60/40 nach 80%iger Walzverformung ($\Delta h/h_0 \cdot 100$) der mit 1 Mp/cm² gepreßten und bei 900 °C während 1 h im Vakuum ($p < 10^{-3}$ Torr) gesinterten Pulvermischung.

Beim Ziehen von Ag-Ni-Verbundmetall zum Draht werden die Nickelteilchen zu langgestreckten Stäbchen parallel zur Drahtachse verformt. Die Abb. 64 a und b geben das Gefügebild eines Ag-Ni-80/20-Drahts parallel und senkrecht zur Drahtachse wieder; der Sinterkörper von 10 × 10 mm² Querschnitt wurde auf einen Draht vom Durchmesser 2,5 mm gezogen. Der Verfasser fand, daß die von den Reinmetallen her bekannten Richtgefüge gezogener Drähte (z.B. Wolframdrähte) insbesondere bei den Verbundmetallen eine Anisotropie herbeigeführt, die für Kontaktanwendungen Vorteile bietet. So wurde in Richtung der Drahtachse eine höhere elektrische Leitfähigkeit und eine bessere Abbrandfestigkeit und damit höhere Lebensdauer dieser Kontakte festgestellt. Das gleiche Gefüge findet man in den meisten handelsüblich hergestellten Kontakten aus Ag-Ni-Verbundmetallen. Die Abb. 65a und b zeigen aus der Pulvermischung Ag-Ni-90/10-I hergestellte und zu 50% verwalzte Kontakte parallel und senkrecht zur Walzebene. Bei der Gefügebeurteilung sind auch Fehler wie ungleichmäßige Ni-Verteilung und unzulässige Ni-Anreicherungen nicht zu übersehen. An handelsüblichen Ag-Ni-60/40-Kontakten wurden die in den Abb. 66a und b parallel und senkrecht zur Walzrichtung gezeigten Ni-Anreicherungen festgestellt. Bei Verwendung von Karbonylnickelpulver der Korngröße 5 μm findet je nach der Walzverformung in der Walzebene eine Teilchenvergrößerung auf >10 μm statt. Nach den in verschiedenen Firmenschriften [*15* bis *17*] gezeigten Schliffaufnahmen einiger Kontaktlieferan-

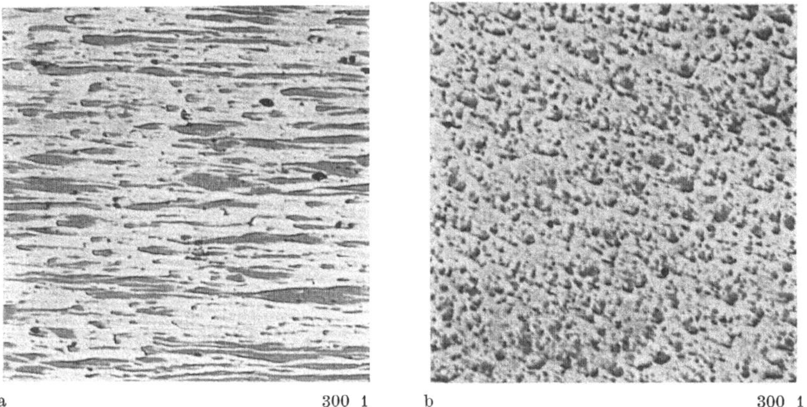

a 300 : 1 b 300 : 1

Abb. 64a u. b. Gefüge von Ag-Ni 80/20 nach dem Ziehen von 10 × 10 auf Durchmesser 2,5 mm, a) parallel zur Drahtachse, b) senkrecht zur Drahtachse.

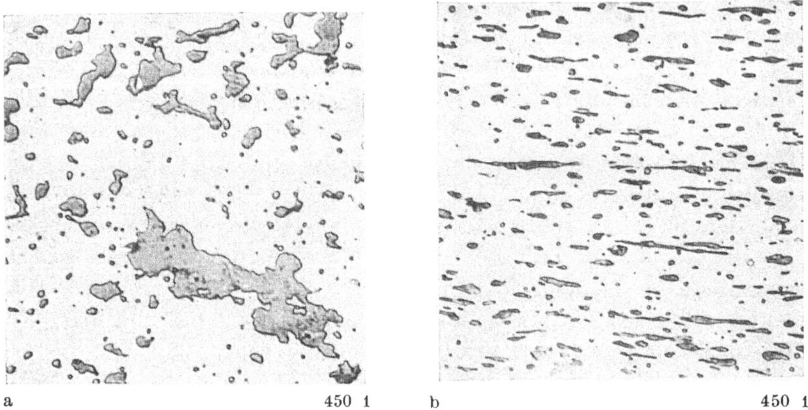

a 450 : 1 b 450 : 1

Abb. 65a u. b. Gerichtetes Gefüge eines Ag-Ni-90/10-Verbundmetalles nach Kaltwalzung. a) Schliffebene parallel zur Walzebene, b) Schliffebene senkrecht zur Walzebene in Walzrichtung.

ten liegen die Nickelkorngrößen im allgemeinen zwischen 10 und einigen hundert Mikrometern.

Die nach dem Fällungsmischverfahren hergestellten Ag-Ni-Kontakte haben gegenüber den aus der Pulvermischung hergestellten Verbundmetallen eine wesentlich feinere Nickelkorngröße und damit bei gleicher Zusammensetzung eine mit r^3 häufigere Durchsetzung des Silbergrundmetalls. Man bezeichnet sie daher als *Verbundmetalle mit Feingefüge*. Die Abb. 67 zeigt das Gefüge eines Ag-Ni-Verbundmetalls (10% Nickel) mit einer mittleren Nickelkorngröße von 1 μm; es wurde aus dem für die auf S. 107 beschriebenen Versuche verwendeten Fällungsmischpulver II hergestellt. Zum Vergleich gibt die Abb. 68 das Gefüge des Silber-Nickel

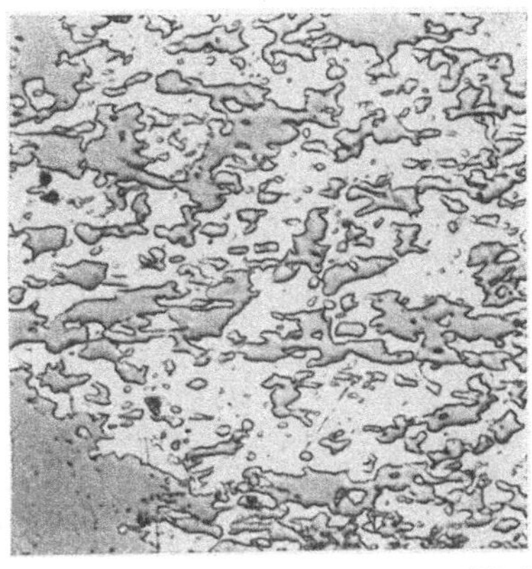

a 300:1

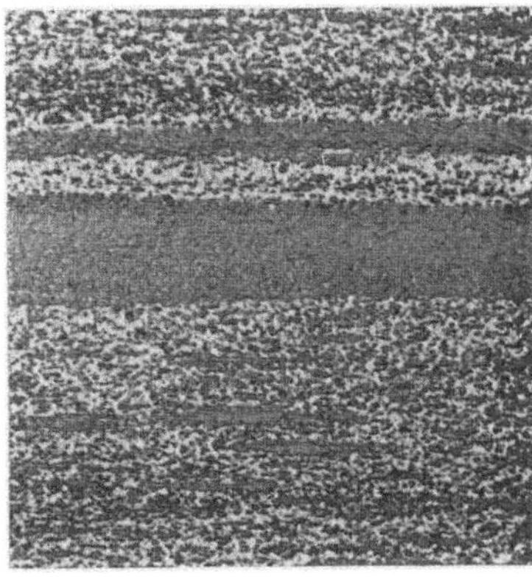

b 100:1

Abb. 66 a u. b Gefüge von Ag-Ni 60/40 mit Nickelanreicherungen. a) Schliffebene parallel zur Walzebene, b) Schliffebene senkrecht zur Walzebene in Walzrichtung.

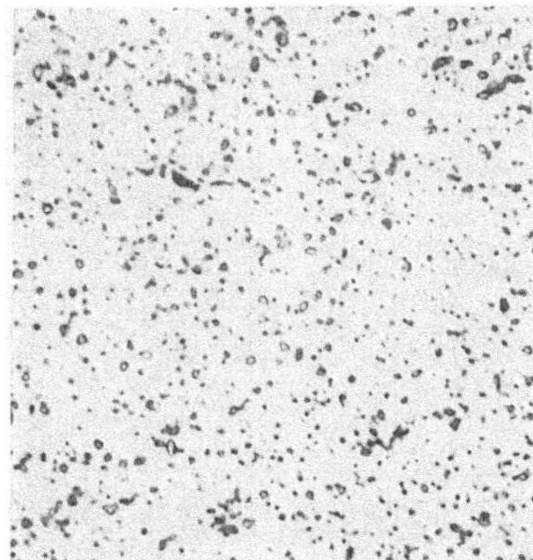

1050:1

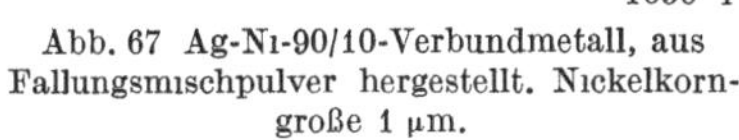

Abb. 67 Ag-Ni-90/10-Verbundmetall, aus Fällungsmischpulver hergestellt. Nickelkorngröße 1 μm.

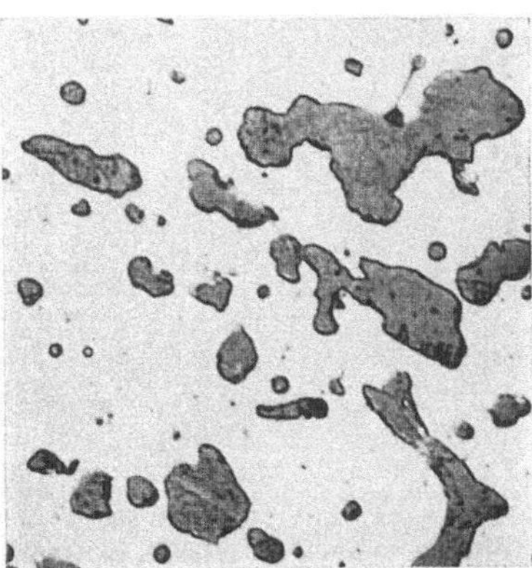

1050:1

Abb. 68. Ag-Ni-90/10-Verbundmetall, aus der Pulvermischung hergestellt. Nickelkorngröße 10 μm.

gleicher Zusammensetzung wieder, das aus der Pulvermischung Ag-Ni-90/10-I (S. 108) hergestellt wurde.

Die Feinheit und die hohe Gleichmäßigkeit der Nickelverteilung im Silber zeigt sich am eindrucksvollsten beim Vergleich des Gefüges mit einem echten Eutektikum. In Abb. 69 ist das Silber-Nickel-Verbundmetall (10% Ni) mit einer Nickelkorngröße von 1 μm dem bekannten Silber-Kupfer-Eutektikum (28,5% Cu) gegenübergestellt (Abb. 70). Obwohl zwischen Silber und Nickel weder im festen noch im flüssigen Zustand Löslichkeit besteht, besitzt dieses Verbundmetall eine Feinstruktur, wie sie nur beim echten Eutektikum auftritt. Deshalb kann man das Gefüge als *Pseudoeutektikum* bezeichnen.

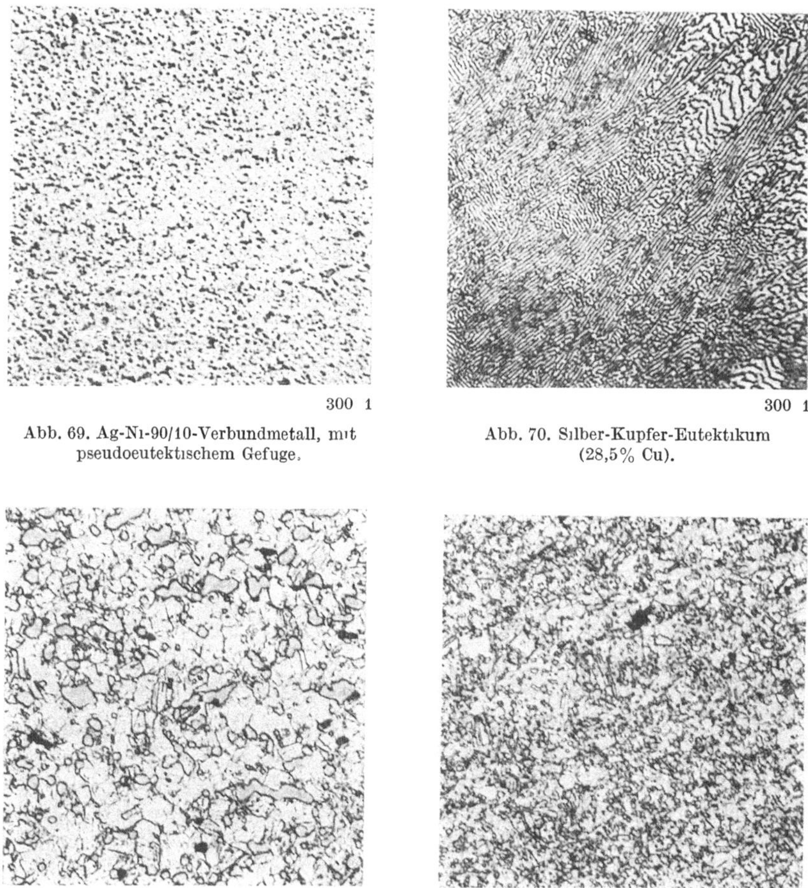

300 : 1

Abb. 69. Ag-Ni-90/10-Verbundmetall, mit pseudoeutektischem Gefüge.

300 : 1

Abb. 70. Silber-Kupfer-Eutektikum (28,5% Cu).

a 300 : 1

b 300 : 1

Abb. 71 a u. b. Gefüge von Ag-Ni 90/10 nach 14stündiger Glühung bei 850 °C in Wasserstoff, a) aus Pulver I, b) aus Fällungsmischpulver II.

Bei Ag-Ni-Verbundmetallen tritt gegenüber geschmolzenem Reinsilber sehr geringes Kornwachstum auf. Die Abb. 71 a und b sowie Abb. 72 a und b zeigen die Korngrößen der Gefüge von Ag-Ni 90/10 und Reinsilber nach 14stündiger Glühung bei 850 °C in Wasserstoffatmosphäre (man beachte

Abb. 72 a u. b. Gefüge von Reinsilber nach 14stündiger Glühung bei 850 °C in Wasserstoff.

die unterschiedliche Vergrößerung!). Der Verfasser hat auch an nachgepreßten Silbersinterkörpern (99,95% Ag) ein ähnlich kleines Kornwachstum wie an Ag-Ni-Sinterkörpern beobachtet. Dieser Befund deutet

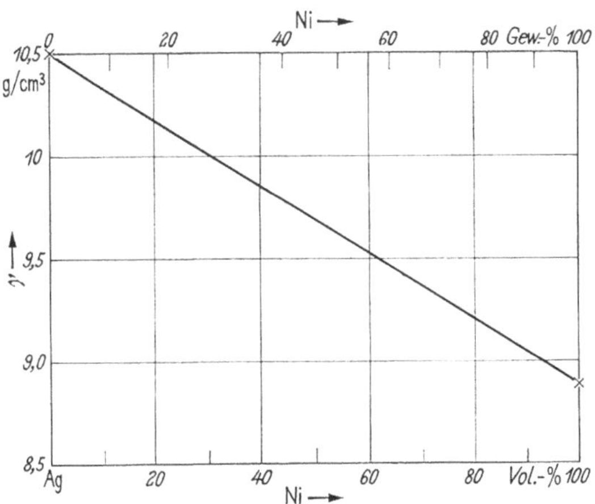

Abb. 73. Dichten von Silber-Nickel-Verbundmetallen.

auf die ausreichende Blockierung durch Fremdschichten an den Korngrenzen hin, die zur Verlangsamung der Kornwachstumsgeschwindigkeit führt. Auf dem Schmelzwege hergestelltes Silber mit geringem Nickelgehalt (< 0,1 %) besitzt gegenuber Reinsilber ebenfalls geringeres Kornwachstum.

9.431.4 Eigenschaften von Silber-Nickel-Kontakten. Die Silber-Nickel-Sinterkörper können wie oben beschrieben durch Walzen oder Ziehen mit uberwiegendem Silbergehalt gut plastisch verformt werden.

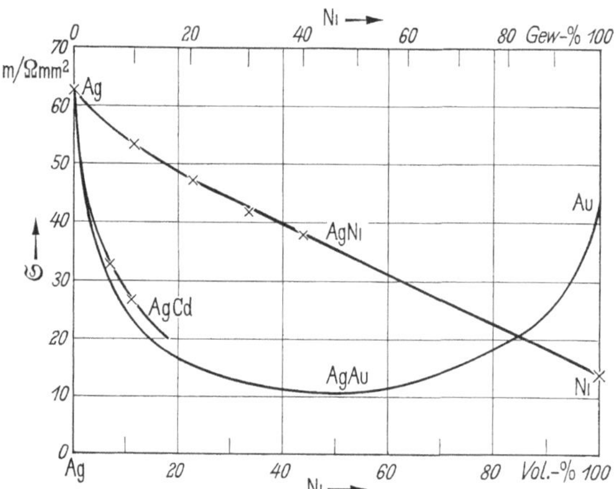

Abb 74. Elektrische Leitfahigkeit von Silber-Nickel-Verbundmetallen im Vergleich zu den Legierungen Silber-Gold und Silber-Kadmium.

Dabei steigt die Dichte auf den theoretischen Wert an. Durch Kaltnachverdichten der Sinterkörper mit 10 Mp/cm² wird ebenfalls praktisch die theoretische Dichte erhalten. Die Dichten der porenfreien Silber-Nickel-Verbundmetalle liegen in Abhängigkeit von der Zusammensetzung in Vol.-% auf einer Geraden (Abb. 73). Eine zweite Teilung der Abszisse

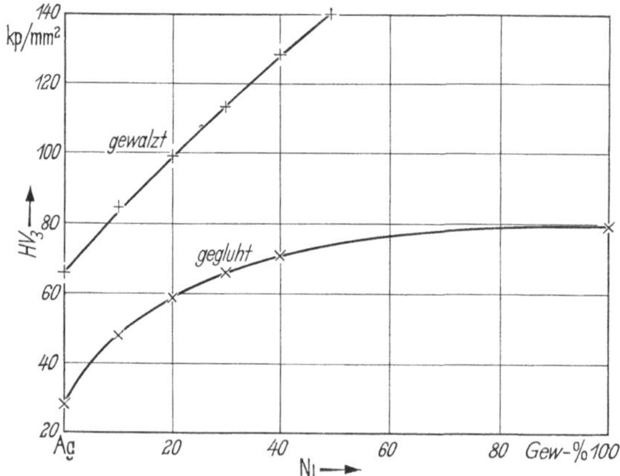

Abb. 75. Harte von Silber-Nickel-Verbundmetallen im gewalzten und gegluhten Zustand.

in Gew.-% gestattet bei bekannter Zusammensetzung die Ermittlung der Dichte. Die elektrische Leitfähigkeit der porenfreien Silber-Nickel-Verbundmetalle ist in Abb. 74 angegeben. Diese hohe Leitfähigkeit ist nur bei ineinander unlöslichen Metallen möglich. Dies ist ein Vorteil der Unlöslichkeit des Nickels im Silber. In der gleichen Abbildung sind für die Zweistoffsysteme mit ineinander löslichen Komponenten, wie Ag-Cu und Ag-Cd, die wesentlich kleineren Leitfähigkeiten eingetragen.

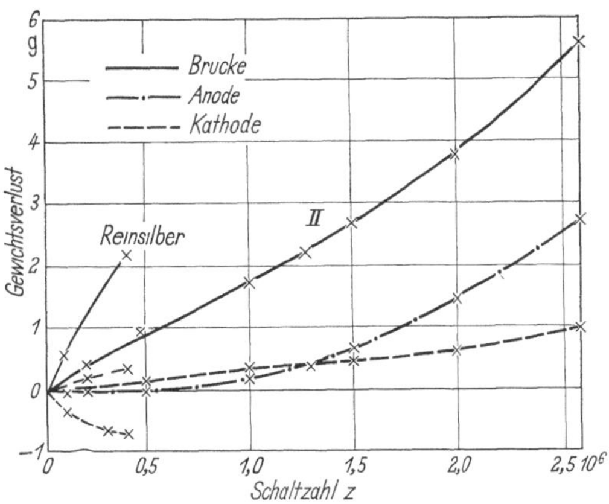

Abb 76 Abbrandkurven von Ag-Ni-90/10-II und Reinsilber, Luftschutz K 916 I–10, Gleichstrom 160/160 A, 440 V.

Jeder Silber-Nickel-Kontakt kann in recht verschiedenen Härtezuständen vorliegen. Eine Kaltverformung wie z.B. durch Walzen, Ziehen, Nachpressen oder Schmieden hat einen Härteanstieg zur Folge, der bei zunehmender Verformung einen Grenzwert erreicht (oberer Grenzwert hart). Beim Glühen oberhalb einer für jedes Metall bekannten Enthärtungstemperatur wird der weiche Zustand erhalten (unterer Grenzwert weich). Dies gilt allgemein für Metalle und natürlich auch für Verbundmetalle. Die Abb. 75 gibt die beiden Grenzen für die Vickershärte bei 3 kp Prüflast an. Innerhalb dieser Grenzen kann die Härte eines Silber-

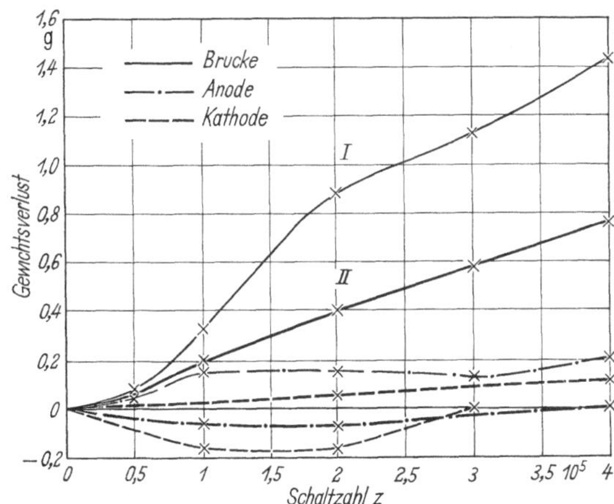

Abb. 77. Abbrandkurven von Ag-Ni-90/10-I und -II, Luftschutz K 916 1–10, Gleichstrom 160/160 A, 440 V.

Nickel-Verbundmetalls vorgegebener Zusammensetzung liegen. Es sei noch erwahnt, daß bei zwei gleichen Hartewerten des gleichen Stoffs, die einmal ausgehend vom oberen Grenzwert „hart" durch Gluhen und zum zweiten vom unteren Grenzwert „weich" her durch Verwalzen eingestellt wurden, sich Gefugeunterschiede und damit Eigenschaftsunterschiede

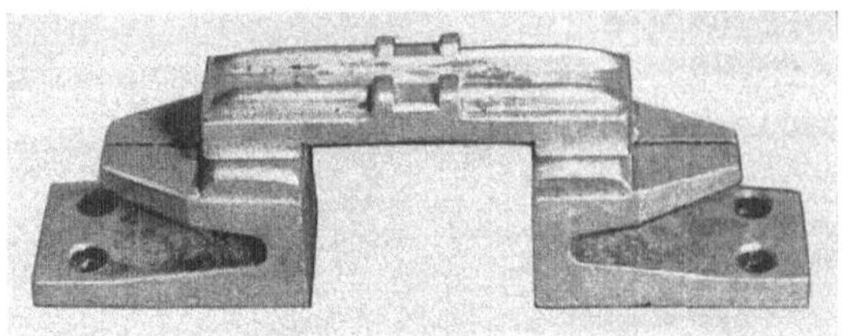

1 1,6

Abb. 78 Schaltstucke des Luftschutzes K 916 I–10.

nachweisen lassen Beim Hartaufloten von kaltnachgepreßten Ag-Ni-Kontakten fallt die Harte ebenfalls ab; durch geringfugige plastische Verformung nach der Lotung kann die Harte des Kontaktes und auch des Trägermetalls wieder erhoht werden.

Abbrandverhalten und Schweißverhalten von Silber-Nickel-Verbundmetall. Nach R. Richter [*17a*] betragt der Abbrand von Ag-Ni-80/20-Kontakten bei normaler Belastung nur 50% des Abbrandes von Reinsilberkontakten. Einige Abbrandergebnisse der beiden beschriebenen Kontaktstoffe Ag-Ni-90/10-I und -II beim Schalten von 160/160 A Gleichstrom, 440 V im Luftschutz K 916 I–10 sind in Abb. 76 und 77 wiedergegeben. Die Kontaktanordnung (Abb. 78) besteht aus der beweglichen

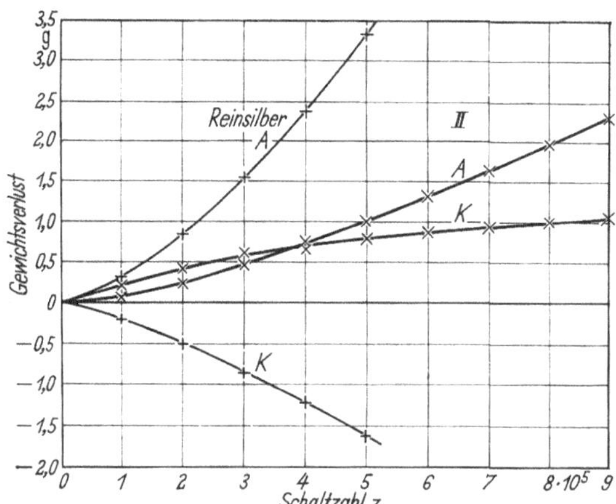

Abb. 79. Abbrandkurven von Ag-Ni-90/10-II und Reinsilber, Doppelnockenschalter K 7672-1, Gleichstrom 200 A, 200 V.

Brucke und den beiden feststehenden Kontakten der Anode und Kathode; die Brucke ergibt eine Doppelunterbrechung. Die Abb. 76 zeigt einen Abbrandvergleich von Ag-Ni-90/10-II zu Reinsilber. Die aus den Kurven ersichtliche Materialwanderung von der Anode zur Kathode bei Reinsilber bildet auf der Kathode einen Berg und auf der

1 1,2

Abb. 80. Schaltstucke des Doppelnockenschalters K 7672-1.

Anode ein dazu passendes Loch. Durch diese Erscheinung wird die Anode fruhzeitig unbrauchbar, obwohl der Gesamtgewichtsverlust von Anode und Kathode zusammen im Verhaltnis zum vorhandenen Kontaktmaterial klein ist. Der Verfasser konnte nachweisen, daß die Materialwanderung und die Art des Kontaktabbrands durch die Nickelteilchengröße im Ag-Ni-Verbundmetall beeinflußt werden kann. Bei Ag-Ni-90/10-II ist der Abbrand viel kleiner als bei Reinsilber (Abb. 76), und der Abbrand der Anode und Kathode ist in etwa gleich groß und in ebener Flache. Beim Ag-Ni-90/10-I mit der großeren Nickelkorngröße (Abb. 77) liegt der Bruckenabbrand zwischen dem bei Reinsilber und bei Silber-Nickel I, wahrend auf der Anode eine größere Material*zunahme* auftritt. Ähnliche Abbrandergebnisse wurden beim Schalten von Gleichstrom, 200 A, 220 V, im Siemens-Doppelnockenschalter der Type K 7672-1 erhalten (Abb. 79). Die in Abb. 80 gezeigten Schaltstucke schalten mit einem Kontaktdruck von 2 kp (Einfachunterbrechung) mit 1800 Schaltungen/h eine Ohmsche Last. Kontakte nach $3 \cdot 10^5$ Schaltungen zeigt Abb. 81. Dabei ist bei Reinsilber der auf der Kathode aufgewachsene Berg und die Mulde in der Anode zu sehen (die beiden Kontakte in Abb. 81 links), wahrend die Ag-Ni-90/10-II-Kontakte nahezu ebene Abbrandflachen besitzen (Abb. 81 rechts). Die zeitliche Änderung der Abbrandsumme aus Anode und Kathode (Abb. 82) nimmt bei Reinsilber stetig zu, wahrend sie bei Ag-Ni 90/10 nahezu konstant bleibt. In Abb. 83 sind die Abbrand-

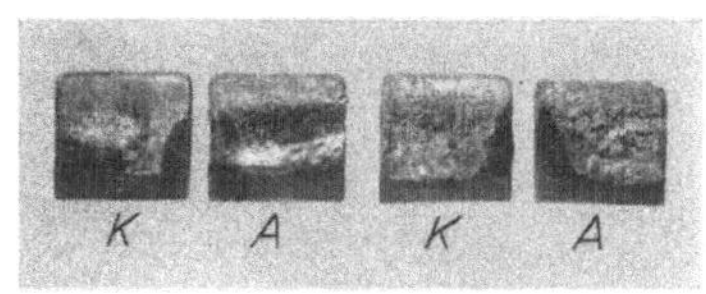

Abb 81. Schaltstucke mit Reinsilberkontaktauflage (links) und Ag-Ni-90-10-II-Kontaktauflage (rechts) nach $3 \cdot 10^5$ Schaltungen.

kurven fur Reinsilber und Ag-Ni 90/10 verschiedener Korngroße dargestellt. Silber zeigt einseitige Materialwanderung von der Anode zur Kathode unter Bildung des in Abb. 83 unten links schematisch dargestellten Kathodenbergs. Silber-Nickel mit gröberem Nickelkorn

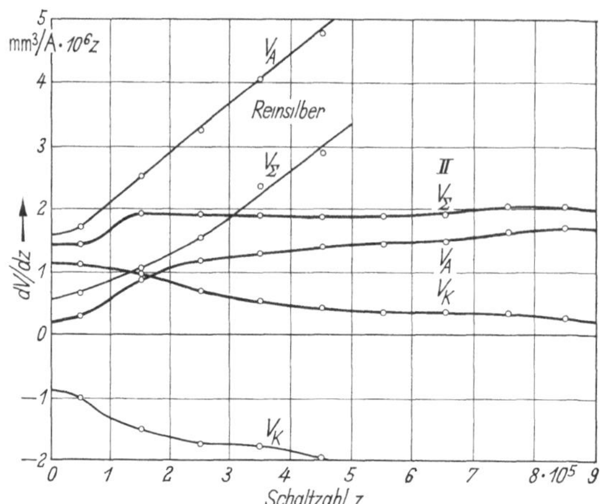

Abb. 82. Abbrandanderung mit der Schaltzahl z; Doppelnockenschalter K 7672-1, Gleichstrom 200 A, 200 V.

(>10 μm bis 300 μm) gibt noch eine Materialwanderung von der Anode zur Kathode, die sich bei noch gröberem Nickelkorn schließlich ahnlich

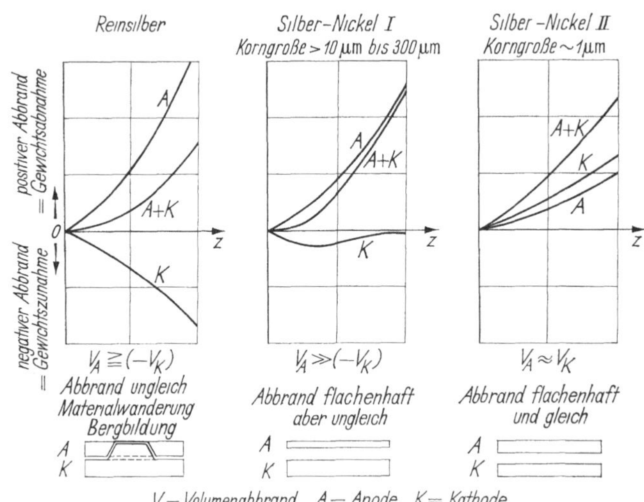

Abb. 83. Schematische Darstellung des Abbrands von Reinsilber und Ag-Ni 90/10 verschiedener Nickelkorngröße, Gleichstrom 200 A, 200 V.

wie bei Reinsilber verhält. Mit abnehmendem Nickelkorn (< 10 μm) zeigt auch die Kathode Gewichtsabnahme, die zunachst kleiner als der Anodenabbrand ist. Bei einer Nickelkorngröße von etwa 1 μm ist der Anoden- und Kathodenabbrand etwa gleich groß, und beide Elektroden zeigen praktisch einen ebenen Abbrand (Abb. 83 unten rechts). Die Nickelkorngröße ist somit beim Schalten von Gleichstrom für den Materialtransport und den Abbrandmechanismus von Einfluß.

Über die technische Physik der Materialwanderung hat R. HOLM [*18*] zwischen der Feinwanderung (Anode zur Kathode) und der Grobwanderung (Kathode zur Anode) unterschieden. Beim Öffnen der Kontakte entsteht im Kontaktgebiet eine flussige Brucke. Findet die Trennung in der Mitte der Brücke statt, so kondensieren etwa gleiche Materialmengen auf der Anode und der Kathode, wahrend von beiden Seiten ein Teil seitlich verdampft. In der Brucke kann jedoch auch eine asymmetrische Temperaturverteilung auftreten, die ein ungleiches Trennen der Brucke und dadurch eine Materialwanderung zur Folge hat. Die Asymmetrie in der Temperaturverteilung kann verschiedene physikalische Ursachen haben, wie den Thomson-Effekt [*18* bis *20*], den Peltier-Effekt [*18, 19*] und den Benedicks-Effekt [*21*] oder den wellenmechanischen Tunneleffekt [*22*]. Nach G. SCHRAG [*23*] können chemische Vorgänge eine hohere Anodentemperatur zur Folge haben, während A. KEIL und W. MERL [*24*] auf Elektrolyseeffekte in der Schmelzbrucke hinwiesen und F. LL. JOHNES [*25*] die bevorzugte Wanderung auf elektrische Doppelschichten zuruckführt, die von der Elektrode weggeschleuderte Schmelztropfchen umgeben. Die Schweißneigung der Silber-Nickel-Kontakte ist gegenuber Reinsilber bei gleicher Stromstärke deutlich geringer. Gegenuber Silber-Kadmiumoxyd stellten A. B. ALTMAN und I. P. MELASCHENKO an Silber-Nickel-Kontakten eine höhere Neigung zum gegenseitigen Verschweißen der Kontakte fest [*26*]; zur Herabsetzung der Schweißneigung haben die Verfasser aufeinander schaltende Kontakte aus verschiedenen Kontaktstoffen wie Ag-Ni/Ag-C, Ag-Ni/Ag-Ni-C oder Ag-Ni-CdO vorgeschlagen [*27*].

Gasgehalt in elektrischen Kontakten. Den Abb. 53, 57, 58 und 61 sind die Bedingungen zu entnehmen, unter welchen Aufblahungen der Sinterkorper durch Gaseinschlüsse auftreten. Durch Nachpressen der aufgeblahten Sinterkorper mit Drucken von etwa 10 Mp/cm^2 können auch die gashaltigen Verbundmetalle praktisch auf den theoretischen Wert verdichtet werden. Ein nachverdichtetes Silber-Nickel-Verbundmetall ist in den physikalischen Eigenschaften von einem nicht gashaltigen Kontakt gleicher Zusammensetzung nicht zu unterscheiden. Eine Prufung würde fur beide Kontakte die gleichen physikalischen Eigenschaften ergeben, und doch unterscheiden sich die beiden Kontakte beim Schalten unter Lichtbogenbildung im Abbrand ganz erheblich. Der Lichtbogenfußpunkt erwarmt das Material ortlich weit uber den Schmelzpunkt, und beim gashaltigen Kontakt werden durch die sich ausdehnenden Gase Kontaktteile explosionsartig weggeschleudert, wodurch ein überdurchschnittlich großer Abbrand entsteht. Der Abbrand kann gegenuber gasfreien Kontakten gleicher Zusammensetzung um einen Faktor 3 bis 10 hoher liegen. Aus der Erkenntnis der Bildung von Gaseinschlüssen bei der Herstellung wurde ein Prufverfahren zum Nachweis der Gaseinschlusse in Kontakten ausgearbeitet. Der Test besteht in einer Gluhung der auf Gasgehalt zu prüfenden Verbundmetalle bei 900 bis 920 °C in Vakuum einem Druck 10^{-3} Torr. Als Glühzeit wurde 1 h gewahlt, obwohl die Aufblahung bereits nach wesentlich kurzerer Zeit auftritt. Die bei der Gluhung auftretende Dichteabnahme wird durch Auftriebswagung vor und nach der Gluhung festgestellt. Abb. 84 zeigt ein von einem Kontakthersteller bezogenes Ag-Ni-Cu-60/35/5-Verbundmetall vor (in Abb. 84 links) und nach dem Gluhtest (in Abb. 84 rechts). Durch Gaseinschlusse wird die Dichte des Verbundmetalls beim Gluhen von 9,71 g/cm³ auf 3,78 g/cm³ vermindert. Gleichzeitig steigt die Porositat von 0,5% auf

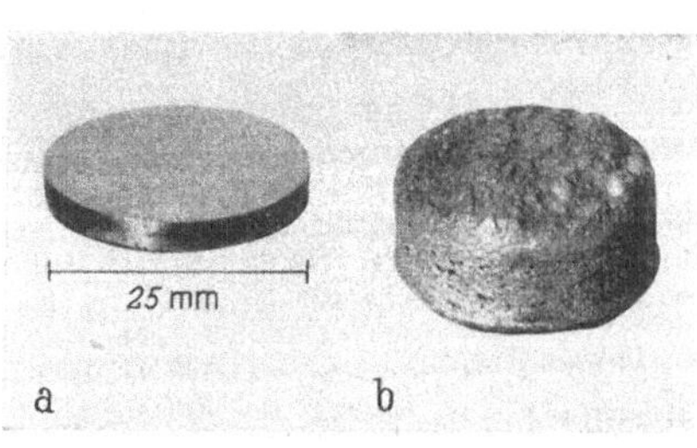

Abb. 84 a u. b. Nachweis von Gasgehalt in gashaltigem Ag-Ni-Cu-60/35/5-Verbundmetall vor und nach dem Vakuumgluhtest bei 900 °C, 1 h, $p = 10^{-3}$ Torr.

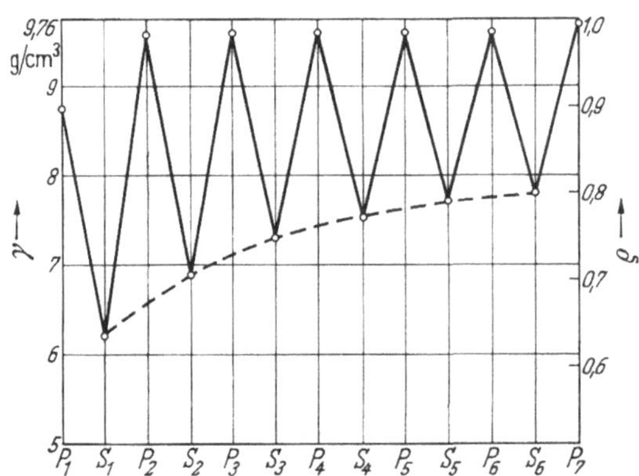

Abb. 85. Dichteanderungen von Ag-Ni 60/40 beim wiederholten Vakuumgluhen und Kaltnachpressen.

61% an. Durch Nachpressen mit 6 bis 10 Mp/cm² laßt sich die Dichte der aufgeblahten Verbundmetallkontakte wieder auf den ursprunglichen Wert erhöhen. Bei nochmaliger Vakuumglühung (Nachsintern) fallt die Dichte wieder ab. In Abb. 85 sind die Änderungen der Dichte und des Raumerfullungsgrades von Ag-Ni-60/40-Kontakten nach mehrmaliger Vakuumgluhung bei 900 bis 920 °C wahrend 1 h in 10^{-3} Torr und darauffolgendem Nachpressen der aufgeblahten Kontakte mit 10 Mp/cm² angegeben. P_1 bedeutet das Pressen der Pulvermischung auf eine Preßdichte von 8,75 g/cm³, S_1 die Sinterung des Preßkorpers bei 900 °C wahrend 1 h im Vakuum, $P = 10^{-3}$ Torr; mit P_2 ist das Nachpressen des Sinterkorpers und mit S_2 die zweite Sinterung, d. h. der erste Vakuumglühtest bei den oben angegebenen Bedingungen bezeichnet. Das Nachpressen und Sintern ist bis zu P_7 und S_6 wiederholt worden und die dabei auftretenden Dichteanderungen in der Abb. 85 eingetragen. Der Dichteabfall wird bei den wiederholten Vakuumgluhungen etwas kleiner; dies ist auf die Gasabgabe der Kontakte wahrend der Gluhungen zurückzuführen. Nach Abb. 85 ist eine ausreichende Entgasung von gashaltigen Kontakten selbst durch eine mehrstündige Vakuumgluhung bei den angegebenen Bedingungen nicht möglich. Es ist verstandlich, daß ein solches Verbundmetall, als Kontaktmaterial eingesetzt, gegenüber einem gasfreien Verbundmetall gleicher Zusammensetzung einen größeren Abbrand aufweist. In Tab. 18 sind die Bedingungen angegeben, die zu praktisch gasfreien Kontakten hoher Sinterdichte fuhren Vorteilhaft erfolgt die Aufheizung auf die Sintertemperatur und die Sinterung in einem Vakuum kleiner als 10^{-3} Torr [*28*]. Auch eine Vorsinterung in Wasserstoffatmosphare mit anschließender Vakuumsinterung fuhrt zu gasarmen Sinterkorpern hoher Dichte [*29*]. Nach diesen Angaben hergestellte Kontakte mit 60% Ag und 40% Ni wurden ebenfalls dem Vakuumgluhtest unterzogen (Abb. 86). Bei der Vakuumgluhung fällt die Dichte von 9,75 auf 9,73 g/cm³ ab; das entspricht einem Dichteabfall von 0,2%. In Abb. 87 ist fur diese Verbundmetallkontakte die der Abb. 85 entsprechende Dichteanderung bei wiederholter Vakuumgluhung und darauffolgendem Nachpressen angegeben.

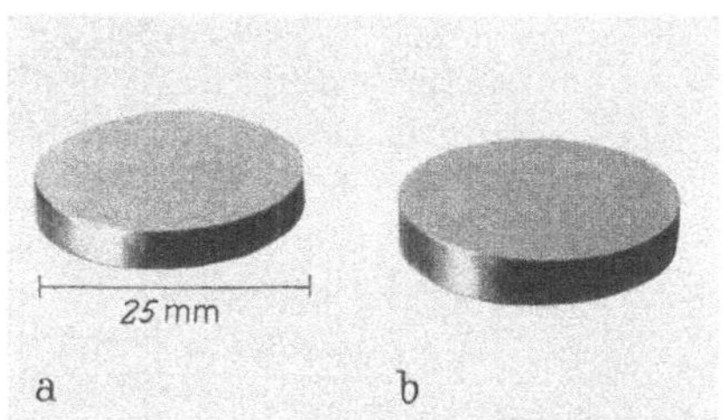

Abb 86 a u. b Nachweis von Gasgehalt in gasarmem Ag-Ni-60/40-Verbundmetall vor und nach dem Gluhtest bei 900 °C, 1 h, $p = 10^{-3}$ Torr.

Mit den praktisch gasfreien Ag-Ni-60/40-Kontakten (Abb. 86) wurden im Lastschalter fur Elektrolokomotiven bei 400 A, 100 V, $16^2/_3$ Hz die in Abb. 88 gezeigten günstigen Abbrandwerte erreicht. Darin sind die Abbrandwerte, bezogen auf je vier zusammengehorige Kontakte $\bar{V}$, sowie die minimalen (V_{min}) und die maximalen (V_{max}) Abbrandeinzelwerte eingetragen. Mit zunehmender Schaltzahl wird die Steuerung der Abbrandwerte (V_{max}) kleiner.

Ein niedriger Gasgehalt der Kontakte ist besonders bei abgeschlossenen Systemen, bei denen die Kontakte in Schutzgas oder in Vakuum arbeiten, von Bedeutung. Unter Schutzgas schaltende Kontakte sind gegen äußere Störungen durch Atmosphärilien und Stäube und damit

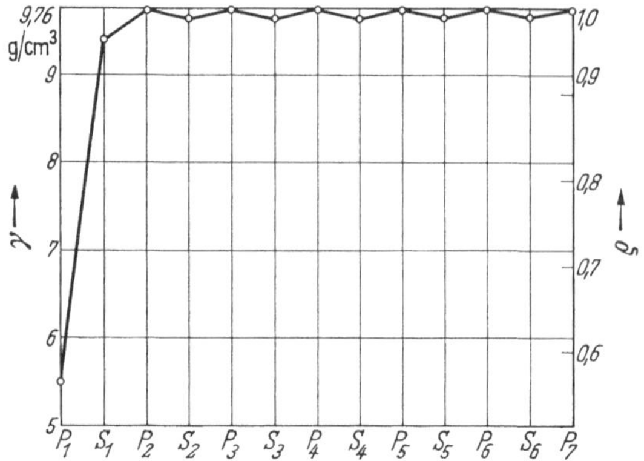

Abb. 87. Dichteänderungen von Ag-Ni 60/40 beim wiederholten Vakuumglühen und Kaltnachpressen.

gegen die Fremdschichtenbildung geschützt. Eine besondere Ausführungsform von Schutzgaskontakten sind die „Dry-Reed"-Kontakte [*30*, *31*]. Die Kontaktstellen bestehen meist aus Molybdän oder aus Edel-

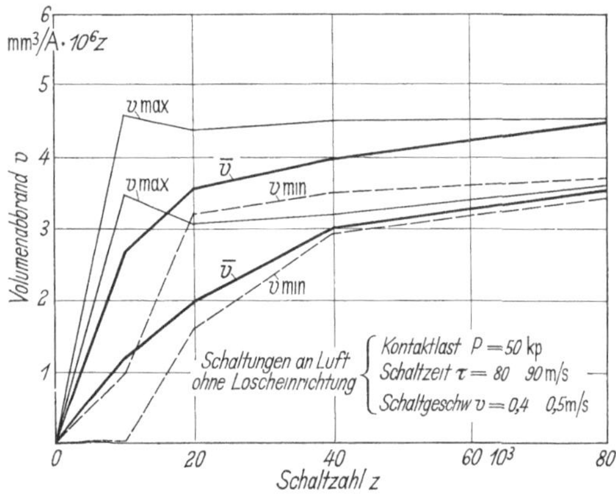

Abb 88. Abbrandkurven von gasfreiem Ag-Ni-Cu 60/35/5 im Lastschalter für Stufenschaltung auf elektrischen Lokomotiven.

metallüberzügen. Die in ein Glasröhrchen eingeschmolzenen Kontakte werden in Fernsprechwegen eingesetzt.

Für Vakuumschalterkontakte ist der Gasgehalt dieser gasarmen Kontakte noch zu hoch. Für die Anwendung im Vakuumschalter darf das

Kontaktmaterial praktisch keine Gase abgeben; dadurch wurde der Gasdruck in der abgeschlossenen Schalterkammer untragbar hoch ansteigen, und die günstigen Schalteigenschaften des Vakuumschalters waren nicht mehr gegeben. Der Summen-Gasgehalt soll kleiner als 1 ppm sein. Fur die Hochstentgasung von gesinterten Kontaktmaterialien kommen niedrige Preßdrucke und Sinterung im Ultrahochvakuum zur Anwendung.

Veranderungen von Silber-Nickel-Verbundmetallen beim Schalten von Gleich- und Wechselstrom Beim Schalten von Gleichstrom 200 A, 220 V durch Ag-Ni-90/10-Kontakte tritt bei einer Nickelkorngroße $> 10\,\mu m$ eine Materialwanderung von der Anode zur Kathode auf (s. S. 125). Der auf

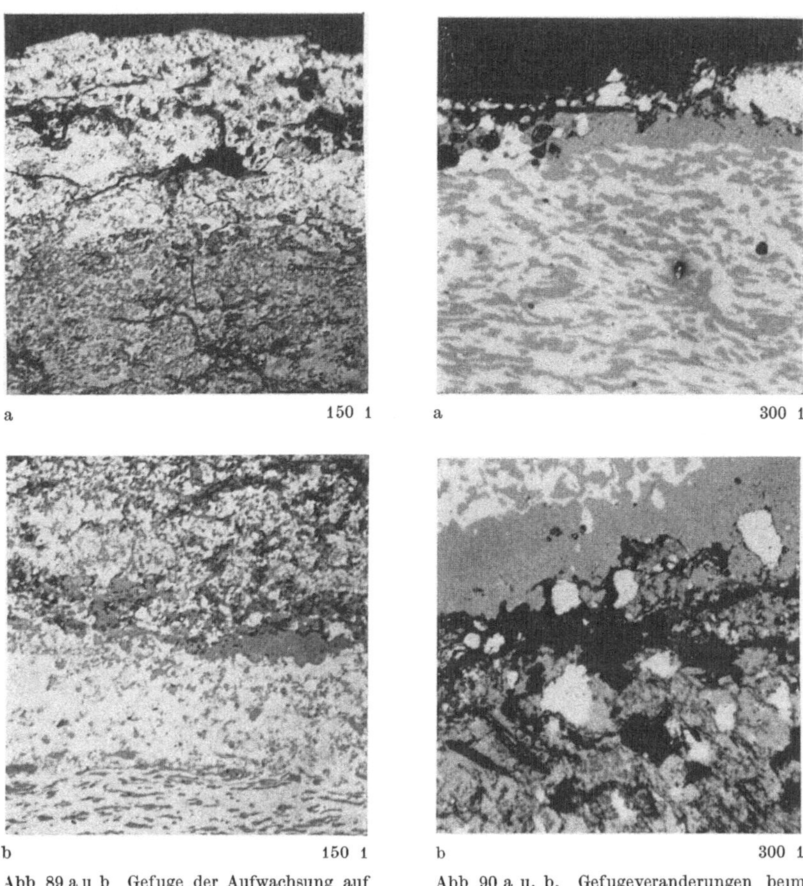

a 150 1 | a 300 1

b 150 1 | b 300 1

Abb 89 a u b Gefuge der Aufwachsung auf dem Ag-Ni-90/10-Verbundmetall nach dem Schalten von Gleichstrom 200 A, 220 V. Schliff senkrecht zur Kontaktoberflache, Phasenkontrast ungeatzt a) Oberteil des Berges mit Kontaktoberflache, b) Unterteil des Berges mit ursprunglichem Kontaktgefuge.

Abb 90 a u. b. Gefugeveranderungen beim Schalten eines Ag-Ni-60/40-Verbundmetalles (400 A, 1000 V, $16^2/_3$ Hz). a) Schliff senkrecht zur Kontaktebene, b) Schliff parallel zur Kontaktebene.

der Kathode aufwachsende Berg hat eine Gefügeanderung zur Folge. In der Abb. 89a und b ist ein Schliff senkrecht zur Kontaktflache der Kathode wiedergegeben. In der Abb. 89b unten ist das ursprungliche Gefüge des Silber-Nickel-Verbundmetalls zu sehen. Das auf der Kathode aufwachsende Material zeigt ein vollig anderes Gefuge als das ursprungliche Kontaktmaterial. Die Abb. 89 a und b zeigen den aufgewachsenen Berg, Höhe 1 mm bis zur neu gebildeten Kontaktoberflache (Abb. 89a); der zwischen den beiden Abbildungen liegende 0,4 mm breite Bereich (im Maßstab der Abbildung 60 mm) ist nicht gezeigt, da er das gleiche Gefuge hat wie der obere Teil der Abb. 89 b. Das Nikkel ist in dem aufgewachsenen Berg zum größten Teil mit wesentlich feinerer Korngroße (etwa 1 μm) als im ursprünglichen Kontakt vorhanden. Einige Nickelbereiche entstehen mit etwa 100 μm Größe durch Zusammenlagern vieler Nickelteilchen des ursprünglichen Kontakts. In der aufgewachsenen Schicht liegt das Nickel teilweise metallisch, teilweise als Nickeloxyd vor. In der Abb. 89 erscheinen die Nickelbereiche grau und die Oxydbereiche schwarz. Das Nickel wird bereits bei Temperaturen zwischen 400 und 500 °C an der Luft merklich oxydiert. Beim Schalten unter Lichtbogenbildung an der Luft ist die Oxydation des unedlen Kontaktbestandteils Nickel zu erwarten. Nach Bildung des Kathodenbergs mit vom Grundmaterial vollig verschiedenem Gefuge und verschiedener Zusammensetzung hat fur den weiteren Abbrand nur mehr fur das Ausgangsgefuge der Anode Einfluß.

Abb. 91. Schaltstucke des Lastschalters fur Stufenschaltung auf elektrischen Lokomotiven mit Ag-Ni-60/40-Verbundsmetall-Kontakten geschaltet. Kontaktdurchmesser = 3,8 cm.

Die Abb. 90a und 90b zeigen einige typische Veranderungen von Ag-Ni-60/40-Verbundmetall beim Schalten von Wechselstrom 400 A,

1000 V, $16^2/_3$ Hz im Lastschalter für Elektrolokomotiven. Die Versuche wurden im Transformatorenwerk Nurnberg der Siemens-Schuckertwerke ausgefuhrt. Die Schaltungen im Lastschalter erfolgen an der Luft ohne zusatzliche Lichtbogenloscheinrichtung. Ein Kontaktsatz ist in der Abb. 91 gezeigt. Der Kontaktdruck betragt 50 kp bei uberwiegend ohmscher Belastung. Die Schaltzeit beträgt 50 ms, die Schaltgeschwindigkeit 0,5 m/s. Sowohl im Schliff senkrecht (Abb. 90a) als auch im Schliff parallel zur Kontaktebene (Abb. 90b) zeigt sich eine Vergrößerung der Nickelteilchen auf ein Vielfaches der Nickelkörner im ursprünglichen Kontaktgefuge. Modellversuche haben ergeben, daß dieses Kornwachstum der im Silber in feiner und gleichmaßiger Verteilung eingelagerten Nickelteilchen erst oberhalb des Silberschmelzpunkts einsetzt. Es treten somit beim Schalten geschmolzene Oberflachenbereiche auf, die auch an der Kontaktoberflache nachgewiesen werden konnen. Wie bei den beschriebenen Gleichstromschaltversuchen wird auch beim Schalten von Wechselstrom unter den angegebenen Bedingungen Nickel an der Oberflachenschicht oxydiert. Die Nickeloxydbereiche erscheinen in den Abb. 90a und 90b schwarz und sind von dem hellen Silber und von dem grauen Nickel gut zu unterscheiden. Bei dem großen Kontaktdruck fuhren die Nickeloxydschichten zu keinem untragbar hohen Kontaktubergangswiderstand. Mit zunehmender Schaltzahl bei der hohen elektrischen Belastung bilden sich schließlich netzartige Risse im Kontaktstoff; diese Erscheinung bedingt die Lebensdauer der Kontakte. Kontakte mit zwar gleicher chemischer Zusammensetzung, jedoch unterschiedlichen Gefügen ergeben in den Verschleißerscheinungen und dem Abbrand große Unterschiede. Insbesondere der Gasgehalt, auf den bereits hingewiesen wurde (S. 127), brachte einen um den Faktor 10 großeren Abbrand von 40 mm^3/ $A \cdot 10^6$ z, der bei gasfreiem Ag-Ni-60/40-Verbundmetall nur 4 mm^3/ $A \cdot 10^6$ z betrug. Auch an dieser Stelle wird der Gefugeeinfluß auf die Kontakteigenschaften betont.

Die oben beschriebenen Gefugeanderungen wurden auch beim Schalten von Silber-Nickel-Verbundmetallen im Temperaturregelschalter von Bugeleisen unter ganz anderen Schaltbedingungen (5 A, 220 V, 50 Hz) gefunden. Dabei betragt die Kontaktkraft etwa 5 p. Erschwerend ist die Umgebungstemperatur, die je nach Temperatureinstellung bis 220 °C ansteigt. Fur Silber entspricht diese Temperatur einem α-Wert von 0,4. Nach G. F. Huttig (s. S. 77) ist in diesem Temperaturbereich bereits der Materietransport durch Gitterdiffusion dominierend. Die auf 220 °C erwarmten geschlossenen Kontakte stellen somit ein Modell fur die Bruckenbildung beim Sintervorgang dar, wobei die beiden Kontakte zwei sich beruhrende Pulverteilchen darstellen. Diese bei den Kontakten unerwunschte Bruckenbildung beruht auf den bereits beschriebenen physikalischen Effekten (S. 75); sie wird durch die Temperaturerhöhung als

Folge des uber die Kontakte fließenden Stroms noch begünstigt. Die beherrschende Potential-Temperatur-Beziehung im Stromgebiet wurde für den stationaren Zustand vom Verfasser und F. WENDLER [30] angegeben. Bei 220 °C liegt die Festigkeit der nach 10 h auftretenden Brucke ohne Stromerwarmung < 5 p, und die verfugbare Öffnungskraft (5 bis 60 p) kann diese Brucken aufreißen.

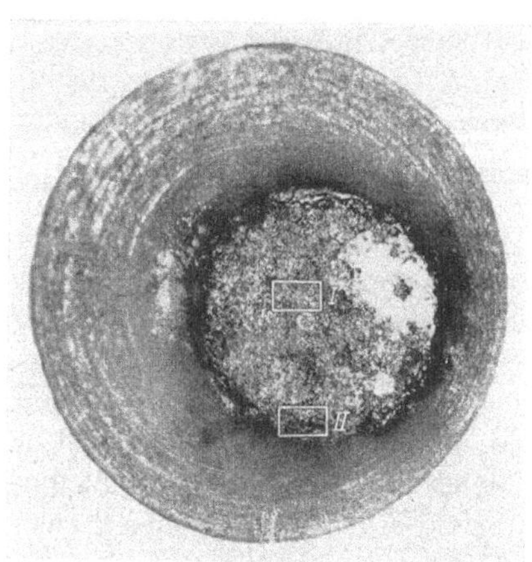

10 : 1

Abb. 92. Kontaktoberflache des geschalteten Ag-Ni-90/10-Verbundmetall-Kontaktes.

Der geschaltete Ag-Ni-90/10-Kontakt (Abb. 92) zeigt im Innenbereich I (Abb. 93) eine beim Schalten zeitweise ortlich schmelzflussig gewesene Oberflache. Die dunklen Bereiche in Abb. 93 sind Vertiefungen, wahrend die Berge bei der Schragbeleuchtung hell erscheinen (Rauhigkeit maximal 34 μm, im Mittel 15 μm). Der in Abb. 92 mit II bezeichnete dunkel erscheinende Außenring der geschalteten Kontaktflache bildet einen Wulst aus kugelformig erschmolzenen Metallteilchen; dieser Bereich ist in Abb. 94 vergroßert gezeigt. Die Innenbereiche I, Abb. 95 und 96, zeigen bei größerer Vergrößerung im Elektronenmikroskop die Aufschmelzungen und Abrundungen der Kontaktoberflache mit der Ober-

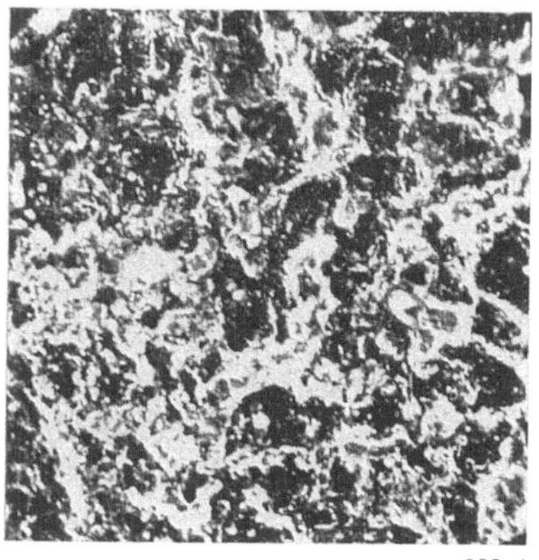

200 : 1

Abb 93 Ausschnitt I aus Abb. 92, Innenbereich der geschalteten Ag-Ni-90/10-Kontaktflache.

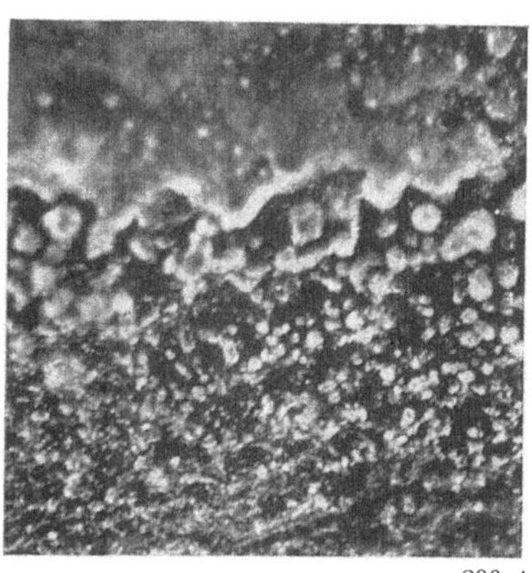

200 : 1

Abb. 94. Ausschnitt II aus Abb 92, Randbereich der geschalteten Ag-Ni-90/10-Kontaktflache.

flachenrauhigkeit und einer Kornigkeit noch deutlicher. Die elektronenmikroskopischen Aufnahmen wurden von H. KIMMEL im Forschungslaboratorium der Siemens-Schuckertwerke hergestellt. Die Triafolgelatineabdrucke wurden zur Kontraststeigerung mit SiO unter 45 °C

1300 1

Abb 95 Ausschnitt aus Abb. 92, Innenbereich der geschalteten Ag-Ni-90/10-Kontaktflache

6600 1

Abb. 96 Ausschnitt aus Abb. 92, Innenbereich der geschalteten Ag-Ni-90/10-Kontaktflache.

bedampft. In der polierten geschalteten Kontaktoberflache (Abb. 97) und im Querschliff (Abb. 98) sind Nickeloxydbereiche und Nickelanreicherungen sichtbar. Die Abb. 98 zeigt außerdem eine 60 μm starke Silberaufwachsung, in der schwarze Nickeloxydteilchen eingelagert sind. Die gleiche Materialwanderung, die in Abb. 99a und 99b an einem anderen Ag-Ni-90/10-Kontaktpaar gezeigt ist, kann auf einen thermischen

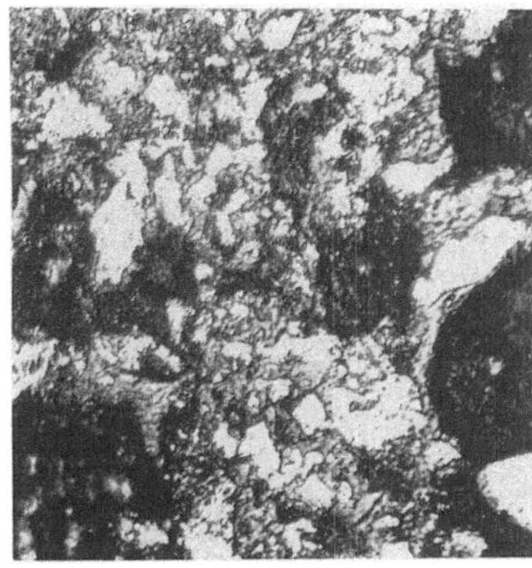

300 1

Abb 97. Kontaktflache des geschalteten Ag-Ni-90/10-Verbundmetalles teilweise poliert, ungeatzt.

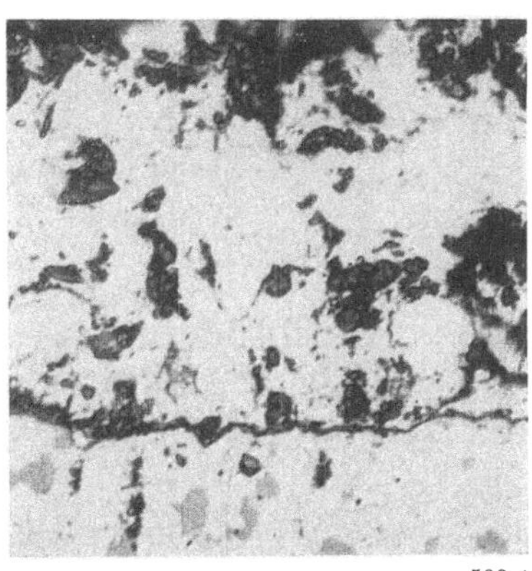

500 1

Abb. 98 Querschliff zur Kontaktflache des geschalteten Ag-Ni-90/10-Verbundmetalles, Randzone.

Effekt zuruckgefuhrt werden. Da Wechselstrom geschaltet wurde, hat die Stromrichtung keinen Einfluß. Die Wanderungsrichtung geht von dem der Heizung zugekehrten, etwas warmeren Kontakt zu dem daruber

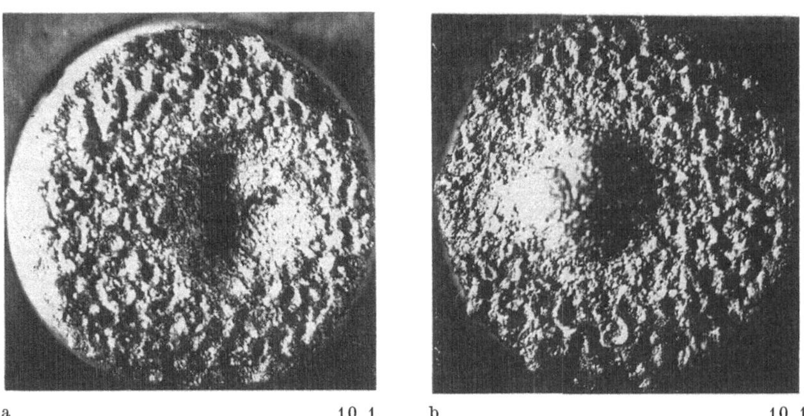

a 10 1 b 10 1

Abb 99 a u b Im Temperaturregelschalter fur Bugeleısen geschaltetes Ag-Nı-90/10-Verbundmetall, a) unterer Kontakt (Tal), b) oberer Kontakt (Berg).

liegenden kalteren Kontakt. Die Querschliffe durch das Tal (Abb. 100) lassen eine etwa 80 μm starke Schicht erkennen, die fast zur Ganze aus Silber besteht und nur vereinzelt Nickeloxydteilchen eingelagert enthalt. An der Grenzflache zum ursprunglichen Gefuge sind dıe Nickelteilchen an ihrer Oberflache oxydiert (Abb. 101). Im Querschliff durch den Berg (Abb. 102 und 103) sind Nickeloxydeinlagerungen nachweisbar. Wie beim Gegenkontakt ist an der Grenzflache zum ursprünglichen Silber-Nickel-

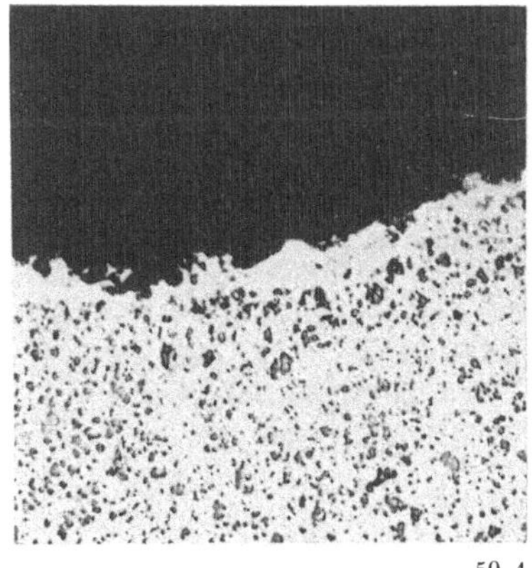

50 1

Abb. 100. Querschlıff zur Kontaktflache, durch das Tal ın Abb. 99 a.

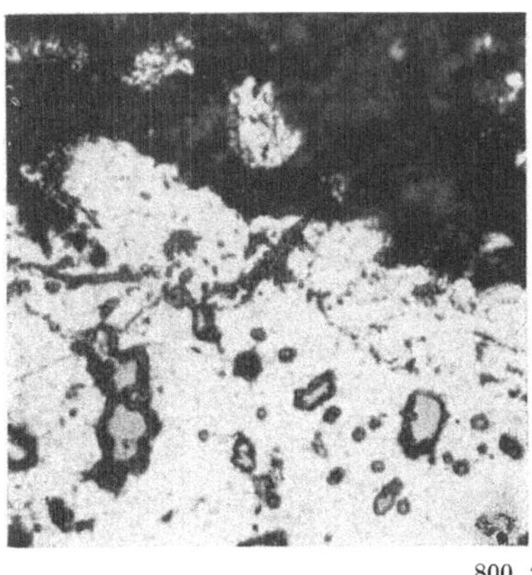

800 1

Abb. 101. Ausschnıtt aus Abb. 99 a, Talgebıet mıt Oberflache.

Gefuge eine innere Oxydation der Nickelteilchen, teilweise nur an der Oberflache der Nickelteilchen nachweisbar (Abb. 102). Da die Mindesttemperatur zur Nickeloxydation 500 °C betragt, kann aus den Verande-

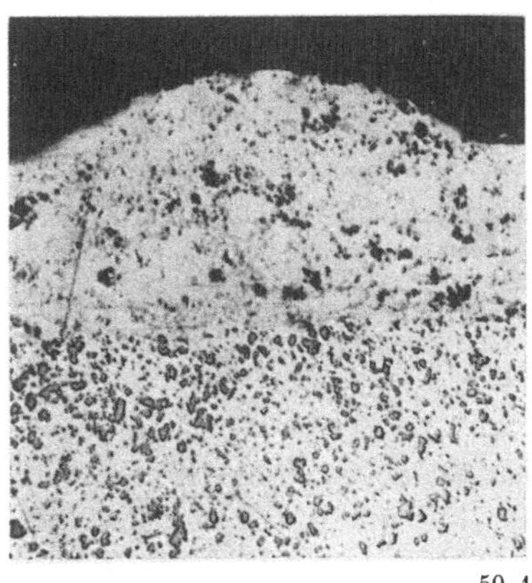

50 : 1

Abb 102 Querschliff zur Kontaktflache, durch den Berg in Abb. 99 b.

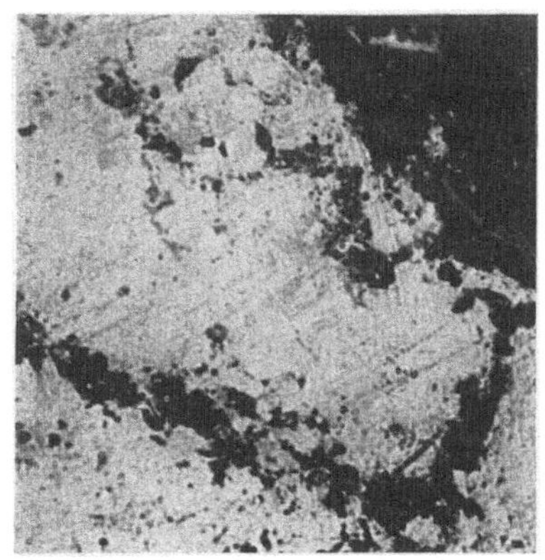

300 : 1

Abb. 103. Ausschnitt aus Abb 99 b, Berggebiet mit Teil der Oberflache.

rungen die beim Schalten mindestens aufgetretene Temperatur in den Schichten unter der Kontaktoberfläche angegeben werden.

Beim Schalten von Ag-Ni-60/40-Verbundmetall im Bugeleisentemperaturregler wurden die gleichen Gefugeveranderungen wie bei Ag-Ni 90/10 beobachtet. Die Nickelanreicherungen und die Bildung von Nickeloxydbereichen (Abb. 104) sind außerdem sehr ahnlich wie die Veranderungen der im Lastschalter geschalteten Kontakte (s. Abb. 90 a u. b). Die Nickeloxydschichten erhöhen den Ubergangswiderstand.

Mit einer Meßsonde (Gegenkontakt) aus Reinsilber kann der Kontaktwiderstand an den einzelnen Oberflachenbereichen nach der Spannungsabfallmethode gemessen werden Dabei wurden der spitze Gegenkontakt mit 5 p Kontaktlast aufgesetzt, Gleichspannung angelegt, der Meßstrom eingeregelt und der Spannungsabfall zwischen den beiden Elektroden gemessen. Damit sind Gefugeunterschiede wie Silber- und Nickelanreicherungen, Nickel-

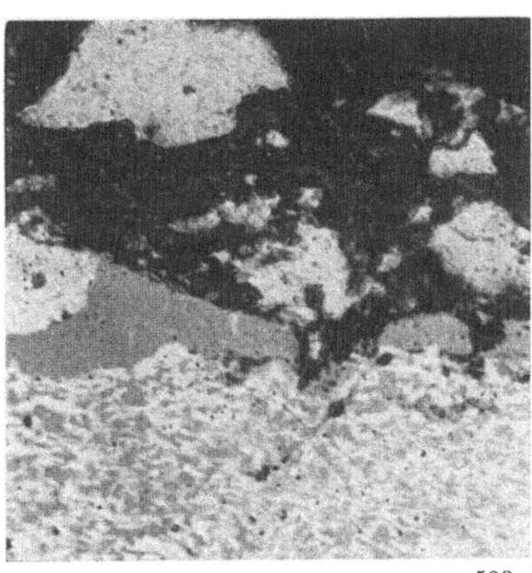

500 : 1

Abb. 104. Im Temperaturregelschalter fur Bugeleisen geschaltetes Ag-Ni-60/40-Verbundmetall, Schliff senkrecht zur Kontaktoberflache, ungeatzt.

oxydschichten sowie Fremdschichten feststellbar. Aus einer größeren Anzahl von Meßwerten uber die gesamte geschaltete Flache werden die Minimal-, Mittel- und Maximalwerte des Kontaktwiderstands angegeben. Einige Meßwerte sind in Tab. 19 zusammengestellt.

Tabelle 19

Material	Zustand	$R/\text{m}\Omega$		
		Minimalwert	Mittelwert	Maximalwert
Ag-Ni 90/10	neu	2	16	50
	geschaltet	16	240	2100
Ag-Ni 60/40	neu	2	28	84
	geschaltet	1300	7200	20000

9.431.5 Herstellungsverfahren für Kontakte aus Silber-Nickel-Verbundmetallen. Die hohe Duktilitat des Silber-Nickel-Verbundmetalls gestattet Sinterkorper kalt oder warm zu verformen, z.B. durch Walzen, Draht- oder Profilziehen (s. S. 204, 205). Aus den Walzbändern werden Kontakte ausgestanzt. Aus dem Draht werden Niete gehammert. Die beim Walzen und Drahtziehen entstandenen Richtgefuge sind in den Abb. 63 bis 65 dargestellt. Beim Hämmern oder Fließpressen eines Nietkopfs aus dem Draht werden die im Silber eingelagerten Nickelteilchen erneut verformt. Die Abb 105 zeigt ein solches Verformungsgefuge eines Ag-Ni-90/10-Niets im Axialschnitt. Die unterschiedlichen Verformungsbereiche und die Art der Nickeleinlagerungen an den verschiedenen Stellen des Nietkopfs und des Schafts (Verformungstextur) sind in der Abb. 105 deutlich sichtbar. Großere Kontakte werden meist als Fertigformteile gepreßt, gesintert und kalt nachgepreßt. Die Duktilitat nimmt mit steigendem Nickelgehalt ab. In letzter Zeit werden auch kleine Silber-Nickel-Kontakte als Fertigformteile gesintert. In Abschn. 10 sind die Vorteile der reinen pulvermetallurgischen Herstellung von Fertigformkontakten den kombinierten Verfahren wie Stanzen der Kontakte aus Walzbandern, Nietherstellung aus den zum Draht verformten Sinterkorpern gegenubergestellt. Es sind teils technische Vorteile (Gefuge) teils wirtschaftliche Vorteile, die zu den gesinterten Fertigformkontakten aus Silber-Nickel tendieren lassen.

Silber-Nickel laßt sich ohne weiteres plattieren. Die Aufbringung auf Tragermetalle erfolgt durch Nieten, Hartlöten, Plattieren oder Schweißen (s. Abschn. 12).

9.431.6 Anwendungen von Ag-Ni-Kontakten. Silber-Nickel-Verbundmetalle werden als Kontakte mit 5 bis 40%, hauptsächlich mit 10, 20 und 40% Ni eingesetzt. Durch den Nickelzusatz erhält das Reinsilber für verschiedene Anwendungen vorteilhafte Kontakteigenschaften, auf die bei den folgenden Anwendungsbeispielen hingewiesen wird. Neben der Zusammensetzung ist das Gefuge, besonders Form, Größe und Verteilung der Nickeleinlagerungen im Silber, von Einfluß.

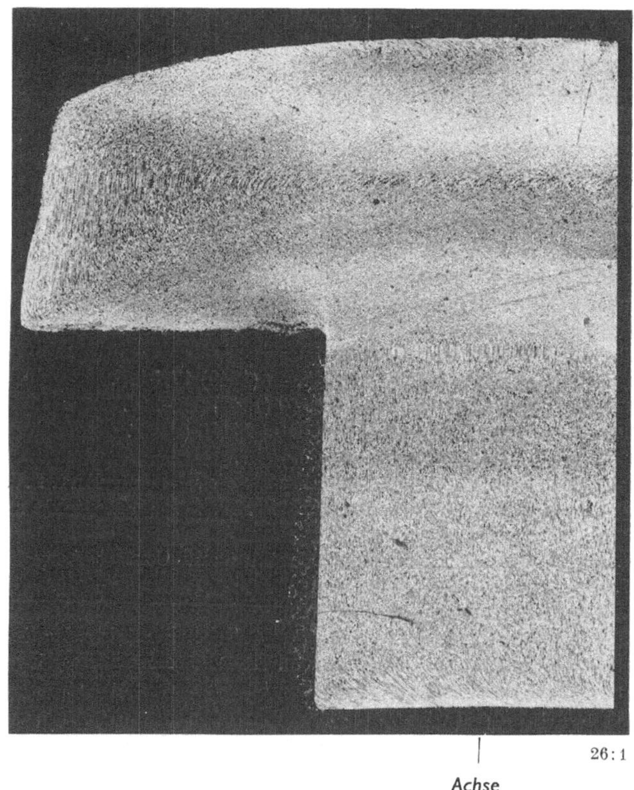

Abb. 105. Gefuge eines Ag-Ni-90/10-Nietes, Axialschnitt

Wegen der geringeren Materialwanderung im Vergleich zu Reinsilber findet Silber-Nickel fur das Schalten von Gleichstrom an Luft Verwendung. Für Wechselstromschalter und kleine, mittlere und große Luftschutze an Luft wird es dem Reinsilber wegen des kleineren Abbrands vorgezogen. Dabei sind auch die gegenuber Reinsilber schlechter leitenden Niederschlage des verdampften Kontaktmaterials an den Schalterinnenwanden von Interesse. Durch die Nickeloxydanteile im Silberkondensat werden Überschlage im Vergleich zum Reinsilber erschwert. Auch fur Straßenbahnfahrschalter brachte Silber-Nickel gute Ergebnisse Mit höherem Nickelgehalt (bis 40%) wird Silber-Nickel fur die Hauptkontakte im Lastschalter elektrischer Lokomotiven sowohl fur $16^2/_3$ Hz als auch 50 Hz mit Erfolg verwendet. Eine weitere Anwendung des Silber-Nickel-Verbundmetalls sind die Kontakte fur Temperaturregelschalter von Haushaltgeraten.

Literatur zu 9.431

[1] Hansen, M., u. K. Anderko: Constitution of Binary Alloys, New York: McGraw Hill 1958, S. 36.

[2] Frohlich, K. W · Z. Metallkde. 38 (1947) 29.

[3] Comstock, G. J.: Metal Progr. 35 (1939) 576–581.

[4] Brooker, H. R.: Elec. Rev., London 130 (1942) 651–652.

[5] Frohlich, K. W.: Metallforschg. 2 (1947) 29–30.

[6] Schreiner, H.: Z. Metallkde. 48 (1957) 186.

[6a] Matsukawa, T.: Jap. Pat. 4204 (1956).

[7] Kikuchi, R.: Sci. Rep. Thohoku Univ. 26 (1937) 91–102.

[8] Kieffer, R., u. W. Hotop: Kolloid-Z. 104 (1943) 213–215.

[9] Kieffer, R., u. W. Hotop: Pulvermetallurgie und Sinterwerkstoffe, Berlin: Springer 1943, S. 164; [9a] S 85, 95 u. 97.

[10] Hensel, F. R., u. E. I. Larsen: Transaction Instr. Mining Met. Engrs. 161 (1945) 569–579.

[11] Raub, E., u. W. Plate: Z. Metallkde. 40 (1949) 171–175.

[12] Raub, E., u. W. Plate: Z. Metallkde. 40 (1949) 206–214.

[13] Palme, R.: Metall 6 (1952) 369–371, DP 825168 (1950).

[14] Schreiner, H.: Z. Metallkde. 48 (1957) 187.

[15] *Degussa*, Hanau: Liste K 110, Kontakte fur die Elektrotechnik, S. 7.

[16] *Durrwachter, E.*, Pforzheim: Firmenschrift, Elektrische Kontakte aus Sinterwerkstoffen, 5. 12. 1956, 5000, S. 16.

[17] *P. R. Mallory & Co.*, Indianapolis: Contacts and Contact Assemblies 1954, S. 27.

[17a] Richter, R : ETZ B 11 (1959) 38–40.

[18] Holm, R.: Die technische Physik der elektrischen Kontakte, Berlin: Springer 1941, S. 274ff. und Electrical Contacts, Handbook Berlin/Gottingen/Heidelberg: Springer 1958, S. 358ff.

[19] Paetow, H.: ETZ 70 (1949) 227.

[20] Dietrich, I., u. E. Ruchardt: Z. angew. Phys. 1 (1948) 1.

[21] Burstyn, W.: Elektrische Kontakte und Schaltvorgange, Berlin/Gottingen/Heidelberg: Springer 1950, S. 85.

[22] Justi, E., u. H. Schultz: Abh. Braunschw. Wiss. Ges. 1 (1949) 89.

[23] Schrag, G.: Z. Metallkde. 38 (1947) 25. – Schrag, G., u. H. Steinert: Z. Metallkde. 42 (1951) 24 und Schrag, G., u. H. Toberer: Z. Metallkde. 42 (1951) 243.

[24] Keil, A., u. W. Merl: Z. Metallkde. 48 (1957) 16.

[25] Johnes, F. Ll.: Physics of El. Contacts, Oxford: Clarendon Press 1957.

[26] Schreiner, H., u. F. Wendler: Z. angew. Phys. 13 (1961) 117–120.

[26a] Altmann, A. B , u I P. Melaschenko: Elektrischestwo 75 (1955) 42–47.

[27] Altmann, A B , u. I P. Melaschenko: Pulvermetallurgische Silber-Nickel-Kontakte fur elektrische Apparate. Elektricheskije Kontakty. Trudy Sowestschanija (1.–6. 6 1959) Gosenergoisdat, Moskau/Leningrad 1960, S. 302.

[28] Schreiner, H : Siemens-Schuckertwerke A.G., Ö.P. 198.536 (1958).

[29] Schreiner, H : Siemens-Schuckertwerke A.G., DBP 1106965 (1961); Ö.P. 200 350 (1958).

[30] Hovgaard, O. M , u. G E Perrault: Bell. techn. J. 34 (1955) 309.

[31] Wolak, K : Siemens-Z. 32 (1958) 845.

9.432 Kupfer-Blei

9.432.1 Allgemeines. Im System Kupfer-Blei (Abb. 106) liegt oberhalb 326 °C als flussige Phase praktisch reines Blei vor. Bis 954 °C nimmt die Löslichkeit des Kupfers im Blei bis 13 Gew.-% zu [*1, 1a*]. Bei Cu-Pb-Mischungen mit uber 36 Gew-.% Pb liegen zwei Schmelzen nebeneinander

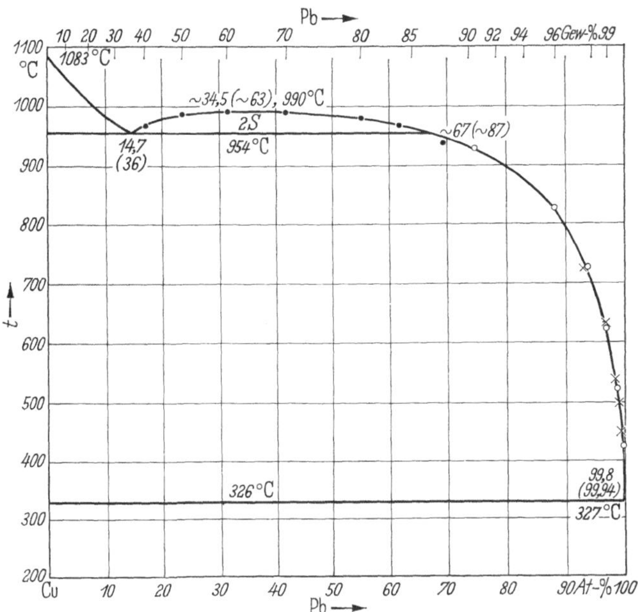

Abb. 106. Zustandsbild Kupfer-Blei (nach HANSEN-ANDERKO [*1*]).

vor. Gesintertes Cu-Pb mit 30 bis 70% Pb wurde als Lagermetall verwendet [*2*]. Der Verfasser hat Cu-Pb-Verbundmetalle mit Gehalten bis 20% Pb als elektrische Kontakte eingefuhrt [*3, 4*].

9.432.2 Herstellungsverfahren. Nach dem Schmelzverfahren wird infolge Ausseigerungen keine gleichmaßige Bleiverteilung erzielt; die Kupferkristalle sind dabei im Blei eingelagert (Einlagerungsverbundmetall mit Kupfer als eingelagerter Komponente). Durch Pressen und Sintern einer Cu-Pb-Pulvermischung gelingt es, das Blei in gleichmaßiger Verteilung im Kupfer einzulagern und bei feiner Teilchengröße der Ausgangspulver eine feine Verteilung zu erzielen (Einlagerungsverbundmetall mit Pb als eingelagerter Komponente).

9.432.3 Eigenschaften gesinterter Kupfer-Blei-Verbundmetalle. In Abb. 107a und b ist das Gefuge des Schmelzwerkstoffs Cu-Pb 90/10 dem Gefuge des gleich zusammengesetzten Sinterwerkstoffs gegenübergestellt.

Die dunkle Bleiphase umhullt beim Schmelzwerkstoff die hellen Kupferkristallite (Abb. 107 a links), wahrend sie beim Sinterwerkstoff im Kupfer eingelagert ist (Abb. 107 b rechts). Besonders deutlich ist der unterschiedliche Aufbau am Bruchgefuge zu sehen. Die Bruchflache des

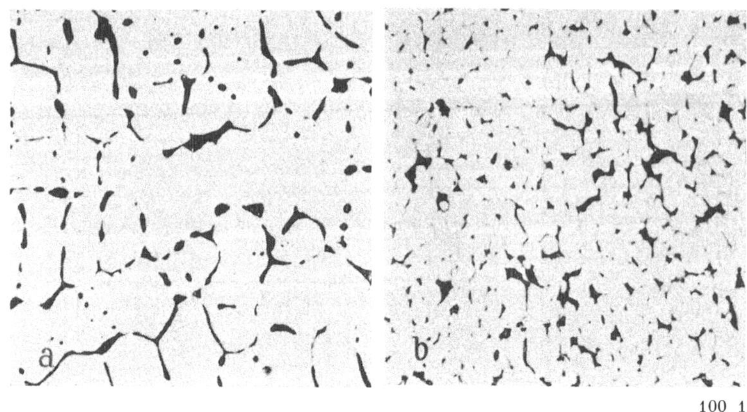

100 1

Abb. 107 a u. b. Gefuge von Cu-Pb 90/10 als a) Schmelz- und b) Sinterwerkstoff.

Schmelzwerkstoffs verläuft im Blei und sieht grau aus, wahrend die Bruchflache beim Sinterwerkstoff im Kupfer erfolgt und der Bruch Kupferfarbe zeigt. Fur die Herstellung des Sinterwerkstoffs wurde Elektrolysekupferpulver der Korngroße $< 60\ \mu m$ und aus der Schmelze durch Druckverdusung hergestelltes Bleipulver der Korngröße $< 60\ \mu m$ verwendet. Die innige Mischung wurde mit 1 Mp/cm² verpreßt und der Preßkorper bei 800 °C wahrend 1 h in Wasserstoff gesintert. Wahrend der Sinterung ist das Blei flussig; es tritt jedoch kein Blei aus. Der lineare Sinterschrumpf betragt 3,6% Die Sinterkorper konnen mit hoher Maßhaltigkeit in komplizierten Formen hergestellt werden. Durch Nachpressen mit 8 bis 10 Mp/cm² wurde praktisch die theoretische Dichte (9,12 g je cm³) erhalten. Die nachgepreßten Kontakte haben folgende Eigenschaften: elektrische Leitfahigkeit 40 bis 43 Ω^{-1} m mm^{-2}, Vickersharte $HV_3 = 98$ kp/mm².

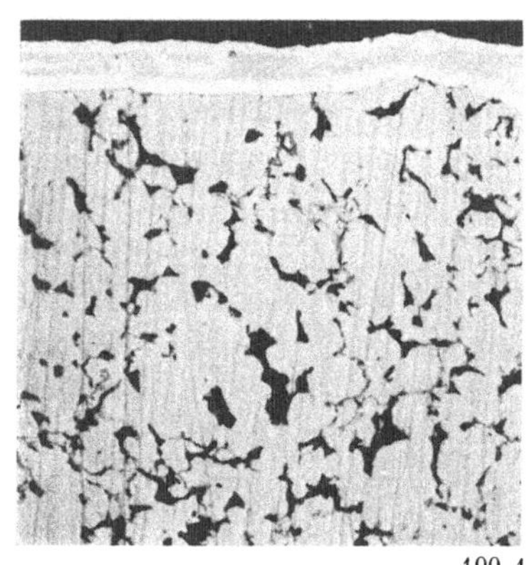

100 1

Abb. 108. Querschliff eines Cu-Pb-90/10-Kontakts mit galvanischer Silber- und Kupferauflage.

9.432.4 Galvanische Versilberung gesinterter Kupfer-Blei-Kontakte. Als

Korrosionsschutz ist die Abscheidung verschiedener Metallschichten auf der Oberflache des gesinterten Kontakts moglich. In Abb. 108 ist der Querschliff eines Cu-Pb-90/10-Kontakts mit den galvanisch nacheinander abgeschiedenen Schichten von 3 μm Silber, 3 μm Kupfer und 3 μm Silber gezeigt. Die erste Silberschicht wachst gut auf der Kupfer-Blei-Oberflache auf und fullt auch Oberflachenporen aus. Diese Nachbehandlung der Sinterkontaktstoffe ist im allgemeinen in derselben Weise moglich wie bei kompakten Stoffen gleicher Zusammensetzung. Bei Behandlungen mit aggressiven Flussigkeiten muß man jedoch die Restporositat der Sinterwerkstoffe berucksichtigen. Bei der galvanischen Behandlung von Sinterkörpern ist es ratsam, daß das Beizen zur Reinigung der Oberflachen nicht mit der gleichen Saure erfolgt, mit der entsprechende Kompaktstoffe behandelt werden konnen. Bei den Sinterwerkstoffen konnen Saureeinschlusse entstehen, die bei der Lagerung zu Ausbluhungen führen. Die Oberflachenreinigung der Sinterkorper vor der Galvanik kann z B. auf trockenem Wege durch Gluhen der Teile in reduzierender Atmosphare erfolgen. Dabei werden Einschlusse, die bei der Lagerung der galvanisierten Teile Störungen verursachen könnten, vermieden.

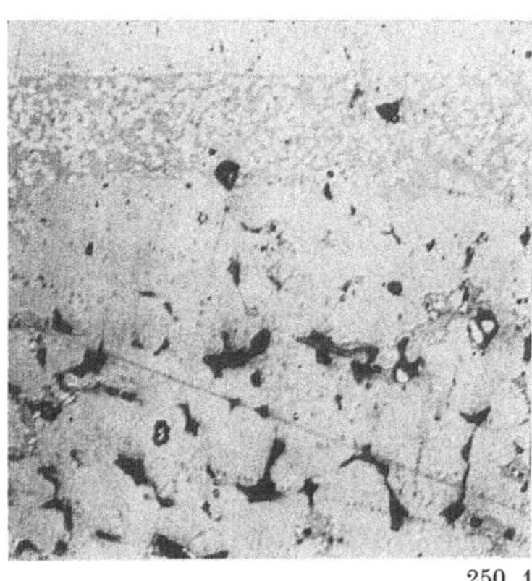

250 : 1

Abb. 109. Querschliff eines Cu-Pb-90/10-Kontakts nach der Hartlotung im Sinterzustand auf Kupfer.

9.432.5 Hartlötung gesinterter Kupfer-Blei-Kontakte. Die Hartlotung der Kupfer-Blei-Kontakte im Sinterzustand ist ohne weiteres moglich [5]. Dabei wird infolge der Restporositat des Sintermetalls ein Bleiaustritt verhindert. Das Lot benetzt die porose Kontaktflache sehr gut. Wie in Abb. 109 gezeigt ist, dringt das Lot in die Oberflachenporen ein, dadurch wird eine gute Lotverbindung erhalten. Es besteht die Moglichkeit, das Verfahren der Auflosung der Kontakte im Sinterzustand auch beim Aufbringen anderer Kontaktmaterialien anzuwenden, z.B. fur Kontakte, die bisher im nachverdichteten Sinterzustand hart gelotet wurden und bei denen sich Lötschwierigkeiten ergeben haben. Das Nachverdichten, das normalerweise nach dem Sintern erfolgt, wird bei dem beschriebenen Verfahren nach dem Hartlöten vorgenommen [5]. Es kann sowohl kalt nachverdichtet werden, in gleicher Weise wie beim Kaltnachpressen des Sinterkorpers, oder das Nachpressen erfolgt unmittelbar nach dem Hartlöten, und der nach dem Löten noch heiße Kontakt wird ohne zusatzliche Erwärmung warm verdichtet.

9.432.6. Anwendung gesinterter Kupfer-Blei-Kontakte. Kupfer-Blei-Kontakte haben sich bei Kleinselbstschaltern bewahrt. Wahrend Reinsılberkontakte bei den Kurzschlußab- und -draufschaltungen bei hohen Strömen (oberhalb 300 A) leicht verschweißen, tritt dies bei Cu-Pb-90/10-Kontakten nicht ein. Die Schweißsicherheit ist auf das Auftreten einer flüssigen Phase oberhalb 326 °C zuruckzufuhren.

Durch den Kurzschlußstrom entstehen im Stromengegebiet Temperaturen oberhalb der Schmelztemperatur des Kontaktstoffs. Bei Reinsilber kann die sich erweiternde Schmelzbrucke infolge der guten Warmeableitung teilweise erstarren. Mitunter kann die Schmelzbrucke noch getrennt werden. Ist hingegen die Festigkeit der Brucke bereits größer als die verfugbare Öffnungskraft des Schalters, so bleiben die Kontakte verschweißt. Durch Einsatz von Kontakten aber, die bis zu tiefen Temperaturen (unter 400 °C) eine flussige Phase bilden, bleibt die Schmelzbrucke

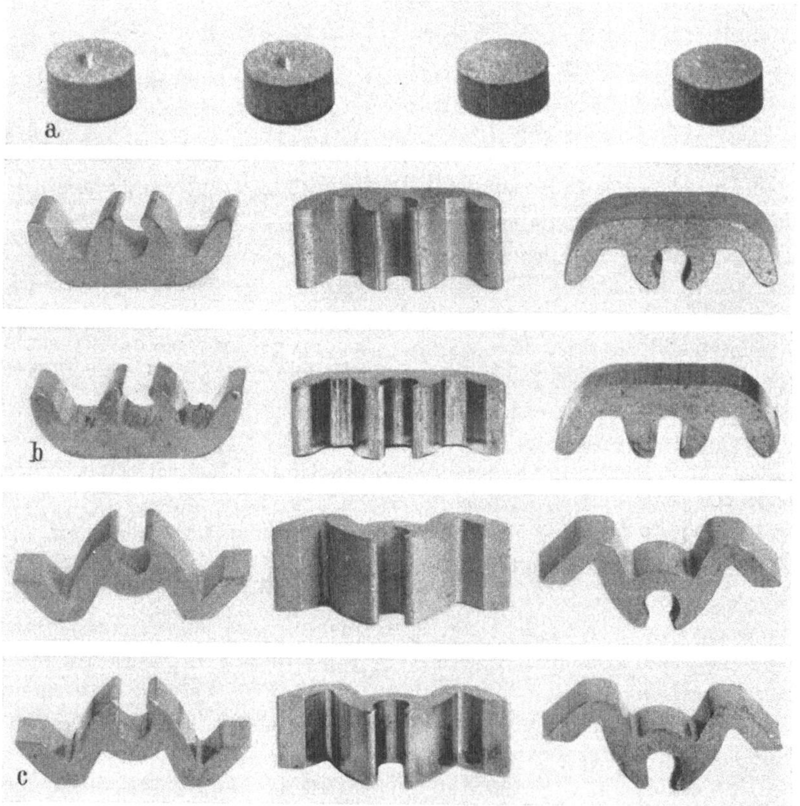

Abb 110 a–c Fertıgformkontakte aus Cu-Pb 90/10, a Kontaktplattchen ım Sınterzustand, b und c Bruckenkontakte ım Sınter- (2. und 4. Zeıle) und ım Nachpreßzustand (3. und 5. Zeıle).

zwischen den Kontakten so lange flussig, bis die Öffnungskraft wirksam wird und die Kontakte trennt. Bei Draufschaltungen auf einen bestehenden Kurzschluß entsteht ebenfalls eine Schmelzbrucke, und durch Kontaktprellen, Ziehen eines Lichtbogens und Zusammendrucken der aufgeschmolzenen Oberflachen der Kontakte wird bei den ublichen Kontaktmetallen das Verschweißen noch verstarkt. Auch bei diesen erschwerenden Schaltbedingungen konnten die Cu-Pb-90/10-Kontakte bei Kleinselbstschaltern leicht getrennt werden. Im Lichtbogen treten teilweise Aufschmelzungen in der Oberflachenzone auf, das ursprungliche Gefuge und die Schweißsicherheit des Kontaktmaterials bleiben jedoch erhalten.

Es genugt, wenn ein Kontakt aus Cu-Pb besteht; der Gegenkontakt kann aus Reinkupfer, Silber oder einer anderen Kupferlegierung bestehen. Bei der Doppelunterbrechung konnen entweder die beiden feststehenden Kontakte oder der bewegliche Bruckenkontakt aus Kupfer-Blei bestehen. In Abb. 110 sind Cu-Pb-90/10-Kontaktplattchen fur die Hartauflotung im Sinterzustand und zwei verschiedene Kontaktbrucken im Sinter- und Nachpreßzustand gezeigt.

Der Kontaktwiderstand von Kupfer-Blei ist vergleichbar mit reinem Kupfer. Fur Niederspannungsschalter wird deshalb besser Silber-Blei verwendet.

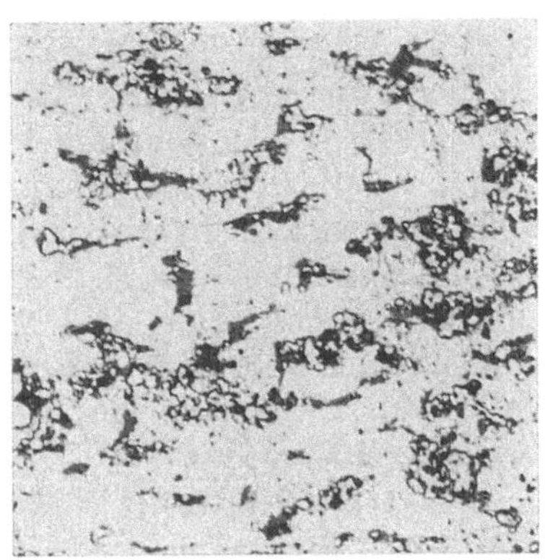

500 1

Abb. 111. Gefuge eines Cu-W-Pb-82/10/8-Verbundmetalls.

9.432.7 Dreikomponentige Kupfer-Blei-X-Kontakte, X = Wolfram, Nickel oder Silber. Die Abbrandfestigkeit des Cu-Pb kann durch Zusatz von unlöslichen Metallen wie W, Mo oder Ni erhoht werden. Dies ist bei Schaltern mit höheren Nennstromen, als sie beim Kleinselbstschalter vorkommen, und bei zusätzlich hohen Schaltzahlen zweckmaßig. In Abb. 111 ist das Gefuge von Cu-W-Pb 82/20/8 gezeigt. Das abbrandfeste Wolfram und das eine flussige Phase bildende Blei sind im Kupfer feinteilig und gleichmaßig eingelagert. Durch Zusatz von im Kupfer loslichen Metallen, z B. Ag, konnen die Eigenschaften des Grundmetalls in bekannter Weise variiert werden [*6*].

Literatur zu 9.432

[*1*] Hansen, M., u. K. Anderko: Constitution of Binary Alloys, New York: McGraw-Hill 1958, S. 609–612.

[*1a*] Janecke, E.: Handbuch aller Legierungen, 2. Aufl., Heidelberg: Carl Winter Universitatsverlag 1949, S. 117–118.

[2] DUCKWORTH, W. E.: The Iron and Steel Institut Special Report No. 58 (1956) 213–218.
[3] SCHREINER, H.: F. Pat. 1213453 (1959); Brit. Pat. 892339 (1962); O. Pat. 207441 (1962).
[4] SCHREINER, H., u. R. SCHERBAUM: DP 1087813 (1961); Belg. Pat. 566636 (1958); Ital. Pat. 587894 (1958); O. Pat. 205705 (1959).
[5] SCHREINER, H., u. R. SCHERBAUM: DBP 1094890 (1961); F. Pat. 1236173 (1960); Brit. Pat. 877286 (1962).
[6] SCHREINER, H., u. H. IWAN: O. Pat. 222733 (1962); Brit. Pat. 901026 (1962).

9.433 Wolfram-Kupfer, Wolfram-Silber, Molybdan-Kupfer und Molybdan-Silber

Die Verbundmetalle dieser Gruppe enthalten ein Metall hoher Abbrandfestigkeit sowie hoher Harte und Festigkeit wie Wolfram oder Molybdan und ein Metall hoher elektrischer und Warmeleitfahigkeit sowie großer Duktilitat wie Kupfer oder Silber. Solche Metallkombinationen besitzen fur bestimmte Kontaktanwendungszwecke besonders gunstige Eigenschaftsspektren. Diese Verbundmetalle besitzen eine hohe Abbrandfestigkeit im Lichtbogen und gegenuber reinem Wolfram oder Molybdan eine erheblich hohere elektrische und Wärmeleitfahigkeit. Auf die Moglichkeiten der Anwendung dieser Verbundmetalle aus Wolfram oder Molybdan mit Kupfer oder Silber fur elektrische Kontakte wird von K. SCHROTER [*1*], K. MEIER [*2*], G. WINDRED [*3*], L. B. HUNT [*4*], R. KIEFFER [*5*], F. R. HENSEL, E. I. LARSEN und E. F. SWAZY [*6*], H. H. HAUSNER und P. R. BLACKBURN [*7*], F. H. CLARK [*8*], F. HENKER [*9*], G. H. S. PRICE und S. V. WILLIAMS [*10*] und W. G. TREMBLAY [*11*] hingewiesen. Die wahrend des 2. Weltkriegs in Deutschland hergestellten W-Cu- und W-Ag-Verbundmetalle sind von F. R. HENSEL [*12*] in den FIAT-Berichten zusammengefaßt worden.

9.433.1 Herstellung der Wolfram- und Molybdän-Verbundmetalle mit Kupfer oder Silber. Die Herstellung der Verbundmetalle kann entweder nach dem klassischen Verfahren der Pulvermetallurgie durch Pressen, Sintern und Nachpressen der entsprechend zusammengesetzten Pulvermischungen oder nach dem Trankverfahren erfolgen. Durch Pressen und Sintern der Pulvermischung erhalt man ein Einlagerungsverbundmetall, beim Trankverfahren ein Durchdringungsverbundmetall Die Eigenschaften des Sinterverbundmetalls sind durch die im Volumenuberschuß vorhandene Grundmetallkomponente bestimmt. Bei kupferreichen Verbundmetallen sind die Wolframteilchen im Kupfer eingelagert, bei uberwiegendem Wolfram ist das Kupfer im Wolfram eingelagert. Bei der Herstellung aus der Pulvermischung sind alle Zusammensetzungen zwischen reinem Wolfram oder Molybdan und reinem Kupfer oder Silber einstellbar. Fur elektrische Kontakte werden Zusammensetzungen zwischen 10 und 90 Gew.-% Wolfram angewendet. Die Preßdrucke liegen zwischen 1 und

8 Mp/cm². Die Sinterung erfolgt meist unterhalb der Schmelztemperatur des Kupfers (1080 °C) bzw. des Silbers (960 °C). Bei Sintertemperaturen oberhalb der Schmelztemperatur der niedrigschmelzenden Komponente liegt diese im flüssigen Zustand vor; wegen der Unlöslichkeit des Wolframs im flüssigen Kupfer oder Silber führt die flüssige Phase jedoch nicht zur Dichtsinterung.

Beim Pressen einer Pulvermischung aus Reduktionswolframpulver der mittleren Korngröße 20 μm und Elektrolysekupferpulver der Korngröße < 60 μm mit einem Preßdruck von 6 Mp/cm², darauffolgender einstündiger Sinterung bei 1200 °C der Preßkörper in Wasserstoff und Nachpressen der Sinterkörper mit 10 Mp/cm² wurden Preß-, Sinter- und Nachpreßkörper mit den in der Tab 20 angegebenen Dichten und Raumerfüllungsgraden erhalten.

Tabelle 20. *Sinterverdichtung von W-Cu 70/30 und W-Cu-Ni 70/25/5, Sinterung 1 h bei 1250 °C in H_2*

	P Mp/cm²	γ_P g/cm³	ϱ_P	γ_S g/cm³	ϱ_S	γ_{NP} g/cm³	ϱ_{NP}	$\frac{\varrho_S - \varrho_P}{1 - \varrho_P} \cdot 100$ %
W-Cu 70/30	6	10,69	0,746	10,97	0,746	12,90	0,90	7,1
W-Cu-Ni 70/25/5	1	7,94	0,555	14,20	0,992	14,30	1,00	98,4

Die prozentuale Sinterverdichtung $\frac{\varrho_S - \varrho_P}{1 - \varrho_P} \cdot 100$ beträgt bei W-Cu 7,1 % Durch einen Zusatz von 5 % Karbonylnickelpulver zur W-Cu-Ausgangspulvermischung entsteht bei den Sinterbedingungen eine flüssige Phase, die im Gegensatz zu Reinkupfer gegenüber Wolfram eine Löslichkeit besitzt. Dadurch steigt die Sinterverdichtung auf 98,4 % an.

Sinterkörper aus W-Cu lassen sich bei Wolframgehalten < 60 % kalt nachpressen, kaltwalzen oder in der Hammermaschine zu Stäben verformen [*5*]. W-Cu-Verbundmetalle mit 70 % und mehr Wolfram sind nur noch wenig verformbar. Bei Wolframgehalten über 80 % ist eine Kaltverformung praktisch nicht mehr möglich. Solche Pulvermischungen werden in die Endform gepreßt; nach dem Sintern ist durch Kaltnachpressen bis 10 Mp/cm² noch eine Verdichtung möglich. Beim Drucksintern der Pulvermischung oder eines Preßkörpers aus der Pulvermischung bei Temperaturen unterhalb der Schmelztemperatur der niedrigschmelzenden Komponente unter Schutzgas werden praktisch porenfreie Körper erhalten [*15*]. Strangpressen der W-Ag- bzw. W-Cu-Sinterkörper ist bei Ag- oder Cu-Gehalten über 40 % möglich. Die Preßtemperatur liegt zwischen 700 und 800 °C, die erforderlichen Drücke zwischen 8 und 15 Mp/cm². Das System Mo-Ag zeigt bei Temperaturen oberhalb 1300 °C eine merkliche Löslichkeit des Mo im flüssigen Silber, wodurch eine Dichtsinterung erreicht wird. Die Loslichkeit des Wolframs im flussigen Silber ist bei den gleichen Bedingungen wesentlich geringer.

Das Trankverfahren kann fur die Herstellung von W- und Mo-Verbundmetallen in verschiedenen Varianten eingesetzt werden. So kann das Wolframpulver im lose geschutteten oder in einem durch Rutteln oder Pressen verdichteten Zustand mit flussigem Silber oder Kupfer getrankt werden. Gegenuber den nach dem Preß- und Sinterverfahren hergestellten Verbundmetallen ist die Zusammensetzung bei den Trankwerkstoffen begrenzt. Aus lose geschuttetem Wolframpulver hergestellte Verbundmetalle besitzen den niedrigsten Wolframgehalt (ϱ_F entspricht dem Volumenanteil an Wolfram). Mit zunehmender Verdichtung des Wolframpulvers durch Rutteln oder Vorpressen kann der Wolframgehalt zwischen 35 und 60% eingestellt werden. Von W. Rutkowski und S. Stolarz [*15a*] wurden von Wolfram-Skeletten, die mit 2 Mp/cm² gepreßt waren, 39% Cu und von mit 20 Mp/cm² gepreßten Skeletten 13% Cu aufgenommen. Nach einer anderen Variante des Trankverfahrens wird das Wolframpulver oder der Wolframpreßkorper zuerst durch einen Sintervorgang verfestigt und der porose Sinterkorper mit Kupfer oder Silber getrankt. Die Wolframgehalte der Verbundmetalle, die durch Tranken der Sintergeruste erhalten werden, liegen meist zwischen 60 und 90%. Wie die W-Cu-Sinterkörper lassen sich die Trankkorper mit $<60\%$ W zwischen 700 und 800 °C strangpressen.

Zur besseren Benetzung bei der Trankung kann das Wolframpulver im Gemisch mit dem Metallpulver des Trankmetalls oder mit die Benetzung

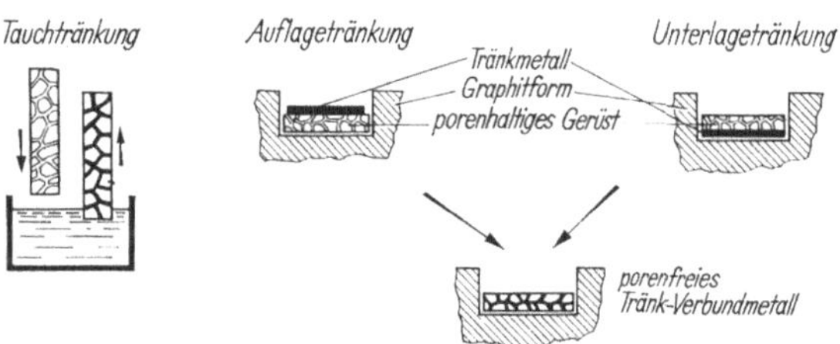

Abb. 112. Schematische Darstellung der Trankverfahren zur Herstellung von Verbundmetallen.

fordernden Metallpulvern eingesetzt werden. Zur Verfestigung des reinen Wolframgerusts sind hohe Sintertemperaturen bis uber 1600 °C erforderlich. Zur Herabsetzung der Sintertemperatur und Erhohung der Gerustfestigkeit konnen dem Wolframpulver Zusatze von Nickel, Eisen oder Kobalt in Gehalten $<5\%$ beigemischt werden. Ein Sintergerust aus Wolfram-Kupfer- und Nickelpulver laßt sich einwandfrei tranken und ergibt hochwertige Durchdringungsverbundmetalle [*4a*].

Die Trankung kann als *Tauchtrankung* erfolgen (Abb. 112). Dabei wird der porose Wolframkorper in die Schmelze des Trankmetalls eingetaucht. Ein vollstandiges Untertauchen des Korpers ist nicht erforderlich, es genugt, die Oberflache der reinen schlackenfreien Schmelze zu beruhren Durch Kapillarkrafte wird das Trankmetall in die Poren gesaugt und fullt das ganze Gerust aus. Fur diese Art der Trankung haben R. Kieffer, F. Benesovsky [*5a*] und K Sedlatschek [*5b*] den Begriff Kapillar- oder Dochttrankung eingefuhrt

Die technische Durchfuhrung der Trankung geschieht jedoch meist durch Tranken mit der genau vorgegebenen Menge des Trankmetalls, die zu volligen Porenfullung erforderlich ist. Dabei wird das Trankmetall in einer Graphitform auf das Sintergerust aus W oder Mo gelegt – Auflagetrankung durch Einfließen, Kapillarkrafte und Schwerkraft – oder unter das Gerüst gelegt – Unterlagetrankung durch Aufsaugen infolge der Kapillarkrafte (Abb 112). Von O. K Theodorowitsch werden Wolfram-Silber-Trankmetalle mit zwischen 30 und 50% Ag beschrieben. Zunachst werden porose Teile aus einer Wolfram-Silber-Pulvermischung mit 10 bis 12 bzw. 30% Ag gepreßt, die mit Briketts aus Reinsilber bei 1100 bis 1150 °C getrankt werden. Das Trankbrikett kann als Zweischichtenpreßkorper mit der Kontaktschicht verpreßt werden (Zeitersparnis). Demgegenuber spart die Verwendung des Trankmetalles in Form eines Kompaktstuckes Kosten beim Ausgangsmaterial.

9.433.2 Eigenschaften der Wolfram-Kupfer-, Wolfram-Silber-, Molybdän-Kupfer- und Molybdän-Silber-Verbundmetalle

Gefuge Die Kornform und -große des Ausgangswolfram- bzw. -molybdanpulvers bestimmen das Gefuge der Verbundmetalle. Da praktisch keine Loslichkeit im System W-Cu und W-Ag besteht, bleibt die Ausgangskorngroße praktisch unverandert. Beim System Mo-Ag, bei dem eine Loslichkeit besteht, finden Kornformanderung und Kornwachstum statt. Feinteiliges Wolframpulver wird durch Reduktion von WO_3 gewonnen. Bei hoheren Zersetzungstemperaturen und durch Gluhen werden grobkörnigere porose Wolframpulver erhalten Grobe kompakte Wolframpulver werden beim Zerkleinern von Wolframstababfallen oder Wolframsinterkörpern gewonnen. In Abb. 113 ist das Gefuge eines W-Cu-Verbundmetalls der Zusammensetzung 40/60 gezeigt, das durch Pressen der Pulvermischungen hergestellt ist (Einlagerungsverbundmetall). Zur Kornverfeinerung und gleichmaßigen Verteilung beider Komponenten sind auch Verfahren angewendet worden, bei denen der Sinterkorper durch mechanische Zerkleinerung (z. B. Zerfeilen) wieder in Pulverform ubergefuhrt und das erhaltene Verbundpulver erneut durch Pressen und Sintern in ein Verbundmetall gebracht wird. In Abb. 114 ist das Gefuge eines nach diesem Verfahren hergestellten W-Cu 70/30 angegeben. Ein Gefuge ahnlicher Feinheit erhalt man bei der Verarbeitung von Verbundpulvern, die aus *Kupfer- bzw. Silber-Wolframaten* hergestellt sind (s S. 107, 150) T. Matsukawa [*12a*] hat nach einem kombinierten Verfahren fein verteiltes W-Cu-Co-Mischpulver (59,8/29/1,2 Gew.-%) hergestellt. Dabei wurde Ammonparawolframat mit konzentriertem NH_4OH und wasseriger $CoSO_4$-Lösung gefallt und der gewaschene und getrocknete Niederschlag

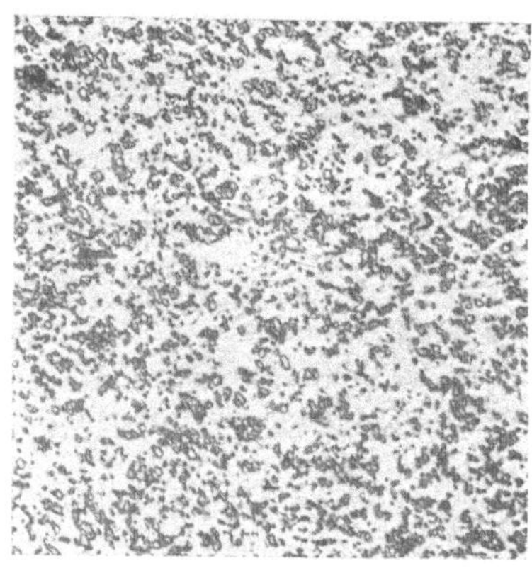

150 : 1

Abb. 113. Gefuge eines W-Cu-40/60-Einlagerungsverbundmetalles.

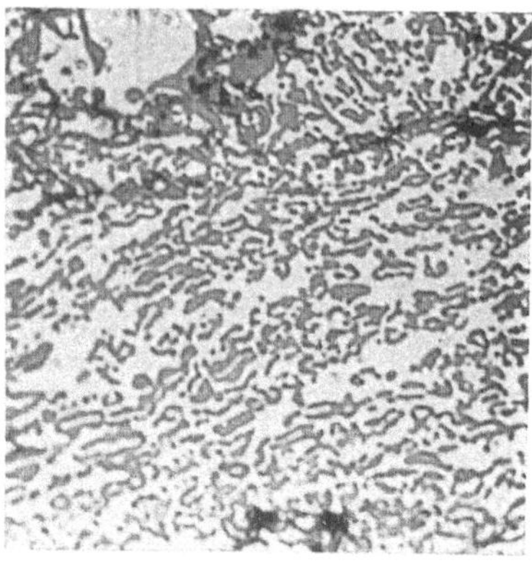

1300 : 1

Abb 114. Gefuge eines W-Cu-70/30-Einlagerungsverbundmetalles, aus Verbundmetallpulver hergestellt, das durch Zerkleinerung des Verbundmetalles gewonnen wurde.

bei 900 °C in Wasserstoff zu W-Co-(98,2/1,8-)Pulver reduziert. Nach Behandlung des Mischpulvers mit Zinkpulver und wasseriger $CuSO_4$-Losung wurde nach dem Waschen und Reduzieren das W-Cu-Co-Pulver erhalten. Auf dem gleichen Wege hat T. Matsukawa [*12b*] die Herstellung von W-Cu-Ni-(68,2/29/2,8-)Mischpulver beschrieben. G. F. Huttig, A. Vidmajer und E Koberstein [*12c*] beschreiben die Silber-Wolfram-Mischpulverherstellung aus Alkaliwolframatlosung mit Silbernitratlosung von unterschiedlichem pH-Wert. Die erhaltenen Niederschlage hatten einen Silbergehalt zwischen 17 und 47%, bezogen auf den Metallgehalt der Fallung. Durch Zugabe von Ammonkarbonat zur Wolframatlosung vor der Fallung konnte der Silbergehalt bis auf 82,5% gesteigert werden. Eine weitere Moglichkeit den Silbergehalt der Fallung zu variieren, besteht im Zusatz von Silbernitrat und Salzsaure zur Wolframatlosung. Die reduzierten Niederschlage waren im Lichtmikroskop homogen Elektronenmikroskopische Aufnahmen ergaben Wolfram- und Silberteilchen mit einem Durchmesser zwischen $5 \cdot 10^{-6}$ und $2,5 \cdot 10^{-5}$ cm. Ähnlich feine Gefuge werden auch beim Mischen der Metalle in Form reduzierbarer Verbindungen erhalten. Bei der gemeinsamen Reduktion werden die beiden Metalle in feiner Verteilung und kleiner Korngroße erhalten. Durch Pressen und Sintern werden Verbundmetalle hoher Dichte hergestellt [*13*].

Das Gefuge eines nach dem gleichen Verfahren hergestellten W-Ag-60/40-Verbundmetalls zeigt die Abb. 115 Die Verwendung von groberem Wolframpulver fur ein W-Ag-70/30-Verbundmetall ist im Gefuge (Abb 116) zu erkennen.

Die W-Cu-Durchdringungsverbundmetalle konnen im Gefugebild von den Einlagerungsverbundmetallen unterschıeden werden. In den Abb. 117

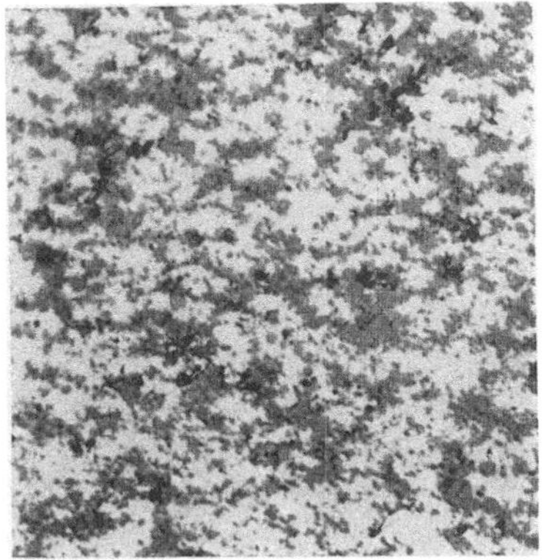

300 1

Abb 115. Gefuge eınes W-Ag-60/40-Eınlagerungsverbundmetalles.

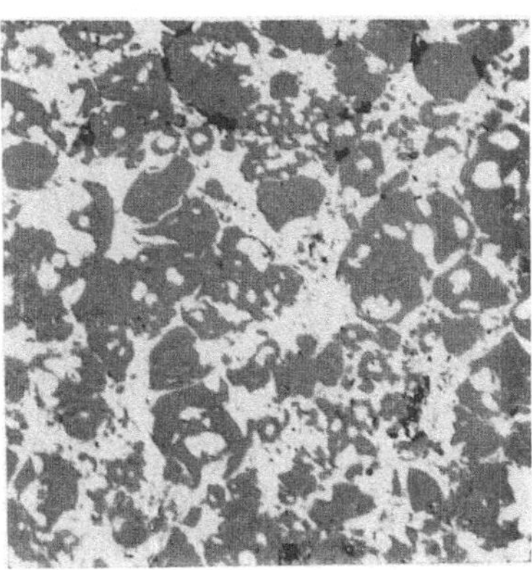

500 1

Abb. 116 Gefuge eınes W-Ag-70/30-Eınlagerungsverbundmetalles

und 118 ist das Gefuge eines W-Cu-70/30-Durchdringungsverbundmetalls gezeigt; bei der Hellfeldbeleuchtung erscheinen die Wolframbereiche dunkel und die Kupferbereiche hell (Abb. 117), und bei der Dunkelfeldbeleuchtung erscheinen die Wolframbereiche hell und die Kupferbereiche dunkel (Abb. 118). Ein aus feınerem Wolframpulver hergestelltes und mıt Kupfer getranktes Skelett ergıbt das W-Cu-Durchdringungsverbund-

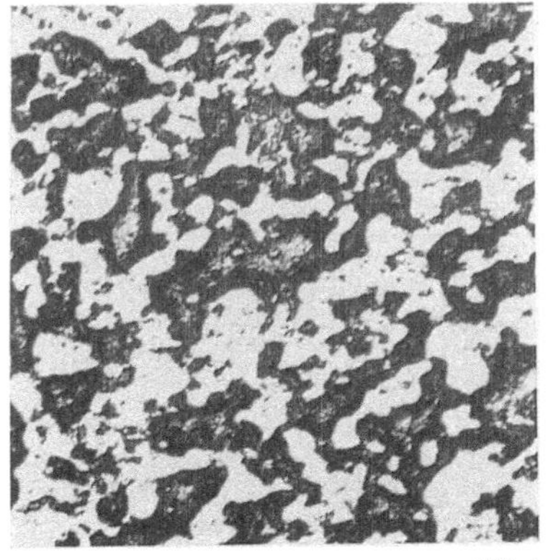

150 1

Abb 117. Gefuge eınes W-Cu-70/30-Durchdrıngungsverbundmetalles, Hellfeldbeleuchtung.

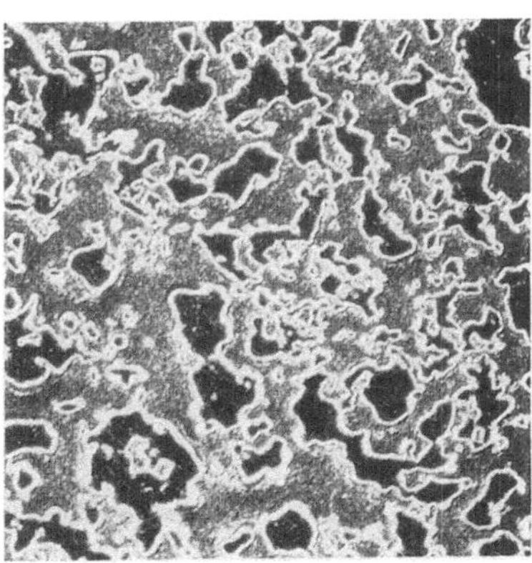

150 1

Abb. 118. Gefuge eines W-Cu-70/30-Durchdrıngungsverbundmetalles, Dunkelfeldbeleuchtung

metall 70/30, dessen Gefuge in Abb 119 angegeben ist. Die Schliffbilder der Abb. 117 bis 119 zeigen die Gefuge zwar nur in einer Schnittebene, doch werden bei der großen Zahl der in die Ebene fallenden Wolframteilchen auch Verbindungsbrucken des Gerüsts von benachbarten Wolframteilchen sichtbar. Beim Einlagerungsverbundmetall von Wolframteilchen in Kupfer fehlen diese Verbindungsbrucken im Gefugebild Falls aus dem Gefugebild nicht einwandfrei geschlossen werden kann, ob ein Durchdringungs- oder Einlagerungsverbundmetall vorliegt, ist dieser Befund aus der Festigkeit eventuell nach Herauslösen des Kupferanteils mit Salpetersaure 1 : 1 zu bestatigen.

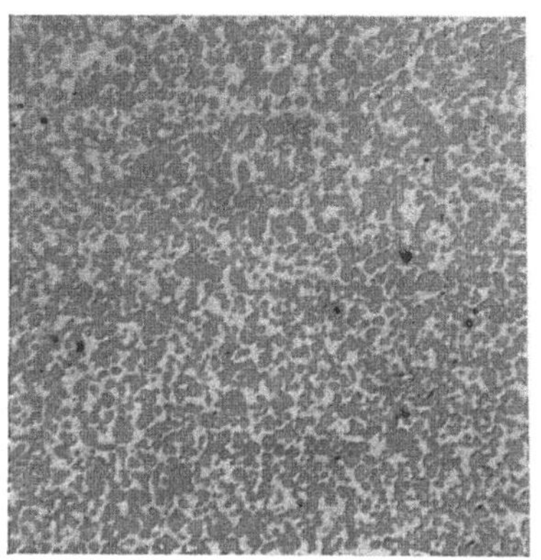

500 1

Abb. 119. Gefuge eines W-Cu-70/30-Durchdringungsverbundmetalles.

Dichte. Aus Abb. 120 ist die Dichte der W-Cu-Verbundmetalle bei bekannter Zusammensetzung zu entnehmen. Die Dichten sind fur die porenfreien W-Cu-Kontakte und fur Kontakte mit Raumerfullungsgraden < 0,5 angegeben. Eine entsprechende Kurve der Dichte von W-Cu in Abhangigkeit von Gewichtsprozenten Kupfer und den Raumerfullungsgraden zwischen 0,9 und 1,0 gibt Abb. 121

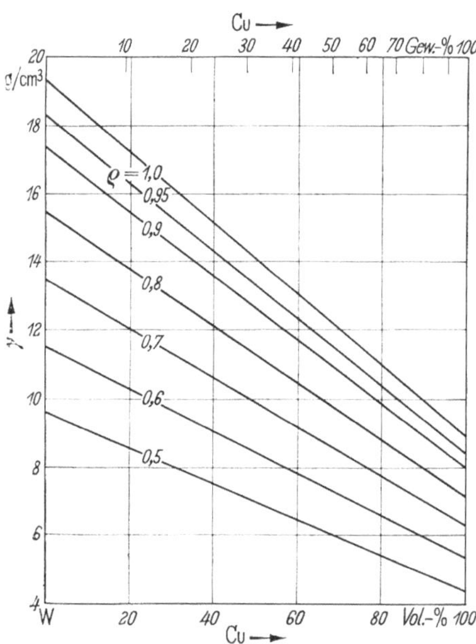

Abb 120 Dichte der Wolfram-Kupfer-Verbundmetalle in Abhangigkeit von der Zusammensetzung, Raumerfullungsgrad als Parameter.

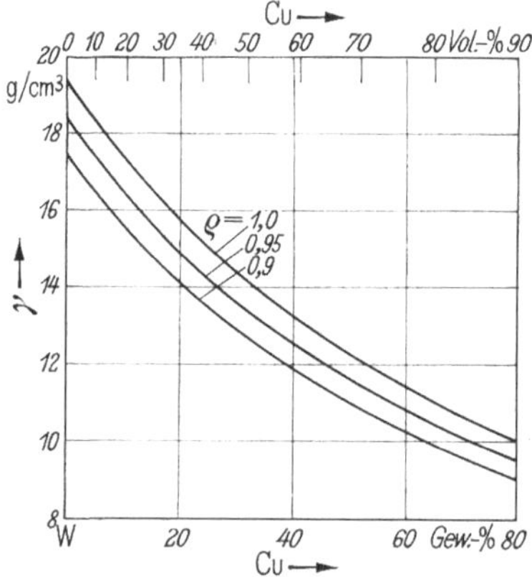

Abb 121. Dichte der Wolfram-Kupfer-Verbundmetalle in Abhangigkeit vom Wolframgehalt und dem Raumerfullungsgrad.

wieder. Während die Dichte der Tränkmetalle bei $\varrho \to 1$ liegt, kann die Dichte der durch Pressen und Sintern der Pulvermischung hergestellten Verbundmetalle zwischen 0,9 und 1,0 liegen, wenn nicht durch Nachpressen vollständig verdichtet wurde. Bei bekanntem Gefüge sowie bekannter Zusammensetzung und Dichte können die für die Kontakte wichtigen physikalischen Eigenschaften ebenfalls angegeben bzw. berechnet werden (s. S. 101).

Elektrische Leitfähigkeit. Die räumliche Anordnung der beiden Komponenten beeinflußt die elektrische Leitfähigkeit der Verbundmetalle. Die beiden möglichen Grenzanordnungen sind die Parallelschaltung bzw. die Reihenschaltung der beiden Komponenten. Bei der Parallelschaltung ergibt sich eine lineare Abhängigkeit der elektrischen Leitfähigkeit von den Volumenanteilen. In den Abb. 122 und 123 sind die elektrischen Leitfähigkeiten für W-Cu-Verbundmetalle für die beiden Grenzfälle in Abhängigkeit von den Volumenprozenten Kupfer (Abb. 122) bzw. von den Gewichtsprozenten Kupfer (Abb. 123) angegeben. Die an W-Cu-Einlagerungs- und Durchdringungsverbundmetallen gemessenen Werte streuen um die in Abb. 122 und 123 gezeichnete mittlere Kurve. Ähnliche Ergebnisse haben auch R. KIEFFER und W. HOTOP [14] angegeben, wobei die Werte bis zu 15% streuen. Die elektrische Leitfähigkeit kann nach der DOBKEschen Gleichung (S. 103) berechnet wer-

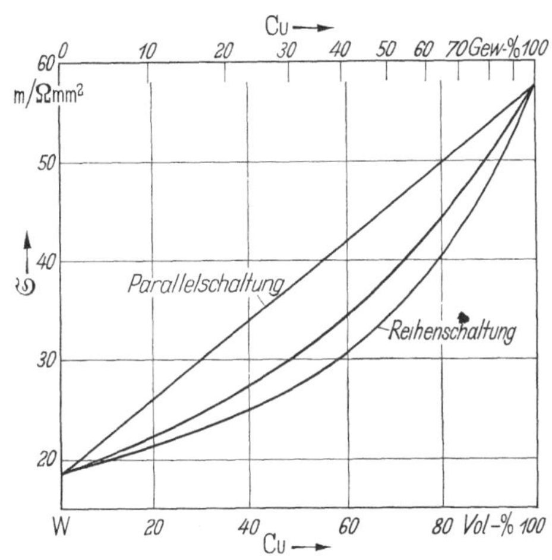

Abb. 122 Elektrische Leitfähigkeit von Wolfram-Kupfer-Verbundmetallen in Abhängigkeit der Volumenteile Kupfer

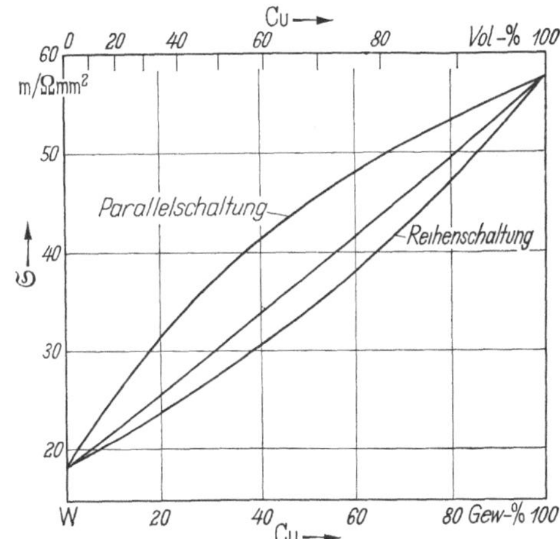

Abb. 123. Elektrische Leitfähigkeit von Wolfram-Kupfer-Verbundmetallen in Abhängigkeit der Gewichtsanteile Kupfer.

den. Die von C. G. GOETZEL [15] nach den Werten von KIEFFER und HOTOP angegebene lineare Abhangigkeit der elektrischen Leitfahigkeit von den Volumenanteilen Kupfer trifft nicht zu.

Harte. Die Harte steigt mit zunehmendem Wolframanteil symbat zur Dichte an. Sie laßt sich in erster Naherung mit einer linearen Funktion in Abhangigkeit von den Volumenanteilen Kupfer beschreiben (Abb. 124). R. KIEFFER und W. HOTOP [16] haben eine deutliche Abhangigkeit von der Wolframkorngroße (1–50, 50–100 und 100–400 μm) festgestellt, wobei die Harte mit abnehmender Korngroße ansteigt.

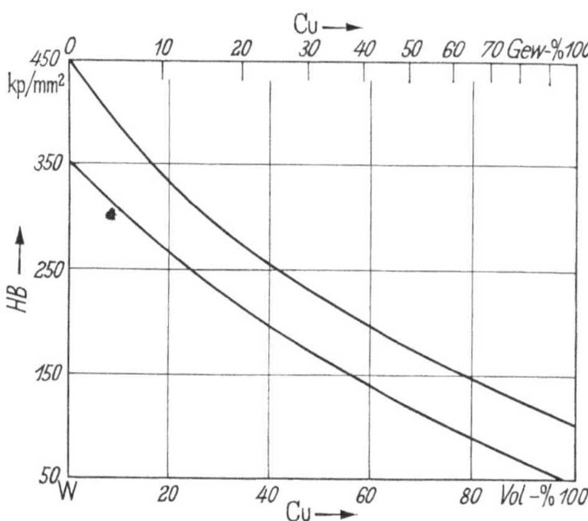

Abb. 124. Harte von Wolfram-Kupfer-Verbundmetallen in Abhangigkeit der Volumenanteile Kupfer.

Festigkeit und Dehnung. Daruber sind in der Literatur nur wenig Werte angegeben [17]. Der Verfasser hat gefunden, daß die Festigkeit in Erganzung zum Gefugebefund zur Beurteilung herangezogen werden kann, ob ein Einlagerungs- oder Durchdringungsverbundmetall vorliegt. Die Durchdringungsverbundmetalle mit gesintertem Gerust liegen in der Festigkeit wesentlich hoher. Nach dem Herauslosen des Kupferanteils mit HNO_3 1 : 1 sinkt die Festigkeit des Prufstabs bei Einlagerungsverbundmetallen zu sehr kleinen Werten ab, wahrend die Durchdringungsverbundmetalle mit gesintertem Gerust an der hohen Gerustfestigkeit identifiziert werden können.

9.433.3 Schalteigenschaften

Abbrandfestigkeit. Auf die hohe Abbrandfestigkeit von W-Cu- und W-Ag-Verbundmetallen wurde wiederholt hingewiesen [2, 18]. Der geringe Materialabbrand durch den beim Schalten auftretenden Lichtbogen ergibt eine hohe Lebensdauer. M. SCHWAIGER [19] hat beim Regeln von Transformatoren mit langsamen und schnellen Schaltern mit W-Cu gegenuber Reinkupfer eine wesentlich großere Lebensdauer erreicht. K. MEIER [2] beschreibt eine 6- bis 8mal großere Lebensdauer von W-Cu 60/40 gegenuber Reinkupfer im Ölschalter beim Schalten von Motoren (380 V, 50 Hz, Nennstrom 40 A, Einschaltstrom 200 A, 60 Ein- und Ausschaltungen/h).

Schweißeigenschaften. W-Cu-Verbundstoffe haben eine hohere Schweißgrenze als Reinkupfer [2]. Auch Ag-Mo kann hohe Strome schalten, ohne daß die Kontakte verschweißen [20]. Von A. WOLLENEK wurde dagegen unter anderen Schweißbedingungen bei ruhenden Kontakten aus W-Cu mit 20, 30, 40 und 50% Cu und W-Ag mit 20 und 40% Ag bei einem Kontaktdruck von 56 kp eine größere Schweißneigung als bei Kupferkontakten festgestellt [*21*].

Oberflächenschichten und Kontaktwiderstand. Der Kontaktwiderstand von W-Cu-Verbundmetallen hängt von der Zusammensetzung und von dem Oberflächenzustand ab. Bei Neukontakten ist bei metallischer Oberfläche der Kontaktwiderstand klein. Kupferanreicherungen während des Schaltens führen zur Erniedrigung des Übergangswiderstands, Kupferverarmung zu wesentlicher Erhöhung. A. Wollenek [*22*] hat die Abhängigkeit des Kontaktwiderstands vom Kontaktdruck für W-Cu 50/50 und 80/20 für 20, 70, 200 und 400 °C angegeben. Der Kontaktwiderstand von W-Cu 80/20 liegt bei 20 °C zwischen 200 und 450 mΩ und ist damit etwa doppelt so hoch wie bei W-Cu 50/50. A. Wollenek weist auf die Gefahr des Kupferausschwitzens aus W-Cu-Verbundmetallen hin, wodurch Temperaturerhöhungen hervorgerufen werden, die zur Zerstörung führen können. Durch Versilbern der W-Cu-Kontakte wird der Kontaktwiderstand niedrig gehalten. Diese meist galvanisch aufgebrachte Silberschicht wird aber bei der ersten Lastschaltung im Lichtbogen weggebrannt.

Bei W-Cu- und W-Ag-Kontakten bilden sich beim Schalten an Luft an der Oberfläche Fremdschichten aus, die eine starke Erhöhung des Kontaktwiderstands zur Folge haben. A. Keil und C. L. Meyer [*18*] konnten beim Schalten von 36 V, 4 A durch W-Cu 50/50 nach etwa 10^4 Schaltungen praktisch vollständige Isolation nachweisen; dabei wurden glasige Oberflächenschichten von Wolframaten festgestellt. Ähnliche Wolframatschichten wurden auch bei W-Ag 30/70 und 60/40 sowie bei Mo-Ag 30/70 und 50/50 beobachtet. Die hohe Abbrandfestigkeit im Lichtbogen ist einerseits auf die Abbrandfestigkeit des Wolframs zurückzuführen, andererseits verdampft im Lichtbogen das Tränkmetall und entzieht der Umgebung die Verdampfungswärme, wodurch das Wolframgerüst stark gekühlt wird.

9.433.4 Anwendungen. Die hohe Festigkeit gegen Lichtbogenabbrand führt zur Anwendung der Wolfram- und Molybdänverbundmetalle als Abbrennkontakte. In diesem Falle führen die Kontakte nur den Schaltlichtbogen, während der Dauerstrom meist über versilberte Kupferkontakte fließt; dabei kann sich der hohe Kontaktwiderstand des W-Cu nicht störend auswirken. Als Abbrennkontakte werden W-Cu-Verbundmetalle sowohl für Luftschalter als auch unter Wasser, Öl oder SF_6 eingesetzt. Unter Öl sind die Kontakte vor Oxydation geschützt. In Ölschaltern haben sich W-Cu-Kontakte auch für mittlere und kleinere Leistungen bewährt. Wolframverbundmetalle werden für Niederspannungs- und Hochspannungsschalter sowie Hochleistungsschalter eingesetzt. Die Zusammensetzung bei W-Cu-Kontakten insbesondere den Durchdringungsverbundmetallen liegt der Kupfergehalt zwischen 10 und 40%, bei W-Ag der Silbergehalt zwischen 10 und 80%. W-Ag-Kontakte haben einen niedrigeren Kontaktwiderstand als W-Cu und werden deshalb auch als Luftschutzkontakte verwendet. Die geringe Schweißneigung des W-Cu-Verbundmetalls macht es als Kontakte fur Hochstromschalter bis 40000 A geeignet; der Gegenkontakt kann aus Reinkupfer oder Bronze bestehen. Als Armierungskontakte werden die W-Cu-Verbundmetalle auf Kupfer oder Chromkupfer hart aufgelotet. Die Abb. 125 zeigt die W-Cu-Armierung des Schaltstifts, des ringförmigen Abbrennkontakts sowie der Kontaktlamellen eines Hochspannungsschalters.

1 4

Abb. 125. W-Cu-70/30-Verbundmetalle als Einsatze an Lichtbogenstellen von Schaltstucken eines Hochspannungsschalters

Die beim Schalten bewegten Schaltstifte werden in Voll- oder Hohlausfuhrung verwendet. Die mit Kupfer oder Chromkupfer hintergossenen gesinterten Wolframgeruste gehen ohne Lotschicht in das Tragermetall uber. In Abb. 126 sind Schaltstifte im nicht geschalteten (links) und geschalteten Zustand (Mitte und rechts) dargestellt.

1 2

Abb 126. Mit W-Cu 70/30 armierte Schaltstifte vor und nach der Lichtbogenbelastung im Schalter.

H. H. Hausner [23] hat fur hochbelastete elektrische Kontakte mehrschichtige Verbundmetalle aus W-Ag vorgeschlagen, bei denen der Metallgehalt einer Komponente ansteigt. In Abb. 127 links oben ist die ubliche Armierung der abbrandgefahrdeten Stellen durch ein abbrandfestes Material dargestellt; links unten und rechts zeigt die gleiche Abbildung die Mehrschichtenanordnung nach H. H. Hausner. Von Schicht zu Schicht andern sich die Eigenschaften mit zunehmendem Wolframgehalt (Anstieg der Harte, Anstieg der Dichte und Abbrandfestigkeit bei gleichzeitiger Abnahme der elektrischen und Warmeleitfahigkeit). Nach Hausner wird so ein Mehrschichtenkontakt aus W-Ag 90/10, 80/20, 70/30 und 60/40 hergestellt. Die einzelnen Schichten werden in die Matrize gefullt und gepreßt. Die folgenden Schichten werden mit hoherem Preßdruck verdichtet. Am Schluß werden alle Schichten zusammen mit dem höchsten Preßdruck gepreßt (11,6 Mp/cm^2). Nach Sinterung dieses Vierschichtenpreßkörpers während $2^1/_2$ h bei 905 °C wurde nach HAUSNER mit

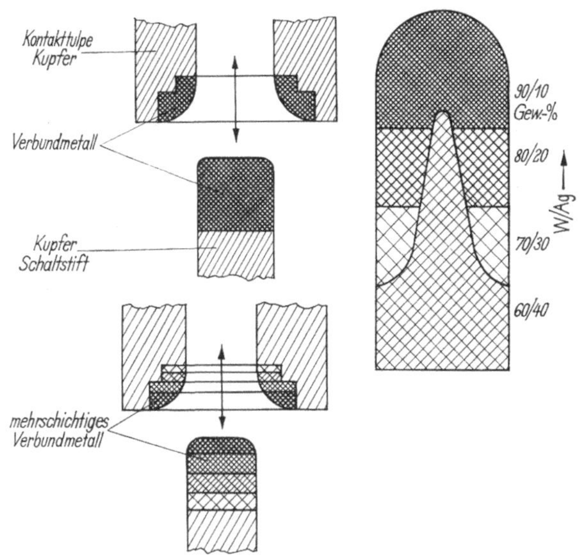

Abb 127. Kontaktstift und -tulpe mit abbrandfestem Verbundmetall armiert, mehrschichtige Armierung aus Wolfram-Silber nach H. H. HAUSNER [23].

14 Mp/cm^2 kalt nachgepreßt. Auf der Seite W-Ag 60/40 liegt die Dichte und Härte niedrig, die elektrische Leitfähigkeit hoch; an dieser Seite ist eine Hartlötung, z.B. auf Kupfer, ohne Schwierigkeiten möglich.

Ein weiteres Anwendungsgebiet von W-Cu-Verbundmetallen sind die Elektroden für elektrische Widerstandsschweißung, sowohl bei der Punkt- und Buckel- als auch bei der Nahtschweißung.

Literatur zu 9.433

[1] SCHRÖTER, K.: Z. Metallkde. 23 (1931) 197.
[2] MEIER, K.: ETZ-A 57 (1936) 493–495.
[3] WINDRED, G.: World Power 27 (1937) 145–147.
[4] HUNT, L. B.: Elec. Rev. 124 (1939) 459.
[4a] SCHREINER, H.: Siemens-Schuckertwerke A.G., Brit. Pat. 836749; O. Pat. 205.759 (1959).
[5] KIEFFER, R., u. W. HOTOP: Pulvermetallurgie und Sinterwerkstoffe, 2. Aufl., Berlin/Göttingen/Heidelberg: Springer 1948, S. 320–330.
[5a] KIEFFER, R., u. F. BENESOVSKY: Berg- und Hüttenmann. Mh. 94 (1949) 284–294.
[5b] SEDLATSCHEK, K., u R. KIEFFER: 3. Plansee-Seminar, Juni 1958, hrg. von F. BENESOVSKY: Hochschmelzende Metalle, Wien: Springer 1959, S. 120 bis 134.

[5c] THEODOROWITSCH, O. K : Pulvermetallurgische elektrische Mehrschichtkontakte fur Prazisionsapparaturen. Akad. Nauk Ukr. SSR Inst. Metallokeramiki i Specialynch Splavov, Inform. Pismo Nr. 34.
THEODOROWITSCH, O. K : Pulvermetallurgische Wolfram-Silber-Kontakte. Akad. Nauk Ukr SSR. Inst. Metallokeramiki i Specialnych Splavov, Inform. Pismo Nr. 60., Dez. 1957.
[6] HENSEL, F. R., E. I. LARSEN u. E. F. SWAZY: Metals and Alloys 13 (1941) 577–583.
[7] HAUSNER, H. H., u. P. R. BLACKBURN: Chapter 41, S. 470–484 in· Powder Metallurgy, edited by J. Wulff, Am. Soc. Metals, Cleveland, Ohio, 1942.
[8] CLARK, F. H.: Chapter 43, S. 493–496 in; Powder Metallurgy, edited by J. Wulff, Am. Soc. Metals, Cleveland, Ohio, 1942.
[9] HENKER, F.: ETZ 64 (1943) 347–349.
[10] PRICE, E. H. S., u. S. V. WILLIAMS: Brit. Pat. 608124 (1944).
[11] TREMBLAY, W. G.: US-Pat. 2504906 (1945).
[12] HENSEL, F. R.: FIAT-Bericht (Final Report) No. 785 Electrical Contacts 1946, S. 1–25.
[12a] MATSUKAWA, T.: Jap. Pat. 7556 (1954).
[12b] MATSUKAWA, T.: Jap. Pat. 3952 (1954); s. a Jap. Pat. 4355 (1956).
[12c] HUTTIG, G. F., A. VIDMAJER u. E. KOBERSTEIN: Planseeberichte 1 (1953) 82–96.
[13] *Mallory Metallurgical Prod. Ltd.*, London: Brit. Pat. 732029 (1953).
[14] KIEFFER, R., u. W. HOTOP: Pulvermetallurgie und Sinterwerkstoffe, 2. Aufl., Berlin/Gottingen/Heidelberg: Springer 1948, S. 326.
[15] GOETZEL, C. G.: Treatise on Powder Metallurgy, New York: Interscience Publishers 1950, S. 198.
[15a] RUTKOWSKI, W., u S STOLARZ: Technik 9 (1954) 391–393.
[16] KIEFFER, R., u. W. HOTOP: Pulvermetallurgie und Sinterwerkstoffe, 2. Aufl., Berlin/Gottingen/Heidelberg. Springer 1948, S. 325.
[17] Mallory Firmenschrift: Contacts and Contact Assemblies, Form 3–11, 10–55, 10 N (1954) S. 59.
[18] KEIL, A., u. C. L. MEYER: ETZ-A 73 (1952) 31–34.
[19] SCHWAIGER, M.: VDE-Fachberichte 1935.
[20] *Anonym*: Scientific American 84 (1946), Metal Abstracts 14 (1947) 414.
[21] WOLLENEK, A.: ETZ-A 81 (1960) 370–373.
[22] WOLLENEK, A.: ETZ-B 12 (1960) 533–536.
[23] HAUSNER, H. H.: Product Eng. 14, No 9 (1945) 618–620.

9.434 Dreikomponentige Verbundmetalle M_1-M_2-M_3

Das Metall M_1 soll aus Wolfram oder Molybdan, M_2 aus Kupfer oder Silber und M_3aus Nickel, Eisen oder Kobalt bestehen. Der Zusatz eines Metalls der Eisengruppe (Ni, Fe oder Co) zu den Zweistoffsystemen W-Cu, W-Ag, Mo-Cu oder Mo-Ag hat bei den Sinterbedingungen das Auftreten einer flussigen Phase zur Folge, die gegenuber W oder Mo eine erhebliche Loslichkeit besitzt. Dadurch wird eine Sinterverdichtung auch bei den Systemen ermoglicht, die fur die Zweistoffsysteme (z. B. W-Cu) ohne Loslichkeit nicht erreicht werden kann. Auf dieses Prinzip hat G. H. S. PRICE, C. J. SMITHELLS und S. V. WILLIAMS [*1*, *2*] beim Sintern von W-Ni-Cu hingewiesen. Die von den Verfassern angegebenen Verbundmetalle bestehen aus 4 bis 6% Ni, 2 bis 4% Cu und Rest W; sie sind wegen ihrer hohen Dichte unter der Bezeichnung *Schwermetalle* bekannt geworden und haben großes technisches Interesse gewonnen. Außer fur elektrische Kontakte werden sie fur die Abschirmung von radioaktiven Strahlungen und als Ausgleichsgewichte (Uhren, Kreisel usw.) eingesetzt.

Die Herstellung der W-Ni-Cu-Verbundmetalle obengenannter Zusammensetzung erfolgte durch Pressen einer als preßerleichternden Zusatz Wachs enthaltenden Pulvermischung bei niedrigen Preßdrücken (etwa 0,8 Mp/cm²). Nach einstundiger Sinterung der Preßkorper zwischen 1400 und 1500 °C in Wasserstoff betrug der lineare Schrumpf 16 bis 20%, und es wurden dabei praktisch porenfreie Sinterkorper erhalten ($\varrho > 0{,}97$). Nach F. H. Ellinger und W. P Sykes [*3*] kann geschmolzenes Reinnickel bei 1495 °C bis zu 45% W losen. In der geschmolzenen Ni-Cu-66/34-Legierung sind nach Price, Smithells und Williams [*1*] etwa 17% W loslich. Durch die Loslichkeit der Wolframkristalle wird gleichzeitig auch die Oberflachenbenetzung durch die Bindemetallphase erleichtert. Oberflachenschichten, die bei der Sinterung im festen Zustand eine Barriere fur die Diffusion darstellen, werden durch die flussige Phase leichter an Orte transportiert, an denen ihre sinterhemmende Wirkung nicht mehr entscheidend ist. Ein moglichst großer Anteil an feinem Wolframpulver (Korngröße 1 bis 5 µm) fordert die Loslichkeit und die Sinterverdichtung. Nach Untersuchungen von R. Kieffer [*4*] wird die großte Sinterverdichtung mit naßgemahlenen W-Cu-Ni-Pulvergemengen erzielt, was neben der Kornfeinheit auf die gleichmaßige Verteilung zuruckgeführt wurde. Die Loslichkeit des Wolframs oder Molybdäns in der Bindemetallphase hat eine Abrundung der Wolframteilchen zur Folge und gibt dem Gefuge dieser Stoffe ein typisches Aussehen (siehe Abb. 128). Über die flüssige Phase wird ein Transport von Wolframatomen von energiereicheren Stellen (kleineren Wolframkristallen) zu energiearmeren Stellen (größeren Wolframkristallen) ermoglicht. Meist wird die Kornform des Ausgangspulvers vollstandig verandert → Kornvergroßerung Die Oberflachenspannung der flussigen Phase ist fur die Dichtsinterung maßgebend. Niedrige Oberflachenspannung erleichtert den Übergang in den energiearmeren Zustand hoherer Dichte. Die Loslichkeit des Wolframs in der flussigen Bindemetallphase ist stark temperatur-

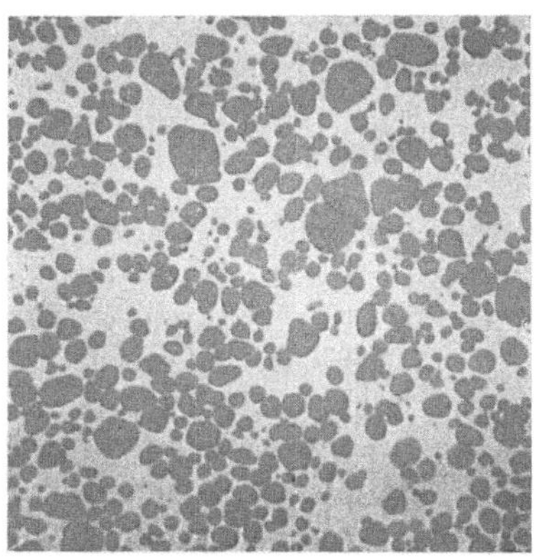

500 1

Abb 128 Gefuge eines W-Cu-Ni-70/25/5-Kontaktes

abhängig. Mit sinkender Temperatur nimmt die Löslichkeit ab, und Wolfram wird wieder ausgeschieden. Die mechanischen Eigenschaften des Sinterkörpers hängen deshalb auch von der Abkühlgeschwindigkeit nach der Sinterung ab. Bei rascher Abkühlung werden Proben höherer Festigkeit und Dehnung erhalten als bei langsamer Abkühlung. Die Abkühlgeschwindigkeit hat einen Einfluß auf das Gefüge der Bindemetallphase; die W-Korngröße wird dadurch praktisch nicht beeinflußt.

Das Gefüge eines W-Cu-Ni-70/25/5-Kontaktmetalls zeigt Abb. 128. Die Wolframteilchen sind stark gerundet und in die Bindemetallphase eingelagert. Die feinen Wolframkristalle der Ausgangspulvermischung sind bei der Sinterung in der flüssigen Phase in Lösung gegangen und beim Abkühlen an die größeren Körner angelagert worden. Mit abnehmender Bindemetallmenge wachsen mehr und mehr Wolframteilchen zusammen und bilden ein Wolframgerüst. Die Dichten der Sinterkörper liegen nahe der Dichte der porenfreien Körper, d.h., der Raumerfüllungsgrad liegt nahe bei 1. Mit abnehmendem Ni-Gehalt ist der Raumerfüllungsgrad

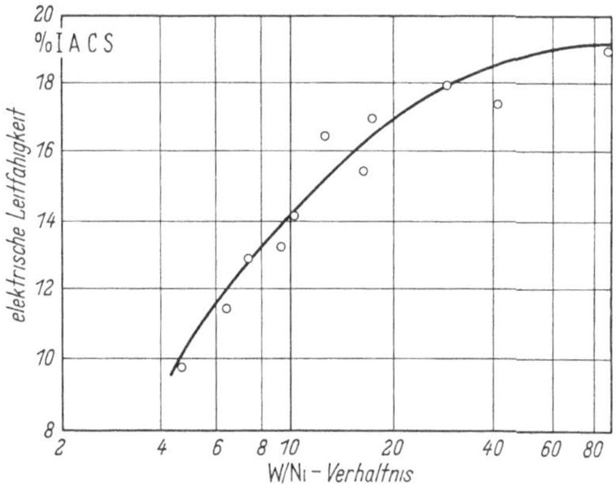

Abb. 129. Elektrische Leitfähigkeit von Wolfram-Kupfer-Nickel-Sinterkörpern in Abhängigkeit vom W/Ni-Verhältnis (nach H. H. Hausner [*6*]).

etwas kleiner. Der Verfasser konnte zeigen, daß bereits kleine Anteile an flüssiger Phase, wie sie bei Nickelzusätzen von 0,05 bis 0,2% vorliegen, ausreichend sind, um praktisch die theoretische Sinterdichte zu erhalten. Bereits H. H. Hausner [*5*] beschrieb W-Ni-Cu-Verbundmetalle mit 0,5 und 1,0% Ni-Zusatz und erreichte eine Härtesteigerung bei gleichzeitigem Abfall der elektrischen Leitfähigkeit. Der Leitfähigkeitsabfall von W-Cu-Ni-Verbundmetallen mit steigendem Nickelgehalt ist in Abb. 129 in Abhängigkeit vom W/Ni-Verhältnis nach H. H. Hausner [*6*] angegeben. Nach H. H. Hausner [*6a*] zeigt die Festigkeit von W-Ni-Cu-Verbundmetallen in Abhängigkeit vom Ni/Cu-Verhältnis ein Maximum. Die

Maximalwerte der Zugfestigkeit liegen fur W-Ni-Cu 76/16/8 bei 80,8 kp/ mm^2 fur W-Ni-Cu 87/7/9 bei 85,7 kp/mm^2 und fur W-Ni-Cu 90/2,3/7,7 bei 92,0 kp/mm^2. Wegen ihrer hohen Abbrandfestigkeit im Lichtbogen sind W-Cu-Ni-Verbundmetalle als Abbrennkontakte fur hohe Strome im Nieder- und Hochspannungsschalter geeignet [*7*] Der Abbrandmechanismus dieser Verbundmetalle ist anders als z B. bei Ag-Ni-Kontakten Wahrend bei Ag-Ni-Verbundmetallen eine Zermurbung des Kontaktmaterials durch Rißbildung in die Tiefe eintritt, erfolgt bei W-Ni-Cu-Kontakten die Materialabtragung in einer dunnen Oberflachenschicht, ohne daß das darunter liegende Kontaktmaterial eine Veranderung zeigt. Das Fehlen der in die Tiefe des Kontakts gehenden Risse ist auf die hohe Materialfestigkeit zurückzufuhren, so daß die thermisch verursachten mechanischen Spannungen keine Rißbildung verursachen. Wahrend Reinwolfram beim Hartlöten mit den ublichen Silberhartloten mit etwa 60% Ag auch unter Verwendung von Flußmitteln eine schlechte Benetzung zeigt, besitzen W-Ni-Cu-Verbundmetalle eine gute Benetzbarkeit gegenuber Hartloten und eine gute Hartlötbarkeit. Die gunstigen Abbrand- und Loteigenschaften dieser Verbundmetalle machen ihren Einsatz in solchen Schaltgeraten moglich, in denen bisher die teuren hintergossenen W-Cu-Verbundmetalle eingesetzt worden sind. Nach einem Vorschlag des Verfassers bietet das System W-Ni-Cu auch Vorteile fur Durchdringungsverbundmetalle. Danach wird aus der W-Ni-Cu-Pulvermischung ein hochporöses Gerust gesintert, das mit Cu oder einer Cu-Legierung oder Ag getrankt wird. Die gute Benetzungsfahigkeit des Gerusts ermöglicht eine vollstandige Trankung mit dem Trankmetall. G. H. S. PRICE und S. V. WILLIAMS [*8*] haben ein aus lose gepacktem WO_3, das mit 3 bis 4% Ni gemischt war, durch Reduktion ein Gerüst erhalten und dieses mit Cu oder Ag getrankt.

T. MATSUKAWA [*9*] gibt W-Ni-Cu-Verbundmetalle fur elektrische Kontakte an, die aus einem Mischpulver mit elektrochemisch niedergeschlagenem Kupfer hergestellt werden. Zur Herstellung wurde 35 g Ni-W-Pulvermischung (0,05/95,96) mit 15 g Zink (Korngröße der Pulver <149 μm) mit 300 ml waßriger Kupfersulfatlosung behandelt (aquivalent zu 15 g Kupfer) und das Produkt filtriert, gewaschen und bei 500 °C in Wasserstoff erhitzt. Das Mischpulver besteht aus 68,2% W, 2,8% Ni und 29% Cu; es wird mit 5 Mp/cm^2 verpreßt und bei 1400 °C in Wasserstoff dicht gesintert. Nach dem gleichen Verfahren beschreibt T. MATSUKAWA [*10*] auch die Herstellung von W-Cu-Co-68,2/29/2,8-Verbundmetall fur elektrische Kontakte. Vom gleichen Verfasser wird ein Fallungsmischpulver beschrieben [*10*], das aus Ammonparawolframat und konzentrierter NH_4OH mit waßriger Losung von $CuSO_4$-Losung gefallt wird und nach dem Waschen mit Wasser und Trocknen durch Gluhen bei 900 °C in Wasserstoff in das Fallungsmischpulver ubergefuhrt wird, das wie oben beschrieben gepreßt und gesintert wird. Aus Wolframaten wurden auch

Mischpulver aus W-Ni-Co-Fe gewonnen, die zum Gerust gesintert und mit Ag oder Cu getrankt wurden [*11*].

Das System Mo-Ni-Cu ist ebenfalls in der Patentliteratur beschrieben [*12*].

Schwermetalle mit Eisenmetallbindern und Bindern wie Eisen-Nickel-Molybdan und Eisen-Nickel-Mangan wurden zuerst von R. Kieffer und E. Nachtigall [*12a*] beschrieben.

Durch Ersatz des Cu im W-Ni-Cu durch Eisen konnten E. C. Green, E. J. Jones und W. R. Pitkin [*13, 14*] eine großere Loslichkeit des Wolframs in dem flussigen Bindemetall feststellen und erhielten Sinterkorper mit gunstigeren Festigkeitseigenschaften sowie hoherer Dehnung. Die Verfasser haben an W-Ni-Fe 90/7/3 Verbundmetall bei der Sinterung zwischen 1300 und 1400 °C einen steilen Anstieg der Sinterverdichtung beobachtet. Die gleichen Verfasser haben auch den Einfluß der Sinterzeit und der Abkuhlgeschwindigkeit untersucht Die Ergebnisse sind in der

Tabelle 21

Einfluß der Sintertemperatur und -zeit auf die Eigenschaften von W-Ni-Fe 90/7/3
(nach E. C Green, E. J. Jones u. W R. Pitkin [*13, 14*])

Sinter--Temperatur °C	Sinter--zeit Min.	Dichte g/cm³	Zugfestigkeit kp/mm²	Streckgrenze kp/mm²	Dehnung %
rasch abgekuhlt					
1420	15	17,06	70,8	65,3	1,3
1420	30	17,01	74,0	65,3	1,8
1420	60	17,03	78,3	67,2	4,4
1430	15	17,04	68,4	62,7	1,1
1430	30	17,00	73,3	67,2	1,7
1430	60	17,03	88,3	67.2	7,1
1440	15	17,04	73,3	68,3	1,5
1440	30	17,05	74,5	65,9	3,2
1440	60	17,03	83,3	64,6	7,0
1450	15	17,04	72,1	62,8	1,6
1450	30	17,04	72,1	65,9	2,1
1450	60	17,05	69,6	62,8	1,7
1460	15	17,07	68,7	63,4	1,6
1460	30	17,09	76,5	67,1	2,2
1460	60	17,03	85,7	69,0	7,5
langsam abgekuhlt					
1420	15	17,06	70,2	64,7	0,9
1420	30	17,01	80,8	64,7	4,0
1420	60	17,03	91,0	66,5	16,0
1430	15	17,02	80,8	60,3	4,7
1430	30	17,04	109,3	82,0	10,4
1430	60	17,05	94,5	67,8	22,2
1440	15	17,03	77,6	68,4	3,9
1440	30	17,03	85,8	62,2	7,9
1440	60	17,05	92,0	67,2	18,8
1460	15	17,08	87,0	70,3	7,8
1460	30	17,01	93,9	62,5	20,4
1460	60	17,05	93,9	55.6	29,9

Tab. 21 zusammengestellt. Die Dichte ist innerhalb der in der Tabelle angegebenen Bedingungen unabhangig von der Sinterzeit und -temperatur. Festigkeit und Dehnung steigen mit der Sintertemperatur und -zeit an. Die Dehnung sinkt mit steigendem W-Gehalt und steigt mit langsamer Abkuhlung an. Die W-Ni-Fe-90/7/3-Verbundmetalle konnten ohne Zwischengluhung 60% kalt gewalzt werden, wobei Vickersharte von 330 auf 520 kp/mm² angestiegen ist. Die W-Ni-Fe-Verbundmetalle haben bessere Dehnungswerte als die entsprechenden W-Ni-Cu-Verbundmetalle, und die Festigkeit ist weniger empfindlich gegenuber der Abkuhlgeschwindigkeit nach der Sinterung. Die W-Ni-Fe-Verbundmetalle werden nach R. Bernard fur die oben angegebenen Schwermetallanwendungsfalle eingesetzt. Auch das von D. Heuer [*15*] beschriebene Superschwermetall „Weralloy", bestehend aus W-Ni-Cu 90/6/4 bzw. W-Ni 95/5, wird bevorzugt fur Strahlenschutz eingesetzt.

Literatur zu 9.434

[*1*] Price, G. H. S., C. J. Smithells u. S. V. Williams: J. Inst. Metals 62 (1938) 239–254.

[*2*] Brit. Pat. 447567.

[*3*] Ellinger, F. H., u. W. P. Sykes· Trans. Amer. Soc. Metals 28 (1940) 619–642.

[*4*] Kieffer, R., u. W. Hotop: Pulvermetallurgie und Sinterwerkstoffe, Berlin/Gottingen/Heidelberg: Springer 1948, S. 135.

[*5*] Hausner, H. H.: Powder Met. Bull. 2 (1947) 6.

[*6*] Hausner, H. H.: Metals and Alloys 18 (1943) 1325.

[*6a*] Hausner, H. H., u. P. W. Blackburn: J. Wulff, Powder Metallurgy Am. Soc. Metals, Cleveland 1942, S. 470.

[*7*] Price, G. H. S., S. V. Williams u. C. J. O. Garrard: Gen. Elec Co. (London) 11 No. 4 (1941) 223.

[*8*] Price, G. H. S., u. S. V. Williams. Brit. Pat. 608124.

[*9*] Matsukawa, T.: Jap. Pat. 3952.

[*10*] Matsukawa, T.: Jap. Pat. 7556.

[*11*] Matsukawa, T.: Jap. Pat. 4355.

[*12*] US-Pat. 2843921.

[*12a*] Ö. Pat. 176975.

[*13*] Green, E. C., D. J. Jones u. W. R. Pitkin: Brit. Pat. 760113.

[*14*] Green, E. C., D. J. Jones u. W. R. Pitkin: Iron Steel Inst. Special Report Nr. 58 (1956) S. 253–256.

[*15*] Heuer, D.: Feingeratetechnik 9 (1960) 85–88.

9.44 Heterogene Legierungen der Systeme Metall-Metallverbindung

Die Metallverbindung kann aus einem Metalloxyd, Metallkarbid, Metallborid, Metallsilizid oder einem Metallnitrid bestehen (s. Tab. 6, S. 12). In der Tab. 22 sind die am haufigsten verwendeten Verbundstoffe dieser Systeme zusammengestellt.

Tabelle 22. *Verbundstoffe fur elektrische Kontakte*

Verbund-stoff	Schwachstrom-kontakte kleine Schaltleistung kein Lichtbogen	Starkstromkontakte (Lichtbogen) für mittlere Schaltleistung bis etwa 10^5 VA	Starkstromkontakte (Lichtbogen) für große Schaltleistung $> 10^5$ VA
M_1-M_2-Oxyd		Ag-CdO 95/5 bis 80/20 Ag-In_2O_3 95/5 bis 90/10 Ag-SnO_2 95/5 bis 80/20 Ag-PbO 95/5 bis 80/20 Cu-PbO 95/5 bis 80/20 Ag-MoO_3 95/5 bis 90/10 Ag-Fe_2O_3 95/5 bis 85/15	Ag-CdO 95/5 bis 80/20
M_1-M_2-Karbid			Ag-WC 70/30 bis 20/80 Cu-WC 70/30 bis 20/80 Ag-Mo_2C 70/30 bis 20/80
M_1-M_2-M_3-Oxyd		Ag-Ni-CdO Ni 5 bis 20 CdO 5 bis 15 Ag-Ni-MgO Ni 2 bis 20 MgO bis 2,5	

Die bekanntesten Metalloxydzusatze, die Verbundstoffe mit fur elektrische Kontakte gunstigen Eigenschaftsspektren geben, sind solche von CdO, In_2O_3, SnO_2, PbO, MoO_3, Fe_2O_3 und MgO, die bekanntesten Karbidzusatze sind WC und Mo_2C. Die Herstellung der Verbundstoffe kann, wie in Abschn. 9.3 ausgefuhrt, durch Pressen und Sintern der Pulvermischung oder durch Tranken eines Gerusts mit dem niedrigschmelzenden Metall erfolgen. In der Tab. 22 sind die Grenzen der Zusammensetzung der Verbundstoffe angegeben; daruber hinaus ist auf die Bereiche der Schaltleistung hingewiesen, in denen diese Kontakte meist eingesetzt werden.

In den folgenden Abschnitten sind die Systeme Metall-Metalloxyd, Metall-Metallkarbid und Metall-Metalloid naher behandelt.

9.441 Metall-Metalloxyd: Silber-Kadmiumoxyd und Silber-Zinnoxyd

9.441.1 Übersicht. Mit Metalloxydzusätzen zu den bereits bekannten Grundmetallen lassen sich Verbundstoffe herstellen, die fur verschiedene Starkstromanwendungsfalle gunstige Eigenschaftskombinationen besitzen. Durch einen Metalloxydzusatz zu Silber oder Kupfer werden die Festigkeiten von Klebe- oder Schweißbrucken, die Lichtbogenlauf- und Loscheigenschaften sowie das Abbrandverhalten gunstig beeinflußt. Auch der Kontaktwiderstand bleibt in einem fur die Anwendung brauchbaren Bereich. Die wichtigsten Kontaktstoffe der Gruppe Metall-Metalloxyd sind Ag-CdO und Ag-SnO_2. Gelegentlich werden zur Einstellung bestimmter Eigenschaftskombinationen noch weitere Metalle, wie Ni, Mo oder W, als dritte Komponente zugesetzt. In weit geringerem Maße werden die Kombinationen Ag-PbO, Cu–PbO, Ag-In_2O_3, Ag-Fe_2O_3 sowie Ag-Ni-MgO als Starkstromkontakte eingesetzt.

Ag-CdO-Kontakte wurden in USA während des 2. Weltkriegs für Flugzeugrelais bei 28 V Gleichspannung, einem Nennstrom von 200 A und Überlasten bis 2000 A eingesetzt [*1*]. Im Jahre 1945 geben F. R. HENSEL und E. I. LARSEN [*2*] Angaben zur Herstellung von Ag-CdO-Kontakten aus einer Pulvermischung von Silber und Kadmiumoxyd durch Pressen und Sintern [*3*]. Die von den Verfassern angegebenen Eigenschaftswerte sind in Tab. 23 zusammengestellt. Die Pulvermischungen Silber mit 2,5, 5 und 10% CdO (1. Spalte) wurden mit 1,4 bis

Tabelle 23. *Eigenschaften von Silber-Kadmium-Kontakten verschiedener Zusammensetzung*
(nach F. R. HENSEL u. E. I. LARSEN)

Preßdruck = 1,4 bis 2,13 Mp/cm², Sinterung: 800 °C 1 h an Luft, Nachpreßdruck. 7,03 Mp/cm²

% CdO	γ_P g/cm³	γ_S g/cm³	γ_{NP} g/cm³	Elektrische Leitfähigkeit $\frac{1}{\Omega}\frac{m}{mm^2}$	Härte Rockwell *F*	σ_{BZ} kg/mm²	δ %
2,5	7,85	8,43	10,1	h 51,4	74	14,9	1,56
				g 55,0	18	12,7	16,78
5	7,72	8,19	9,99	h 48,5	76	17,6	1,56
				g 54,2	30	12,0	8,57
10	7,50	7,8	9,8	h 40,0	81	18,3	0
				g 46,4	40	12,0	4

h: in kaltverformtem hartem Zustand
g: bei 600 °C ½ h an der Luft weichgeglüht

2,13 Mp/cm² gepreßt und die Preßkörper bei 800 °C 1 h an Luft gesintert; die Sinterkörper wurden mit 7,1 Mp/cm² kalt nachgepreßt. Die Preß-, Sinter- und Nachpreßdichten, die elektrische Leitfähigkeit, Härte sowie die Zugfestigkeit und Dehnung sind in der Tab. 23 angegeben. Die vier letzteren Eigenschaften sind für die kaltverformten (h) und die bei 600 °C während 0,5 h an Luft weichgeglühten Sinterkörper (g) in der Tab. 23 enthalten. Mit zunehmendem CdO-Gehalt nehmen die elektrische Leitfähigkeit der Theorie entsprechend ab und die Härte zu; die Festigkeit ändert sich nicht wesentlich, während die Dehnung mit steigendem CdO-Gehalt ebenfalls abnimmt.

Von E. I. SHOBERT [*4*] werden 1945 Ag-CdO-Kontakte mit bis zu 20% CdO, nach dem gleichen Verfahren hergestellt, beschrieben. E. F. SWAZY und V. E. HEIL [*5*] weisen auf die guten Kontakteigenschaften der Ag-CdO-Verbundstoffe hin. Von der Igranic Co. Ltd. [*6*] wurden 1947 Ag-CdO-Kontakte unter Zusatz eines Metallsalzes hergestellt; Ag-CdO-Kontaktstifte konnten durch Pressen mit 7 Mp/cm² auf das Trägermetall genietet werden [7]. Im gleichen Jahre beschreibt diese Firma Ag-CdO-Kontakte mit einer Silberschicht für die Hartlötung [8] durch gemeinsames Pressen einer Schicht aus Silberpulver und einer Schicht aus der Pulvermischung. Nach dem Sintern wird der Streifen wiederholt warmgewalzt und bei 650 °C zwischengeglüht. HANDY & HARMAN [9] geben die gemeinsame Fällung der Hydrate von Ag und Cd aus der Lösung der beiden Nitrate mit NaOH an. Der Niederschlag wird bei 480 °C an der Luft erhitzt und die aus fein verteiltem Ag und CdO bestehende Pulvermischung gepreßt und gesintert.

Wenige Jahre nach der Herstellung von Ag-CdO-Kontakten aus der Pulvermischung wurde ein anderes Verfahren zu deren Herstellung bekannt. Durch „innere Oxydation" der homogenen Ag-Cd-Legierung, deren Gefüge aus α-Mischkristallen besteht, wird der heterogene Ag-CdO-Verbundstoff erhalten [10]. Das CdO ist dabei im Silbergrundmetall in sehr feiner und gleichmäßiger Verteilung enthalten. Das im Jahre 1951 auch in USA [11] angewandte Verfahren der inneren Oxydation führt die im Silber legierte Unedelmetallkomponente durch Glühen in sauerstoffhaltiger Atmosphäre zwischen 600 und 800 °C in das Oxyd über. Durch die Herstellung der Kontakte aus der gut verformbaren Ag-Cd-Legierung und innere Oxydation der Formteile (Niete, Platten usw.) erlaubt dieses Verfahren niedrige Herstellungskosten. Es ist ein schmelzmetallurgisches Verfahren mit einer Warmnachbehandlung der Formteile in sauerstoffhaltiger Atmosphäre. Im vorliegenden Zusammenhang wird das Verfahren deshalb behandelt, weil es, wie der Verfasser zeigen konnte, mit dem pulvermetallurgischen Verfahren verknüpft Kontakte herzustellen gestattet, die verschiedene Vorteile aufweisen (s. S. 169).

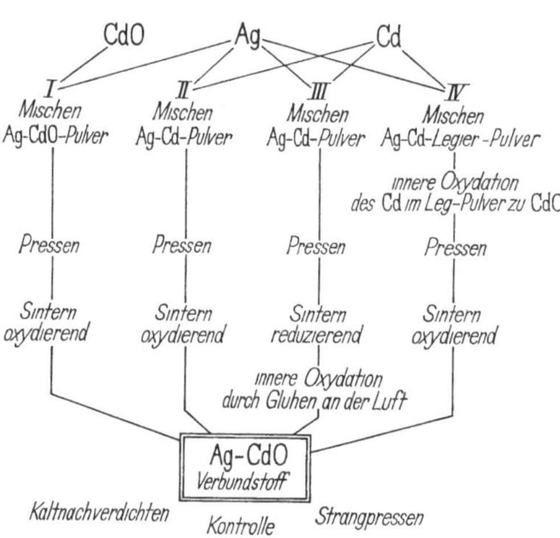

Abb. 130. Wege zur Herstellung von Silber-Kadmium-Verbundstoffen.

9.441.2 Herstellung. Die verschiedenen Wege zur Herstellung von Verbundstoffen sind am Beispiel des Ag-CdO in Abb. 130 zusammengestellt. Das klassische pulvermetallurgische Verfahren aus den innig gemischten Silber- und Kadmiumoxydpulvern wurde oben bereits beschrieben. Durch Pressen mit Drücken zwischen 2 und 8 Mp/cm² werden Preßkörper erhalten, die oxydierend an der Luft oder in reinem Sauerstoff gesintert werden. Die Sintertemperaturen liegen zwischen 700 und 900 °C, die Sinterzeit zwischen 0,5 und 2 h. Bei der Herstellung von Fertigformteilen wird durch Kaltnachpressen mit Drucken von 6 bis 10 $\mathrm{Mp/cm^2}$ bis zu einem Raumerfullungsgrad $\varrho \to 1$ verdichtet. Sinterkörper in Streifenform konnen durch Kalt- oder Warmwalzen auf die gewünschte Stärke gebracht und dabei verdichtet werden. Aus den gewalzten Blechen werden die Kontakte durch Schneiden oder Stanzen erhalten. Auf das Nachpressen zur Nietform wurde bereits hingewiesen [*7*]. Der zweite Weg geht von einer Mischung der beiden Metallpulver Silber und Kadmium aus, und die Oxydation des Kadmiums zu Kadmiumoxyd erfolgt während des Sinterns in oxydierender Atmosphäre. Der Sauerstoff tritt in den porenhaltigen Preßkorper schneller ein als in einen porenfreien Schmelzkorper, und es wird bei den ublichen Sinterzeiten eine gleichmaßige und vollständige Oxydation des Kadmiums erhalten. Nach dem dritten Weg wird die Mischung der Silber- und Kadmiumpulver zuerst reduzierend gesintert. Dabei liegt das Kadmium oberhalb des Schmelzpunkts (321 °C) vorübergehend in flüssiger Phase vor und gibt nach Diffusion mit dem Silber Mischkristalle. Die noch porenhaltige Ag-Cd-Sinterlegierung wird durch Gluhen an der Luft oder in Sauerstoff inneroxydiert und ergibt den Silber-Kadmiumoxyd-Verbundstoff. Die Porosität fuhrt bei gleicher Dicke der Sinterkorper zu einer kurzeren Oxydationszeit als beim Schmelzkörper. Die porenfreie Ag-Cd-Schmelzlegierung benotigt beim Gluhen bei 800 °C an der Luft sehr lange Gluhzeiten. Die langen Gluhzeiten haben ein starkes Kornwachstum zur Folge. Die Teilvorgange der inneren Oxydation sind die Sauerstoffadsorption an der Oberflache, die Sauerstoffdiffusion im Silber und die Reaktion des Kadmiums mit dem Sauerstoff zu Kadmiumoxyd. Die Diffusion bestimmt als langsamster Vorgang die Geschwindigkeit des Gesamtablaufs. Die zeitliche Zunahme der Starke der inneroxydierten Schicht x ist durch Gl. (44) gegeben (vgl. W. SEITH [*12*]).

$$\frac{\mathrm{d}x}{\mathrm{d}t} = \frac{K}{x}. \tag{44}$$

Durch Integration erhalt man Gl. (45).

$$x = K\sqrt{t}. \tag{45}$$

Die Oxydationstiefe ergibt, uber der Wurzel der Gluhzeit aufgetragen, eine Gerade. In Abb. 131 ist diese Abhangigkeit für die innere Oxydation einer Ag-Cd-Legierung mit 10% Cd durch Gluhen bei 800 °C an der Luft bestatigt (voll ausgezogene Kurve). Die strichliert gezeichnete Gerade gibt die Ergebnisse der in den Abb. 133 bis 136 nach verschiedenen Gluhzeiten dargestellten Proben an. Die strichpunktierte Gerade ist nach den von H. SPENGLER [*13*] fur Ag-Cd 85/15 (800 °C Luft) angegebenen Werten gezeichnet. Eine Oxydationstiefe von 1,5 mm macht bei der 800°-Luftgluhung eine Gluhdauer von mehreren Tagen erforderlich. E RAUB und W. PLATE [14] geben Oxydationskurven von Ag-Cd-Legierungen mit Kadmiumgehalten von 5 und 8% beim Gluhen bei 600 und 700 °C in Sauerstoff an Bei der technischen Durchfuhrung der inneren Oxydation ist die Eindringtiefe außer von der Temperatur und dem Sauerstoffpartialdruck auch von der Anordnung des Gluhguts im Ofen abhangig. Damit alle Teile gleichmaßig inneroxydiert werden, konnen kleine Kontakte (Niete usw.) in gasdurchlassige Silikatmassen eingebettet oder damit abgedeckt werden. S STOLARZ [16a] hat die Gewichtszunahme beim Gluhen an Luft von Silber-Kadmium-Sinterkorpern mit 3, 9, 15 und 20% Cd sowie von Silber-Kadmium-Legierungen mit 5,4, 9,2, 12,6, 16,1 und 18,7% Cd in Abhangigkeit von der Gluhzeit (5 bis 120 min) fur 400, 500, 600, 700 und 800 °C angegeben. Die Gewichtszunahme des Sinterkorpers mit 9% Cd betrug nach zweistundiger Gluhung bei 800 °C 4,38 mg/cm² und fur die Legierung mit 12,55% Cd 2,980 mg/cm². Abb. 132 zeigt die Korngroße der Ag-Cd-90/10-Legierung im Querschliff. Die Legierung wurde auf ein 3,5 mm starkes Blech gewalzt und bei 650 °C 1 h an

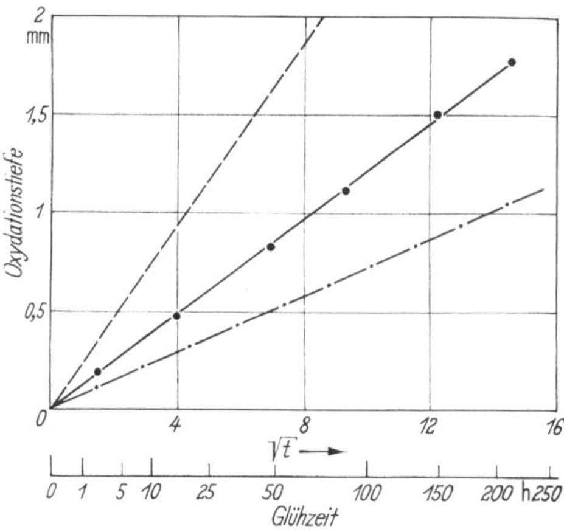

Abb. 131. Innere Oxydation von Ag-Cd-90/10, Oxydationstiefe als Funktion der Gluhzeit.

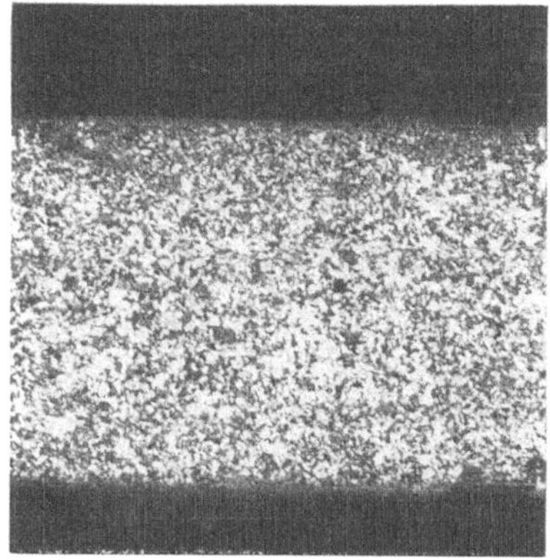

10 1

Abb 132. Ag-Cd-Schmelze 90/10 auf 3,5 mm Blech gewalzt, bei 650 °C an Luft gegluht.

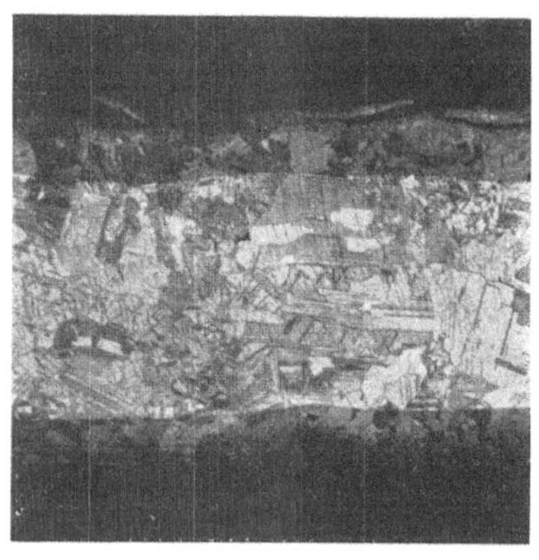

10 1

Abb 133. Ag-Cd-90/10-Blech bei 800 °C 8 h an Luft gegluht, Ag-CdO-Schicht 0,65 mm.

der Luft gegluht; danach erfolgte die innere Oxydation bei 800 °C an Luft. Die Abb. 133, 134, 135 und 136 zeigen die Querschliffe dieses Blechs nach 8, 20, 40 und 100 h Gluhzeit. Die in den Bildern dunkel erscheinenden Ag-CdO-Schichten sind deutlich von der inneren Schicht aus der noch nicht oxydierten Silber-Kadmium-Legierung unterscheidbar.

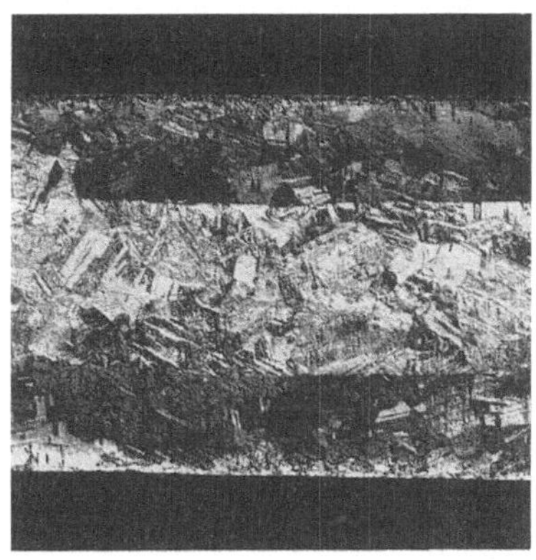

10 1

Abb. 134. Ag-Cd-90/10-Blech bei 800 °C 20 h an Luft gegluht, Ag-CdO-Schicht 1,0 mm.

10 1

Abb 135 Ag-Cd-90/10-Blech bei 800 °C 40 Stunden an Luft gegluht, Ag-CdO-Schicht 1,4 mm.

Nach Angaben des Verfassers [*15, 16*] kann auch das Ag-Cd-Legierungspulver der inneren Oxydation unterworfen werden und das Ag-CdO-Verbundstoffpulver durch Pressen, Sintern und Nachpressen zum Kontakt verarbeitet werden (Weg 4). Bei Legierungspulvern beträgt die maximal

10 1

Abb. 136. Ag-Cd-90/10-Blech bei 800 °C 100 h an Luft gegluht, Ag-CdO-Schicht 1,75 mm (durchoxydiert)

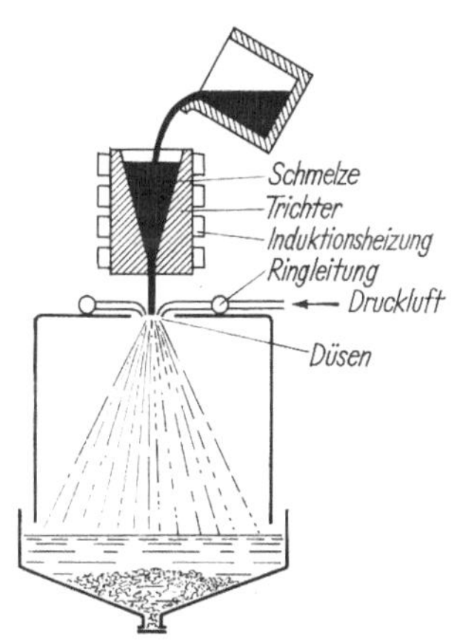

Abb 137. Metallpulverherstellung durch Zerblasen des Schmelzstrahles.

erforderliche Oxydationstiefe den halben Korndurchmesser der größten Teilchen. Fur eine Korngroße von < 0,3 mm sind die Gluhbedingungen so auszulegen, daß die Oxydationstiefe 150 μm betragt. Dadurch werden die sehr langen Gluhzeiten, die bei der inneren Oxydation eines Blechs aus der Legierung erforderlich sind, um etwa den Faktor 10^2 reduziert.

Das Verfahren ist auch von der Ausgangspulverseite her sehr wirtschaftlich. Das Ag-CdO-Pulver wird durch Verdüsen der Ag-Cd-Legierung in oxydierender Atmosphare und kurzzeitiges Gluhen erhalten. Abb. 137 zeigt die Verdusungsanlage schematisch. Das inneroxydierte Pulver wird abgesiebt und die Korngröße < 0,3 mm mit 8 Mp/cm² verpreßt. Bei Ag-CdO 90/10 betragt die Preßdichte 9,73 g/cm³. Die Sinterung erfolgt zwischen 700 und 900 °C wahrend 0,5 bis 2 h an der Luft. Die Sinterdichte ist praktisch gleich der Preßdichte. Durch Kaltnachpressen der Sinterteile mit 6 bis 10 Mp/cm² wird praktisch die theoretische Dichte erreicht. Durch Zweischichtenfullung beim Pressen kann der Ag-CdO-Verbundstoffkontakt als Fertigformkontakt mit einer Reinsilber-, Kupfer-, Eisen-, Monel- oder einer anderen gut niet-, hartlot- oder schweißbaren Schicht versehen werden (s. S. 212). Dadurch ist ein einwandfreies Aufbringen dieses Ag-CdO-Kontakts auf das Trägermetall möglich. Neben der Wirtschaftlichkeit des Verfahrens bietet es insbesondere für Starkstromkontakte die folgenden technischen Vorteile:

Auch komplizierte Teile konnen als Formteile bei 100%iger Materialausnutzung gepreßt werden, ohne daß die Dicke des Kontakts bis zu den maximal geforderten Starken begrenzt ist.

Das Verfahren besitzt gegenuber der inneren Oxydation von Legierungskontakten den Vorteil, daß es Kontakte mit uber die gesamte Stärke gleichmaßigerer CdO-Verteilung und -Korngröße liefert.

In einer etwa 150 μm starken CdO-Oberflachenschicht ist die CdO-Ausscheidung bei gleicher Gluhtemperatur wesentlich feiner als in tieferen Schichten (s. folgenden Abschnitt). Mit sinkender Gluhtemperatur nimmt die mittlere Korngroße der CdO-Ausscheidungen ab. Beide Effekte sind wegen der beim Pulver notigen kleinen Oxydationstiefe anwendbar.

Auch bei Temperaturen unterhalb 800 °C (bis 500 °C) sind die fur die vollständige Oxydation erforderlichen Gluhzeiten wirtschaftlich tragbar. Auf den Wert einer feinen Verteilung der nichtmetallischen Einschlusse hat auch A. Keil [*17*] hingewiesen, wobei gerade Vorgange bei Temperaturen oberhalb des Silberschmelzpunkts, wie sie an der Kontaktoberflache auftreten, von der Oxydkorngroße beeinflußt werden.

Aus Mischungen des inneroxydierten Silber-Kadmium-Legierungspulvers mit anderen Pulvern lassen sich durch Pressen, Sintern und Nachpressen Kontaktstoffe herstellen, die besonders fur Starkstromkontakte günstige Eigenschaftskombinationen ermoglichen. Als Beispiel wird Silber-Kadmiumoxyd-Nickel mit bis 15% CdO und bis 40% Ni angefuhrt.

Die innere Oxydation von Silberlegierungen mit Lithium, Beryllium und Magnesium wird von H. SPENGLER [*32*] bei 600 und 800 °C Oxydationstemperatur an Luft durch mikroskopische sowie durch Harte- und Leitfahigkeitsmessungen beschrieben. Die innere Oxydation folgt dem parabolischen Zundergesetz. Die hohe Bildungswarme der Oxydphasen fuhrt bei Legierungen mit bis zu 1 bis 2 Atom-% Unedelmetall zu gleichmaßig verteilten feindispersen submikroskopischen Ausscheidungen der Oxydphasen. Bei großerem Unedelmetallgehalt der Legierungen treten bei der inneren Oxydation mikroskopische sichtbare Ausscheidungen der Oxydphasen im Gefuge auf, die zum Teil orientiert und ungleichmaßig verteilt sind. Die Dispersionshartung durch feine Oxydausscheidungen bei der inneren Oyxdation erreicht nach den Angaben von H. SPENGLER bei Silber-Magnesium-Legierungen die hochsten Werte.

9.441.3 Eigenschaften der Silber-Kadmiumoxyd-Verbundstoffe

Gefüge. Die Kontakteigenschaften der Metall-Metalloxyd-Verbundstoffe werden durch die in das Metall eingelagerten Metalloxydteilchen beeinflußt. Das Gefuge dieser Einlagerungsverbundstoffe ist durch den Gehalt an Metalloxyd sowie durch Korngröße und Verteilung der im Grundmetall eingelagerten Oxydteilchen festgelegt. Wie bei Ag-Ni (s. S. 117) kommt durch das Pressen der Pulver eine nur geringe Anisotropie zustande, die beim Sintern noch vermindert wird und haufig in den isotropen Zustand ubergeht. Durch mechanische Verformung des Sinterkörpers (z.B. durch Walzen) entsteht ein Korper mit erneuter, gewöhnlich großerer Anisotropie.

Bei Verbundstoffen, die aus einer Mischung von Ag- und CdO-Pulver hergestellt sind, haben Kornform und -große der Ausgangspulver den größten Einfluß auf das Gefuge. Der Einfluß der Preß- und Sinterbedingungen tritt dagegen zurück. Die CdO-Korngroße der in der Literatur angegebenen Ag-CdO-Verbundstoffe ist wegen der verwendeten, meist nicht naher beschriebenen Ausgangsstoffe unterschiedlich. Das von F. R. HENSEL und E. I. LARSEN [*2*] angegebene Schliffbild zeigt eine mittlere Korngröße von 6 bis 8 μm mit kleinsten Teilchen von 2 μm und größten Teilchen von 20 μm. H. GAGEL und H. DITTLER [*18*] zeigen einen Querschliff eines Kontakts aus Silber mit rund 15% CdO mit groben Oxydeinlagerungen (Lange etwa 200 μm und Dicke etwa 26 μm) quer zur Stromrichtung. In der Mallory-Firmenschrift [*1*] wird ein Schliffbild mit verhaltnismaßig runden CdO-Teilchen der mittleren Korngröße von 8 μm, mit kleinsten Teilchen von 2 μm und großten Teilchen von 40 μm dargestellt. E. RAUB und W. PLATE [*14*] zeigen das Schliffbild einer Ag-CdO-Sinterlegierung mit einer mittleren Korngroße von etwa 10 μm mit kleinsten Teilchen von 1 bis 2 μm und großten Teilchen zwischen 30 und 80 μm. Ein typisches Gefugebild (Abb. 138) eines Ag-CdO-Verbundstoffs der Zusammensetzung mit 11% CdO mit einer mittlereren Korngröße von etwa

10 μm, kleinsten Teilchen von 1 μm und vereinzelten großen Teilchen bis 60 μm wurde vom Verfasser angegeben [*15*]. Eine Verfeinerung der eingelagerten CdO-Teilchen im Ag-CdO-Verbundstoff, der aus der Pulvermischung hergestellt ist, kann durch Naßmahlung des verwendeten CdO und danach der Ag-CdO-Mischung erreicht werden. Abb. 139 zeigt ein

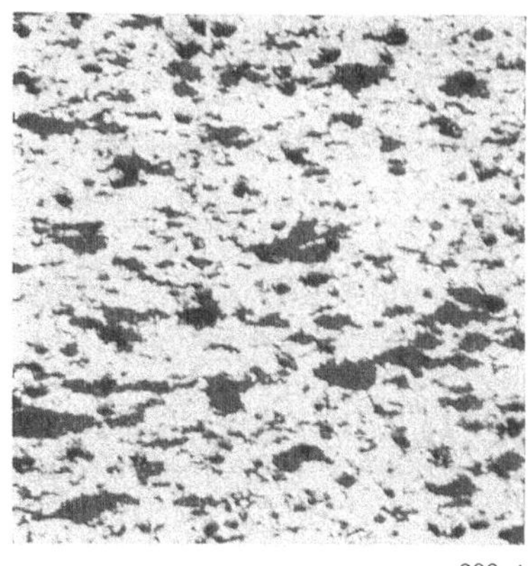

300 : 1

Abb. 138. Querschliff des aus der Pulvermischung hergestellten Ag-CdO-89/11-Verbundstoffes

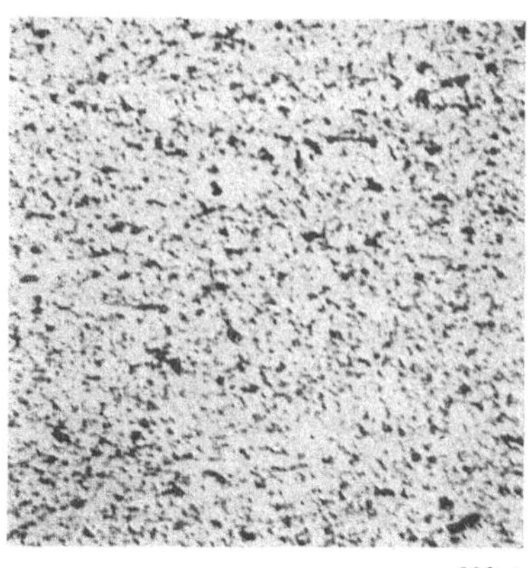

300 : 1

Abb. 139. Gefüge eines Ag-CdO-89/11-Verbundstoffes, aus der naßgemahlenen Pulvermischung hergestellt (Querschliff).

Ag-CdO der Zusammensetzung 88,6/11,4. Die mittlere Korngröße liegt um 1 μm, mit sehr vielen Teilchen $<0{,}2$ μm und wenigen Teilchen bis 10 μm. Bei stärkerer Vergrößerung (Abb. 140) zeigen sich die größeren Teilchen in Abb. 139 als Anhäufung und Zusammenballung mehrerer kleiner CdO-Teilchen.

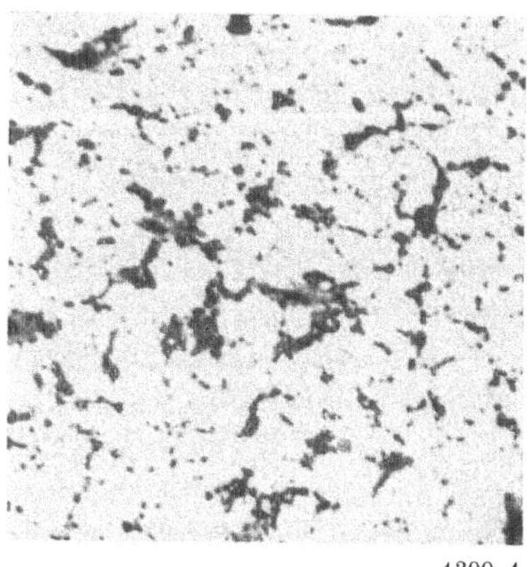

1300 : 1

Abb. 140. Gefüge eines Ag-CdO-89/11-Kontaktes. Ausschnitt aus Abb. 139.

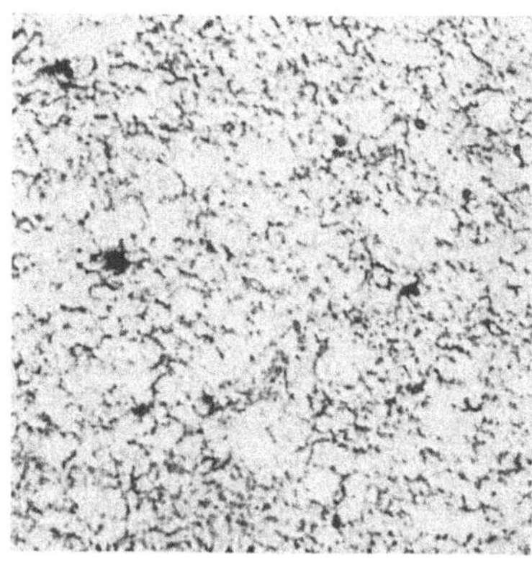

300 : 1

Abb. 141. Gefüge eines Ag-SnO_2-93/7-Verbundstoffes (Querschliff).

Die Naßmahlung der Oxyde und danach der Silber-Metalloxyd-Mischung laßt sich auch auf andere Verbundstoffe anwenden. Abb. 141 zeigt nach diesem Verfahren hergestelltes Ag-SnO_2 der Zusammensetzung 93/7 mit feiner und gleichmaßiger Verteilung des SnO_2 im Silber.

Bei der Herstellung des Ag-CdO-Verbundstoffs aus der Ag-Cd-Legierung durch *Innenoxydation* wird im allgemeinen eine feinkornige CdO-Ausscheidung erhalten. H. GAGEL und H. DITTLER [*18*] geben ein Gefugebild mit Ausscheidungen eines CdO-Verbundstoffs mit rund 15% Cd an, der durch Innenoxydation der entsprechend zusammengesetzten Ag-Cd-Legierung hergestellt wurde; die mittlere CdO-Korngroße betragt 5 μm mit Teilchen zwischen 1 und 10 μm. Die Verteilung ist gleichmaßig. R. PALME [*19*] hat ein Gefugebild eines Ag-CdO-Verbundstoffs angegeben, der aus einer Ag-Cd-Legierung mit 5% Cd durch Gluhen wahrend 50 h bei 800 °C an Luft entstanden ist; die mittlere CdO-Korngröße betragt etwa 2 μm H. SPENGLER [*13*] weist anhand einer Ag-Cd-85/15-Legierung, die bei 800 °C an Luft gegluht war, auf die Abhangigkeit der Korngroße der CdO-Ausscheidungen vom Abstand von der Phasengrenzflache Legierung/Luft hin. SPENGLER gibt die Korngroße an der Oberflachenschicht mit 0,2 μm an; die Korngroße nimmt in der Tiefe zu und betragt in 0,11 mm Tiefe 2 μm, in 0,44 mm Tiefe 4 μm, in 0,74 mm Tiefe 5 μm und soll mit zunehmender Tiefe weiter steigende Tendenz zeigen E. RAUB und W. PLATE [*14*] geben ein Gefugebild eines aus einer Ag-Cd-88/12-Legierung durch oxydierendes Gluhen bei 700 °C wahrend 71 h hergestellten Ag-CdO-Verbundstoffs an. Die Korngröße betragt etwa 1 μm mit großten Teilchen bis 10 μm. Die Verfasser weisen bei hoheren Konzentrationen auf die körnige Ausscheidung der Oxydeinlagerungen im Silber hin, während bei kleinen Konzentrationen und tiefen Oxydationstemperaturen eine orientierte Ausscheidung des Oxyds in den Silberkristallen auftritt. Dies wird an Ag-Zn mit 0,3 bis 2% Zn nach oxydierendem Gluhen bei 400 °C gezeigt, wobei ein Ag-ZnO-Verbundstoff erhalten wird. Nach Mitteilung des Verfassers [*15*] fuhrt die innere Oxydation einer dichten Ag-Cd-Sinterlegierung zu dem gleichen Ergebnis wie bei der entsprechend zusammengesetzten Schmelzlegierung. In den Abb. 142a, b und c wird der Querschliff eines 3-mm-Blechs einer Ag-Cd-90/10-Legierung nach der inneren Oxydation bei 800 °C wahrend 100 h an Luft gezeigt. An der Oberflache (Abb 142a) besitzen die Oxydteilchen die kleinste Korngroße, die in Übereinstimmung mit den Angaben von SPENGLER [*13*] mit zunehmender Tiefe zunimmt. Abb. 142 a zeigt die Schicht von der Oberflache bis 0,34 mm Tiefe, die Abb. 142b von 0,64 bis 1,02 mm Tiefe und Abb. 142c von 1,31 mm Tiefe uber die Blechmitte (1,5 mm) bis 1,68 mm Tiefe. Ein vergroßerter Ausschnitt aus Abb. 142b zeigt die gleichmaßige Verteilung, Kornform und -große der CdO-Ausscheidungen innerhalb einer Zone (Abb 143) Der Effekt unterschiedlicher CdO-Korngroße ist auf das Ausscheiden von CdO von der Oberfläche in die Tiefe fortschreitend zurückzuführen. Durch CdO-Ausscheidung entsteht ein Konzentrationsgefälle, Cd diffundiert in Richtung der Oberfläche und ergibt im Inneren eine an Cd verarmte Zone. Diese Schicht ist auch in Abb. 135 (S. 169) als schmaler heller Streifen in der Mitte sichtbar. Die CdO-Korngroße und der CdO-Gehalt sind in Abb. 144 in Abhangigkeit von der Eindringtiefe dargestellt. Die relative Eindringtiefe ist das Verhaltnis der Oxydationstiefe d zur Blechdicke d_0. Der geringe CdO-Verlust an der Oberflache wird durch Abdampfen wahrend der sehr langen Gluhzeiten hervorgerufen. Die an Cd verarmte Schicht in der Blech-

150:1

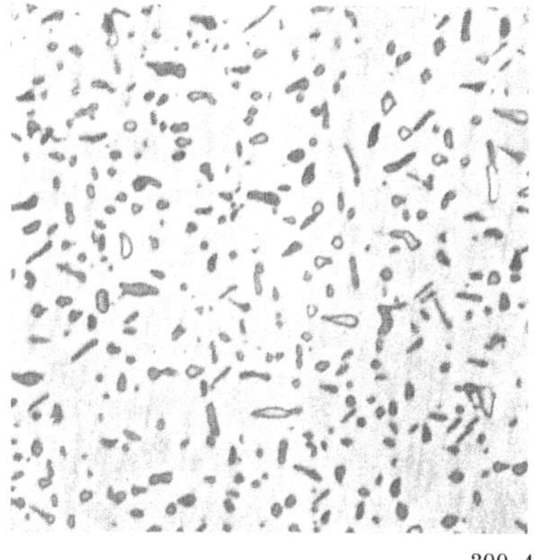

300:1

Abb 143. Gefuge eines Ag-CdO-90/10-Verbundstoffes, hergestellt durch innere Oxydation aus der Silber-Kadmium-Legierung, Ausschnitt aus Abb 142b

Abb. 142a–c Querschliff durch einen Silber-Kadmiumoxyd-Verbundstoff nach innerer Oxydation eines 3-mm-Silber-Kadmium-Bleches. a) Oberflache bis 0,34 mm Tiefe, b) Oberflache 0,74 bis 1,02 mm Tiefe, c) Oberflache 1,31 bis 1,68 mm Tiefe.

mitte ist dann zu berucksichtigen, wenn der Ag-CdO-Kontakt aus Grunden der Schweißsicherheit eingesetzt wird und die CdO-verarmte Schicht mit zunehmendem Kontaktabbrand zur Kontaktoberflache wird. Da die

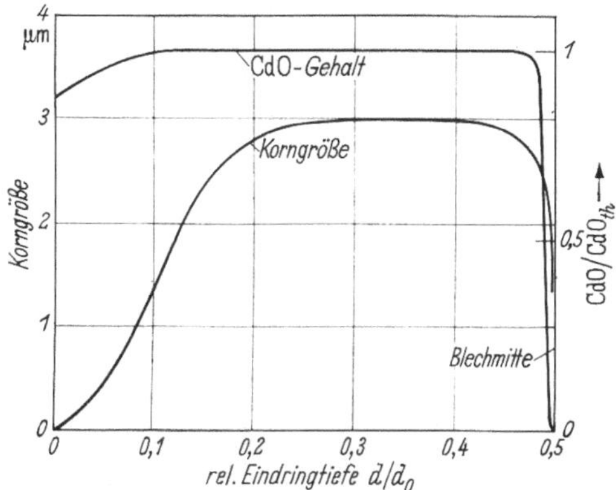

Abb. 144. Kadmiumoxydkorngroße und Kadmiumoxydgehalt als Funktion der Eindringtiefe bei inneroxydierten Blechen aus Silber-Kadmium-Legierungen.

Festigkeit der Brucke zwischen den verschweißten Kontakten mit sinkendem CdO-Gehalt rasch zunimmt, besteht in der CdO-verarmten Mittelzone die Gefahr der Kontaktverschweißung.

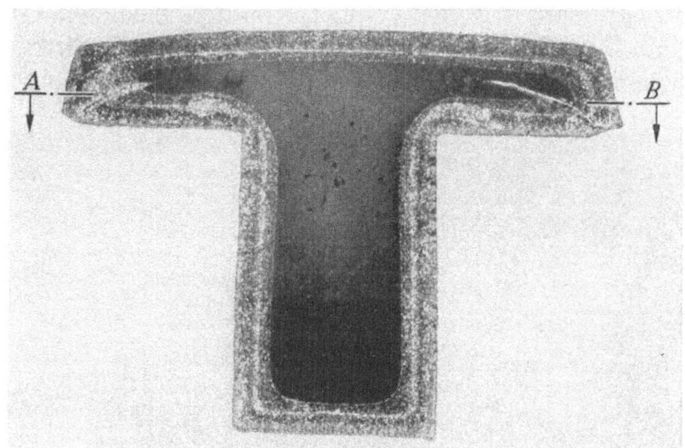

Abb 145 Querschliff durch ein Silber-Kadmium-Niet nach der inneren Oxydation.

Die Abb. 145 zeigt den Querschliff durch ein Niet, das aus einer Ag-Cd-88,7/11,3-Legierung geformt und inneroxydiert wurde. Die Einschnitte am unteren Kopfrand sind beim Stauchen des Nietkopfs durch Faltungen entstanden. Die oxydierte Randzone (12,9 % CdO) setzt sich von dem im

Bild dunkel erscheinenden Ag-Cd-Legierungskern ab. Der Kopfschnitt AB ist in Abb. 146 gezeigt Eine Vergroßerung der inneroxydierten Zone der

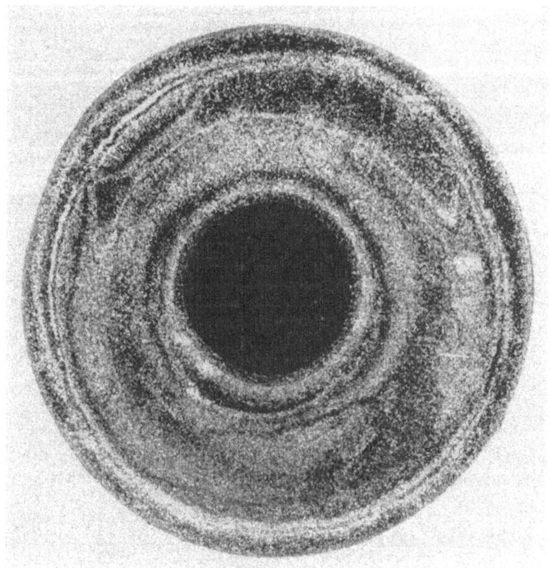

Abb. 146. Gefuge des inneroxydierten Silber-Kadmium-Nietes, Schnitt AB durch den Nietkopf.

Abb. 146 zeigt deutlich mehrere Schichten unterschiedlicher CdO-Korngroße (Abb. 147). Derartige Schichten treten beim Unterbrechen der Innenoxydation durch Abkuhlen und nochmaliges Gluhen auf. Aus dem

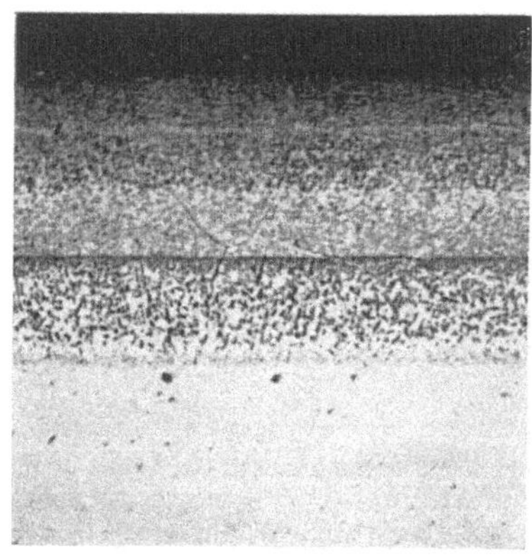

140 1

Abb. 147 Schichtenbildung unterschiedlicher Kadmiumoxydkorngroße bei der inneren Oxydation der Silber-Kadmium-Legierung Ausschnitt aus Abb 145

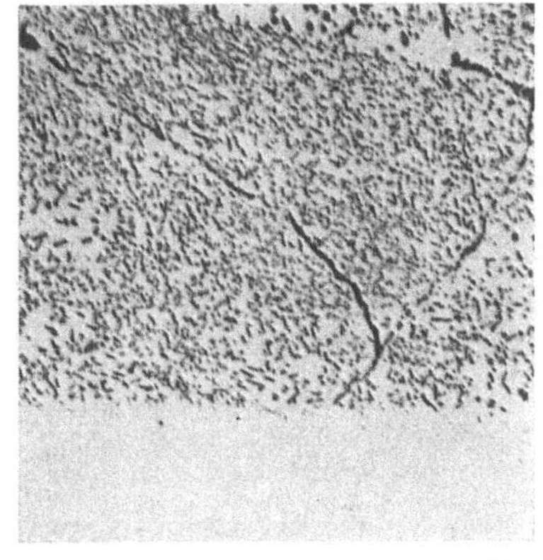

300 1

Abb 148 Inneroxydierte Ad-Cd-90/10-Legierung, Grenzflache Silber-Kadmiumoxyd-Verbundstoff gegen Silber-Kadmium-Legierung im Querschliff

Gefugebild kann noch eine Aussage uber den Diffusionsmechanismus abgeleitet werden Abb. 148 zeigt die Grenzflache zwischen dem Ag-CdO-Verbundstoff und der Ag-Cd-Legierung im Querschliff. Wurde der Sauerstoff entlang der im Bild deutlich sichtbaren Korngrenzen diffundieren, so müßten auch die CdO-Ausscheidungen entlang der Korngrenzen der Grenzflache in das Gitter voranlaufen. In Abb. 148 ist deutlich zu sehen, daß dies nicht der Fall ist, der Sauerstofftransport im Silber erfolgt daher durch Gitterdiffusion.

C. R. MARSLAND [*12a*] weist neben den bereits angefuhrten Verfahren zur Herstellung von Ag-CdO-Kontakten auf ein weiteres Verfahren hin, bei dem aus einer Ag-Cd-Legierung durch innere Oxydation und anschließende Verformung Kontakte mit günstigen Eigenschaften erhalten werden. Der Verfasser beschreibt das Gefuge von Nieten, die aus inneroxydiertem Ag-Cd-Draht durch Stauchen erhalten wurden, als sehr gleichmaßig.

Auf verschiedene Störungen bei der Innenoxydation von Ag-Cd 85/15 und mit höherem Cd-Gehalt hat H. SPENGLER [*13*] hingewiesen. Insbesondere grobe CdO-Ausscheidungen und -Anreicherungen geben dem Kontakt ungunstige Eigenschaften. Dadurch wird die gleichmaßige Verteilung gestort, es bilden sich Schlackenzonen aus, und bei einer Kaltverarbeitung (z. B. Einnieten) entstehen Materialbruche. Bei der inneren Oxydation von Ag-Cd-Sinterlegierungen, bei denen das Cd im Ag noch nicht vollstandig gelöst und gleichmaßig verteilt ist, konnen um die Cd-reicheren Zonen CdO-Schichten erzeugt werden (Abb. 149). Bei Verwendung von Cd-Pulver mit kleiner Korngroße kann die Große der heterogenen Bereiche eingestellt und gleichmaßig im Ag-Grundmetall verteilt werden. Damit ist ein Ag/Ag-Cd/Ag-CdO-Verbundkontakt geschaffen, der bei verschiedenen elektrischen Belastungen Vorteile bietet. Eine geschlossene Ag-CdO-Schicht in der Grenzflache Ag-CdO/Ag-Cd verlangsamt das weitere Eindringen von Sauerstoff und damit die CdO-Bildung. Die an die heterogenen Verbundpulver erinnernden Einlagerungen in Abb. 149 entstehen erst wahrend des Sinterns im Preßkorper.

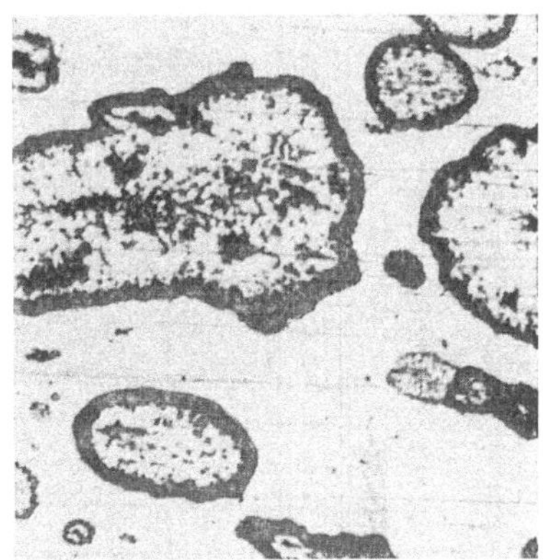

300 : 1

Abb 149 Verbundstoff aus in Silber eingebetteten Silber-Kadmium-Bereichen, die von Silber-Kadmiumoxyd-Schichten umgeben sind.

Sinterdichte. Die Sinterdichte liegt im allgemeinen höher als die Preßdichte; ϱ_S erreicht Werte zwischen 0,75 und 0,85. Durch Nachpressen wird

Tabelle 24. *Physikalische Eigenschaften von Silber–Kadmiumoxyd-Verbundstoffen*

% CdO	Dichte g/cm³	Elektrische Leitfähigkeit λ^{-1} m mm^{-2}		Härte kp/mm² HB	HV	HR	15 T	Zugfestigkeit kp/mm²		Dehnung %		Literatur
		h	g	h	g	h	g	h	g	h	g	
5		55				65–75	15–25	17,6	11,3			*Mallory*: Firmenschrift [*1*]
7,5		52				70–80	23–35	17,6	11,3			
12,5		46,4				–	24–45	–	11,3			
12,5		46,4				–	40–50	–	16,9			
15		43,5				–	45–55	–	21,1			
2,5		51,4	55,0			74	18	17,7	12,7	1,6	16,8	F R. Hensel u. E I. Larsen [*2*]
5		48,5	54,2			76	30	17,6	12,0	1,6	8,6	
10		40,0	46,4			81	40	18,3	12,0	0	4	
5	10,4	52		–	60			–	15	–	10	H. Spengler [*13*]
20	10,0	33		–	120			–	20	–	5	
5					31–33			20–22				E Raub u. W. Plate [*14*]
8					30–31			16–20				
5		55,4				60						A. Keil [*17*]
10		46				74						
15		35,2				86						

6 8 10 12	10,2 10,0 9,9 9,7	49,3–52,2 46,4–49,3 43,5–46,4 37,7–40,6		55–60 65–70 70–75 75–80				*Durrwachter*. Firmenschrift [*17 a*]
15		42	HB 60					H. GAGEL u. H. DITTLER [*18*]
8	10,0	47,5	HV 58					*Mallory*: Firmenschrift [*21*]
10	9,8	46,5		80	40			F. R. FARNHAM [*22*]
8		– 47	–	88		– ∥ 22 – ⊥ 22	– ∥ 33 – ⊥ 35	A. KEIL [*23*]
3 6 9 12 15	(auf 5%)	55 49 46 42 38		48 57 64 72 79				U. DREHMEL [*24*]
15		42						W. RIENACKER, H. SPENGLER u. H. DITTLER [*29*]

der Raumerfullungsgrad bis gegen 1 erhoht. Die Sinterdichte von Ag-CdO 94/6 konnte nach R. PALME [*20*] bei Verwendung kleinerer Preßdrucke (um 0,5 Mp/cm^2) nach einstundiger Luftsinterung bei 900 °C unter Verwendung von metallischem Silberpulver einen Wert von $\gamma_S = 9{,}7$ g/cm^3 ($\varrho = 0{,}96$) erreichen. Die Sinterdichte lag hoher als bei Verwendung des Silbers in Form von Ag_2CO_3- oder Ag_2O-Pulver. Mit steigendem Preßdruck fallt die Sinterdichte wie beim Ag-Ni (S. 110) ab.

Elektrische Leitfahigkeit. Die in der Literatur angegebenen Meßwerte der elektrischen Leitfahigkeit sind in der Tab. 24 in Spalte 2 angegeben. Die Meßwerte [*1, 2, 18, 21, 22, 24*] beziehen sich auf aus der Pulvermischung hergestellte Kontakte, die Meßwerte [*13, 14, 23*] auf die inneroxydierte Legierung und auf Kontakte, die aus inneroxydiertem Ag-Cd-Legierungspulver hergestellt sind. Bei den Meßwerten [*17* und *29*] sind keine Herstellungsangaben gemacht. In Abb. 150 ist die elektrische Leitfahigkeit der Ag-CdO-Verbundstoffe der der Ag-Cd-Legierung gegenübergestellt. Die elektrische Leitfähigkeit der Verbundstoffe ist wegen der heterogenen Einlagerungen des CdO im Silber gegenüber den Ag-Cd-Legierungen mit als Mischkristalle im Silber gelöstem Cd wesentlich größer. Der Ag-CdO-Verbundstoff mit 15 Vol.-% CdO hat etwa die doppelte Leitfahigkeit wie die Legierung mit gleichem Cd-Gehalt [*15*]. Auch bei den am meisten verwendeten Verbundstoffen mit 8 bis 12% CdO besteht gegenüber den Legierungen mit gleichem Cd-Gehalt eine um 80% bzw. 100% hohere elektrische Leitfahigkeit. Die Warmeleitfahigkeit liegt bei den Verbundstoffen ebenfalls höher als bei den Legierungen. Diese gunstigen Kontakteigenschaften der Verbundstoffe haben eine niedrigere Erwarmung der Kontakte zur Folge. HENSEL und LARSEN [*2*] haben für den weichen Zustand (nach Gluhung bei 600 °C 1/2 h an Luft) eine zwischen 7 und 16% höhere elektrische Leitfahigkeit als im kaltverformten Zustand angegeben.

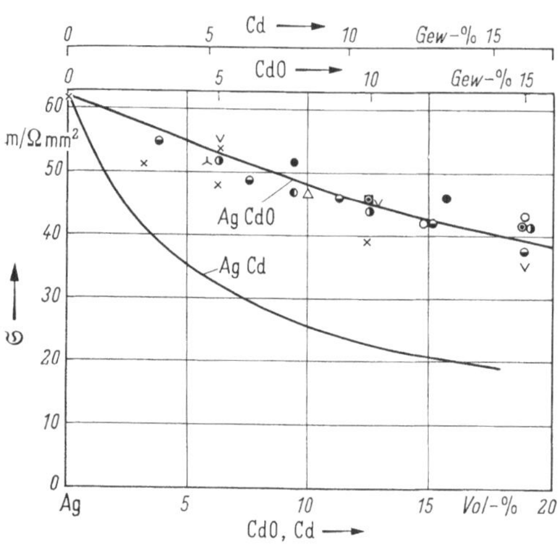

Abb. 150 Elektrische Leitfahigkeit von Silber-Kadmiumoxyd-Verbundstoffen und Silber-Kadmium-Legierungen.

Härte. Die feinteiligen Oxydeinlagerungen haben eine Hartesteigerung (Dispersionshärtung) zur Folge. Mit zunehmendem CdO-Gehalt und mit abnehmender CdO-Korngröße steigt die Härte an. Wahrend die Harte der Ag-Cd-Legierungen zwischen 5 und 15 % Cd bei HV = 34 bis 42 kp/mm² liegt, beträgt sie bei den entsprechenden Ag-CdO-Verbundstoffen im geglühten Zustand 60 bis 85 kp/mm². In Abb. 151 ist die Vickershärte für den weichgeglühten Zustand in Abhängigkeit vom Cd-Gehalt angegeben. Weitere Härteangaben finden sich bei [*1, 2, 13, 17, 18, 21* bis *25* und *31*].

H. Spengler [*13*] gibt den Härteanstieg bei der inneren Oxydation der Ag-Cd-85/15-Legierung in Abhängigkeit von der Eindringtiefe an. Der Höchstwert der Härte liegt zwischen 100 und 120 kp/mm² an der Oberfläche. Die Härte fällt zur Grenzfläche Ag-CdO/Ag-Cd auf 55 kp je mm² und in der Grenzfläche zur Ag-Cd-Legierung sprungartig auf 38 kp je mm² ab. Der Härteanstieg wurde von J. L. Meyerleyn und M. J. Druyvesteyn [*26*] auf innere Spannungszustände zurückgeführt.

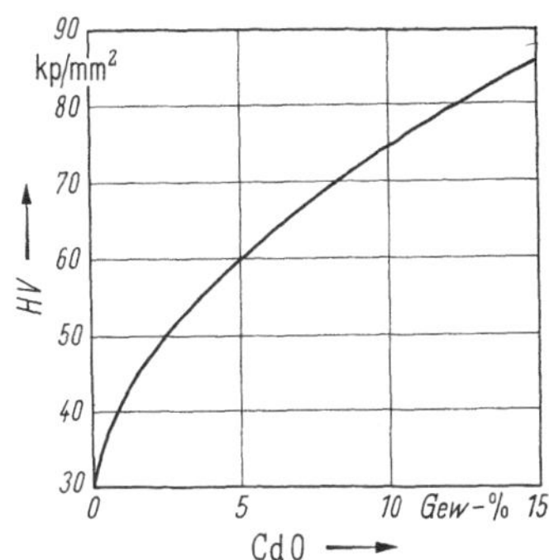

Abb. 151. Härte von Silber-Kadmiumoxyd-Verbundstoffen im weichgeglühten Zustand.

Festigkeit und Dehnung. Bei den aus der Pulvermischung hergestellten Ag-CdO-Verbundstoffen liegen die Festigkeitswerte im harten Zustand zwischen 14,9 und 18,3 kp/mm² (s. Tab. 24); die Dehnungswerte liegen zwischen 1,6 und 0%. Durch Glühen bei 600 °C $^1/_2$ h an Luft fällt die Festigkeit der Ag-CdO-Verbundstoffe auf etwa 12 kp/mm² ab, während die Dehnungswerte auf 4 bis 16,8% ansteigen. Die Festigkeiten werden nur wenig vom CdO-Gehalt (bis 10% CdO) beeinflußt; die Dehnungswerte nehmen mit steigendem CdO-Gehalt ab. Besonders groß ist der Abfall mit steigendem CdO-Gehalt im geglühten Zustand. Nach E. Raub und W. Plate [*14*] nimmt die Festigkeit an teilweise inneroxydierten Legierungen mit zunehmender Glühzeit zunächst ab und mit weiter steigender Glühzeit zu; die Festigkeit steigt dabei über den Ausgangswert an. Die Dehnung hingegen fällt stets stark ab, und zwar bei dem bei 700 °C geglühten Verbundstoff rascher als bei dem bei 600 °C geglühten Material. Es werden Festigkeiten zwischen 16 und 22 kp/mm² und Dehnungswerte zwischen 5 und 10% angegeben. A. Keil [*23*] konnte an einem Ag-CdO-Verbundstoff, der durch vollständiges Oxydieren aus einer Ag-Cd-92/8-Legierung hergestellt war, keine Anisotropie der Festigkeit und Dehnung parallel und senkrecht zur Walzrichtung nachweisen (Festigkeit = 22 kp je mm², Dehnung = 33 bis 35%), während der Elastizitätsmodul mit 8680 kp/mm² an der Querprobe um 4% höher lag als der Elastizitätsmodul an der Längsprobe. Weitere Festigkeits- und Dehnungswerte werden in der Mallory Firmenschrift [*1*], von H. Spengler [*13*] und E. Raub und W. Plate [*14*] mitgeteilt.

9.441.4 Schalteigenschaften. F. R. HENSEL und E. I. LARSEN [2] weisen auf die geringe Schweißneigung bei hoher Strombelastung und auf den niedrigen Kontaktwiderstand der Ag-CdO-Verbundstoffe hin. R. PALME [27] gibt die lichtbogenlöschende Wirkung dieser Kontakte an. A. KEIL [28] beschreibt die starke Tendenz des Funkens, auf der Ag-CdO-Oberfläche zu wandern; er weist auf den Unterschied zu Reinsilber hin, bei dem eine ähnliche Funkenwanderung durch Blasen mit einem Luftstrom erreicht wird. Nach Messungen des Verfassers läuft der Lichtbogen auf Ag-CdO-Kontakten schlechter als auf Reinsilberkontakten. Dies wird auf Verdampfen des CdO zurückgeführt, wodurch der Bogen zurückgedrängt wird. Nach Messungen von R. PALME [19] ist der Kontaktwiderstand mit 2,7 mΩ für Ag-CdO 94/6 nur wenig höher als bei Reinsilber (2,4 mΩ). Hingegen ist der Abbrand beim Schalten an Luft, 440 V, 50 Hz, 50 A, Kontaktkraft 2 kp, bei 1 Schaltung/min nach $5 \cdot 10^4$ Schaltungen mit 135 mg gegenüber Reinsilber mit 215 mg um 37% kleiner. In der Mallory Firmenschrift [21] wird eine höhere Festigkeit gegen Lichtbogenerosion als bei Reinsilber festgestellt. A. B. ALTMANN und J. P. MELASCHENKO [21a] haben an Silber-Kadmiumoxyd-Kontakten (∅ 8 mm, Höhe 2 mm) beim Schalten von 100 A, 60 V nach 1000 Schaltungen (Öffnen und

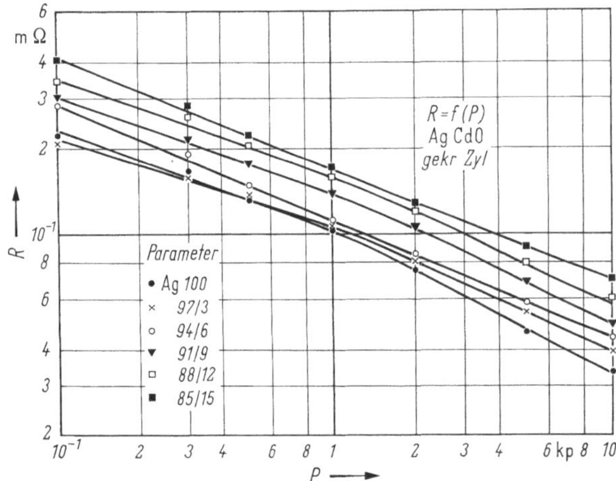

Abb. 152. Lastabhängigkeit des Kontaktwiderstandes von Silber-Kadmiumoxyd-Verbundstoffen verschiedener Zusammensetzung (nach W. DREMEL).

Schließen) ein deutliches Abbrandminimum in Abhängigkeit vom Kadmiumoxydgehalt festgestellt. Quantitative Angaben über die Lage des Minimums haben die Verfasser leider nicht gemacht. Beim Schalten an Luft bildet sich auch bei Verwendung von Ag-Cd-Legierungen eine dünne Ag-CdO-Schicht [29], die jedoch für Starkstromanwendungsfälle keine ausreichende Schweißsicherheit bietet. Zu einem untragbar hohen Kontaktwiderstand durch Anreicherungen von CdO kommt es mit zunehmender Schaltzahl bei Ag-CdO-Verbundkontakten nicht, da im Lichtbogen sowohl Ag als auch CdO verdampfen. A. KEIL [*28*] hat die Cd-Veranderungen in der Oberflache mit der Spektralanalysenmethode verfolgt. Nach Messung von U. DREHMEL [*24*] ist der Kontaktwiderstand bei Ag-CdO 85/15 etwa doppelt so groß wie der an Reinsilber. Abb. 152 zeigt die Lastabhangigkeit des Kontaktwiderstands von Reinsilber und Ag-CdO mit 3 bis 15% CdO. Die Messungen an gekreuzten Zylindern ($r = 5$ mm) werden nach Reinigen der Oberflache mit feinem Schmirgel ausgefuhrt. In Abb 153 ist der Kontaktwiderstand nach U. DREHMEL an gekreuzten Zylindern ($r=5$ mm) und an Kontakten mit dem Radius 20 mm in Abhangigkeit vom CdO-Gehalt bzw. Cd-Gehalt bei einer Kontaktlast von 5 kp angegeben. Der Kontaktwiderstand der Ag-Cd-Legierung ist großer als der der Ag-CdO-Verbundstoffe. A. KLEINLE [*25*] gibt die Verschweißkraft fur Ag-CdO 90/10 bei einer Kontaktkraft von 50 p in Abhangigkeit von der Stromstarke an. Bei 650 A ist die Verschweißkraft bei Reinsilber (420 p) fast doppelt so groß wie bei Ag-CdO (240 p).

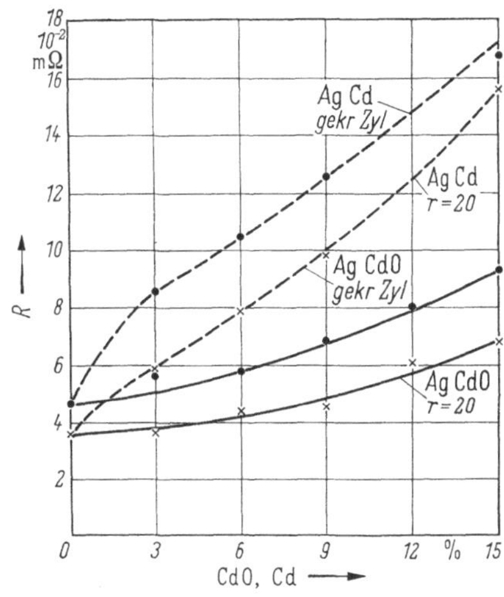

Abb 153. Kontaktwiderstand an zylindrischem und mit einem Krummungsradius von $r = 20$ mm versehenem Kontakt bei einer Kontaktlast von 5 kp in Abhangigkeit von der prozentualen Zusammensetzung (nach W. DREMEL).

Auch bei höherer Strombelastung konnte der Verfasser zwischen Druckkontakten aus Ag-CdO 90/10 wesentlich niedrigere Festigkeiten der entstandenen Schweißbrucken messen als zwischen Reinsilberkontakten. Es wurden die Bruckenfestigkeiten einer großeren Zahl von Verschweißungen, die bei den folgenden Schweißbedingungen erhalten wurden, statistisch ausgewertet: Die geschlossenen Kontakte, Kontaktlast $p = 100$ p, wurden mit einem Strom von 1500 A, 50 Hz und einer Stromzeit von 4 Perioden belastet und die Öffnungskraft der entstehenden Schweißbrucke mit einer Kontaktwaage gemessen. Die Abb. 154 zeigt die Verteilungskurve der Haftkrafte fur Ag-CdO 90/10 und Ag-C 90/10 und 95/5 gegenuber Reinsilber. Die Schweißneigung des Ag-CdO ist im Maximalwert der Brückenfestigkeit (300 p) wesentlich niedriger als bei Reinsilber (4000 p) Auch die Verteilungskurve liegt bei Ag-CdO bis 150 p niedriger als bei Reinsilber. Gerade der Maximalwert der Bruckenfestigkeit ist fur das Kontaktverschweißen in einem Schalter wesentlich. Liegt der Maximalwert oberhalb der zur Verfügung stehenden Kontaktoffnungskraft, so bleiben die Kontakte verschweißt, und der Schalter tritt außer Funktion. Nach E. FREUDIGER [30] ist die geringe Schweißneigung des Ag-CdO darauf zuruckzufuhren, daß der Ag-CdO-Zusatz von dem flussigen Grundmetall schlecht benetzt wird Der Verfasser fuhrt die niedrige

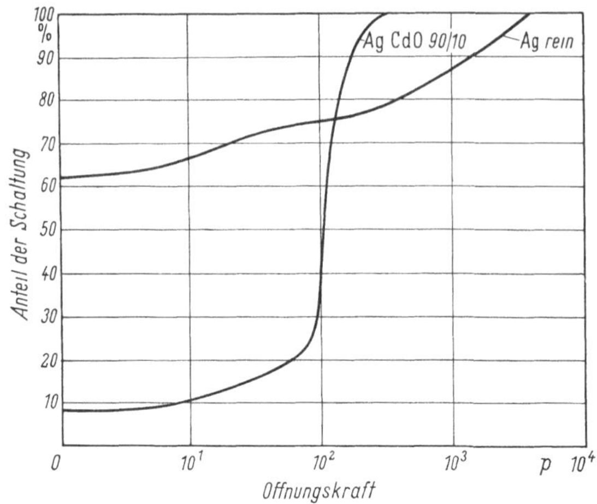

Abb. 154. Schweißverhalten von Ag-CdO 90/10 gegenuber Reinsilber, Kontaktlast 100 p.

Bruckenfestigkeit auch auf die Art der CdO-Einlagerungen in der aufgeschmolzenen und wiedererstarrten Brucke zuruck. Die CdO-Einlagerungen wirken wie Kerbstellen und setzen die Bruckenfestigkeit herab. Dadurch besteht auch beim Schalten hoher Kurzschlußströme große Schweißsicherheit. Dies ist außer fur Kurzschlußschaltungen insbesondere zum Schließen der Kontakte bei bestehendem Kurzschluß (Kurzschlußdraufschaltungen) entscheidend.

Auf den niedrigeren Abbrand des aus einer Ag-Cd-Legierung durch innere Oxydation hergestellten Ag-CdO gegenuber dem aus einer Pulvermischung hergestellten Ag-CdO 90/10 weist R. RICHTER [31] hin; die Abbrandwerte waren an Kontaktnieten von 4 mm Durchmesser, bei 100 p Kontaktlast, 220 V Wechselspannung, Stromen bis 30 A, 2 Schaltungen/s nach 10^5 Schaltungen erhalten.

H. HIRSBRUNNER [34] gibt Abbrandwerte fur verschieden hergestellte Ag-CdO-Kontakte mit 7,5, 10 und 15% CdO an; Schaltbedingungen: Kontaktschließkraft 1000 p, Öffnungskraft 800 p, J zwischen 200 und 6000 A, 60 Hz, 5 bis 110 V, die Schaltungen erfolgten an Luft. Nach diesen Ergebnissen liegt der Materialverlust bei 1000 A fur Reinsilber bei $2 \cdot 10^{-4}$ g/Coulomb, fur Ag-CdO-90/10, das durch Sintern aus der Pulvermischung hergestellt ist bei $1 \cdot 10^{-4}$ g/Coulomb und für ein unter der Bezeichnung TI-CAD angegebenes Silber-Kadmiumoxyd mit

Kobaltzusatz und 15% CdO bei 2 10^{-5} g/Coulomb mit 10% CdO bei 4 · 10^{-5} g²Coulomb und mit 7,8% CdO bei 9 10^{-5} g/Coulomb.

9.441.5 Anwendungen. Die beschriebenen Schalteigenschaften ermöglichen die Anwendung der Ag-CdO-Verbundstoffe in den folgenden Schaltgeraten:

In hochbelasteten Relais und fur Schalter, die hohe Strome schalten, ohne daß die Kontakte verschweißen oder verkleben durfen; in Flugzeugschaltgeraten. die bei 24 V Gleichstrom von 50 A und Kurzschlußströme bis 2000 A schalten, wurden gute Erfahrungen gemacht. Auch fur Motorschutzschalter und Motoranlasser in der Autoelektrik wurden Ag-CdO-Kontakte erfolgreich eingesetzt. Fur Luftschutze mittlerer und großer Schaltleistung sowie fur Schütze und Schalter, deren Kontakte bei hoher Strombelastung nicht verschweißen durfen, wie Aufzugschutze, sowie Schutze, die große kapazitive Lasten schalten, brachte der Einsatz von Ag-CdO gute Ergebnisse.

Die Ag-CdO-Kontakte werden in Form von Platten, Formteilen oder Profilen sowie in Form massiver oder plattierter Niete eingesetzt.

Cu-PbO und Ag-Cu-PbO [*33*] mit 5 bis 20% PbO werden in Kleinselbstschaltern eingesetzt. Dabei haben sich diese Kontakte bei Kurzschlußschaltungen bis 1500 A als schweißsicher erwiesen.

Literatur zu 9.441

[*1*] *Mallory* Firmenschrift: Contacts and Contact Assemblies, Form 3–11, 10–55, 10 M (1954) S. 27.

[*2*] Hensel, F. R., u. E. I. Larsen: Transact. Am. Inst. Mining. Met Engrs. 161 (1945) 569–579.

[*3*] Hensel, F R. (P. R. Mallory & Co. Inc.): US-Pat. 2,396.101 (1946).

[*4*] Shobert, E. I.: (Stackpole Carbon Co.) US-Pat. 2,382.338 (1945).

[*5*] Swazy, E. F., u V. E. Heil: Elec. Mfg. 38 (1946) 106 u. 186.

[*6*] *Igranic Electric Co. Ltd.* Brit. Pat. 588.652 (1947).

[*7*] *Igranic Electric Co. Ltd.* · Brit. Pat. 593.171 (1947).

[*8*] *Igranic Electric Co. Ltd.* Brit. Appl. 188815/47 (1947).

[*9*] *Handy & Harman* Brit. Appl. 25.976/48 (1948).

[*10*] Brit. Pat. 611.813 (1948).

[*11*] *Mallory.* Firmenschrift: Contact and Contact Assemblies, Form 3–11, 10–55, 10 M (1954) S. 29.

[*12*] Seith, W , in F. Benesovsky: Pulvermetallurgie, 1. Plansee-Seminar 22. bis 26. 6. 1952, S 65.

[*13*] Spengler, M : Metall 10 (1956) 628–632, 13 (1959) 646–652 und 14 (1960) 685–686.

[*14*] Raub, E , u. W. Plate: Metall 10 (1956) 620–626.

[*15*] Schreiner, H.: Z. Metallkde. 48 (1957) 188.

[*15a*] Rutkowski, W., u. S. Stolarz: Technik 9 (1954) 391–393.

[*16*] Schreiner, H., Siemens-Schuckertwerke A G.: DBP 1.029 571 (1961)

[*16a*] Stolarz, S : 2. Internat. Pulvermet. Tagg. 1961 Eisenach, Berlin: Akademie Verlag 1962, S. 327–334.

[*17*] Keil, A.: Elektro-Welt 1 (1956) 108–109.

[17 a] *Durrwachter* Fırmenschrıft: Elektrısche Kontakte aus Sınterwerkstoffen v 5. 12. 1956.
[18] GAGEL, H., u. H. DITTLER· ETZ 73 (1952) 292–294.
[19] PALME, R.. Schweızer Archıv 1953, 177–184.
[20] PALME, R : Metall 6 (1952) 369–371.
[21] *Mallory*. Fırmenschrıft Electrıcal Contact Materıals Nc 2320 (1954) 2.
[22] FARNHAM, F R . Iron Age 1954.
[23] KEIL, A.· Metall 10 (1956) 626–628.
[24] DREHMEL, U.: Dtsch. Elektrotechn. 9 (1958) 329–333.
[25] KLEINLE, A.: Metall 15 (1961) 666–671.
[26] MEYERLEYN, J. L., u M. J. DRUYVESTEYN· Phılıps Res. Rep. 2 (1947) 81–260.
[27] PALME, R., ın K. WANKE. Eınfuhrung ın dıe Pulvermetallurgıe, Graz. Stıasny 1949, S. 184.
[28] KEIL, A.: Metall 6 (1952) 674–679.
[29] RIENACKER, W., H. SPENGLER u. H. DITTLER. Elektropost 10 (1955) 157–160.
[30] FREUDIGER, E.. Bull. Ass. Suısse électr. t. 48 (1957) 873–878 u. 895–896.
[31] RICHTER, R : ETZ-B 11 (1959) 38–40.
[32] SPENGLER, H.: Metall 17 (1963) 710–715.
[33] SCHREINER, H.: Sıemens-Schuckertwerke A.G : DP 1.126 624 (1962).
[34] HIRSBRUNNER : Engıneering Semınar on Electrıcal Contacts. 4 –8. 6. 1962, The Unıversıty of Maıne.

9.442 Metall-Metallkarbid: Wolframkarbid-Silber,, Wolframkarbıd-Kupfer, Molybdankarbid-Silber und Molybdankarbid-Kupfer

9.442.1 Übersicht. Die Verbundstoffe dieser Gruppe bestehen aus einem Metall wie Silber oder Kupfer und einem Metallkarbid wie WC oder Mo_2C. Die Metallkarbide besitzen neben hoher Verschleißfestıgkeit und hoher Harte eine hohe Bestandıgkeit gegen Lichtbogeneinwirkung und dadurch kleinen Materialabbrand sowie geringe Neigung zum Verschweißen und Kleben der Kontakte. Die reinen Metallkarbide sind als Kontaktwerkstoffe wegen der geringen elektrischen Leitfähigkeit nur begrenzt geeignet. Durch Zugabe der gut leitenden Metalle Sılber oder Kupfer zu den Karbiden werden Verbundstoffe mit gunstigen Kontakteigenschaften erhalten Der Zusatz an Sılber oder Kupfer betragt meist 20 bis 80 %. Auf die Verwendung der Metall-Metallkarbid-Verbundstoffe als elektrische Kontakte wurde von L B HUNT [1], F. H. CLARK [2], R. KIEFFER und W HOTOP [3], J. D KLEIS [4], R. PALME [5] und in einer Fırmenschrift der Fa Gibson [6] hingewiesen.

9.442.2 Herstellung. Die Herstellung der WC-Ag-, WC-Cu-, Mo_2C-Ag- und Mo_2C-Verbundstoffe kann wie dıe Herstellung der W-Ag-Verbundmetalle durch Pressen, Sintern und Nachverdıchten der Pulvermıschung oder nach dem Trankverfahren durch Tranken eines Karbidgerusts [6a] mıt dem niedriger schmelzenden Metall erfolgen (s. S 148)

9.442.3 Eigenschaften. Das Gefuge der Metall-Metallkarbıd-Verbundstoffe ist dem Gefuge der Verbundmetalle (z B. W-Ag) sehr ahnlich. Die nach dem Trankverfahren hergestellten Durchdringungsverbundstoffe lassen sich wie bei W-Cu (S 151) im Gefuge von den Einlagerungsverbundstoffen, wie sie beim Sintern der Pulvermischung erhalten werden, deutlich unterscheiden. Die Abb. 155 zeigt das Gefuge eines WC-Ag-Einlagerungsverbundstoffs der Zusammensetzung 50/50.

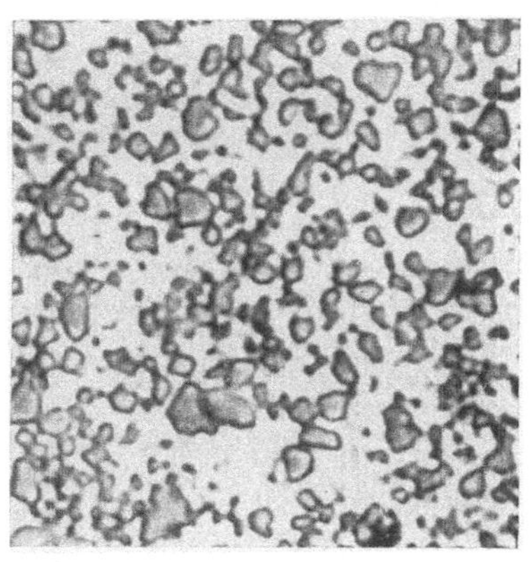

Abb. 155 Gefuge eines WC-Ag-50/50-Einlagerungsverbundstoffes.

Die Dichten der WC-Ag-Verbundstoffe sind in Abb. 156 in Abhangigkeit von Zusammensetzung und Raumerfullungsgrad angegeben. Aus dem Diagramm können bei gegebener Zusammensetzung die Dichten fur den kompakten porenfreien und den porenhaltigen Zustand dieser Verbundstoffe entnommen werden. Die in der Literatur angegebenen Dichtewerte sowie Meßwerte des Verfassers sind im Diagramm eingetragen. Alle Dichteangaben liegen zwischen $\varrho = 0{,}9$ und $\varrho = 1$, die meisten Werte bei $\varrho > 0{,}98$, d.h., es handelt sich um hochdichte Werkstoffe. Mit zunehmendem WC-Gehalt läßt sich die theoretische Dichte des porenfreien Korpers schwierig erreichen. Von A. KEIL [7] wurde fur WC-Ag 50/50 eine Dichte von 13 g/cm³ mitgeteilt; da dieser Wert uber dem theoretischen Wert von 12,59 g/cm³ liegt, durfte es sich hier um einen Irrtum handeln. In Tab. 25 sind Preß-, Sinter- und Nachpreßdichten der mit 4 Mp/cm² gepreßten Pulvermischungen (Korngröße des WC-Pulvers <10 μm, des Elektrolysesilberpulvers <60 μm), der bei 900 °C während 1 h in Wasserstoff gesinterten Preßkorper und der mit 10 Mp/cm² kalt nachgepreßten Sinterkörper angegeben. Das Absinken des Raumerfullungsgrads mit steigendem WC-Gehalt ist zu erkennen. Eine zunehmende Verdichtung bis

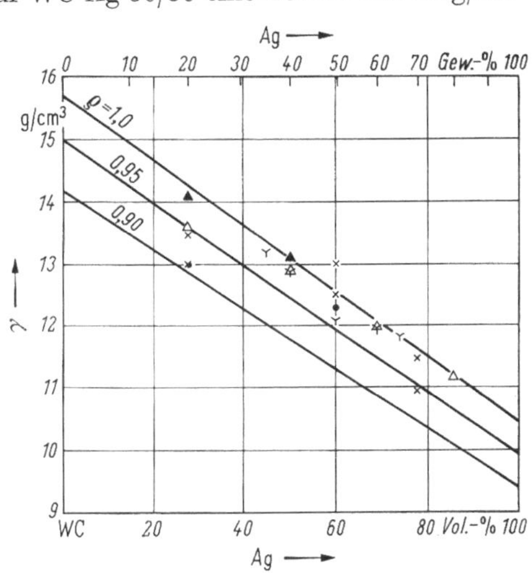

Abb. 156. Dichte von Wolframkarbid-Silber-Verbundstoffen in Abhangigkeit von der Zusammensetzung und dem Raumerfullungsgrad.
Y *Gibson Electric* [6], △ *Degussa* [8], ▲ *Degussa* [8], Trankwerkstoff, × *E Durrwachter* [10], ● F R FARNHAM [12]

nahe an den theoretischen Wert ist durch nochmaliges oder mehrmaliges Sintern und Kaltnachpressen oder durch Heißpressen oder bei Silbergehalten uber 40 % durch Strangpressen möglich. Die Dichten der Trank-

Tabelle 25. *Eigenschaften von Wolframkarbid-Silber im Preß-, Sinter- und Nachpreßzustand, Preßdruck 4 Mp/cm², Sinterung 1 h bei 900 °C in H_2, Nachpreßdruck 10 Mp/cm². Harte und elektrische Leitfahigkeit im Nachpreßzustand*

Zusammensetzung WC-Ag Gew.-%	γ_{th} g/cm³	γ_P g/cm³	γ_S g/cm³	γ_{NP} g/cm³	HB kp/cm²	HV kp/cm²	σ bei 20 °C $\Omega^{-1}\frac{\text{m}}{\Omega\,\text{mm}^2}$
90/10	14,98	9,02	9,19	–	–	–	–
80/20	14,3	8,99	9,13	10,66	78,5	89	–
70/30	13,67	9,27	9,24	10,41	70,9	75,6	–
60/40	13,10	9,47	9,43	10,79	91,1	95,7	8,0
50/50	12,59	9,59	9,60	11,1	92,1	100,3	16,1
40/60	12,09	9,46	9,54	11,1	92,2	103,6	23,8
30/70	11,65	9,58	9,84	10,81	85,3	95,1	31,0
20/80	11,25	9,74	9,79	10,85	80,7	87,0	41,1
10/90	10,86	9,57	9,51	10,84	76,8	81,1	48,1

werkstoffe liegen bei einwandfreier Trankung praktisch beim theoretischen Wert. Die in Abb. 156 eingetragenen Meßwerte geben auch den Bereich der ublicherweise verwendeten Zusammensetzung der WC-Ag-Kontakte an.

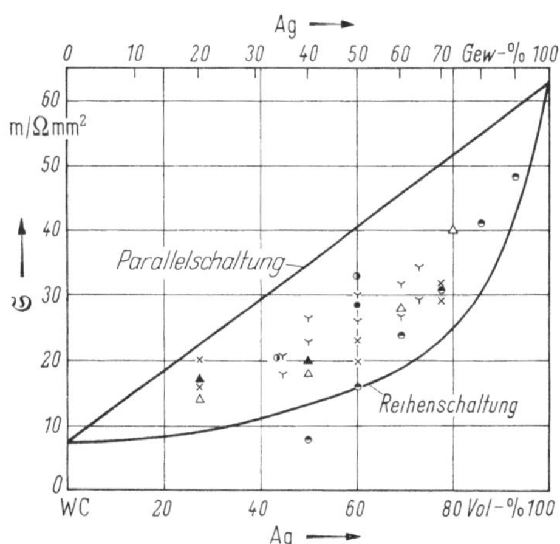

Abb. 157. Elektrische Leitfahigkeit von Wolframkarbid-Silber-Verbundstoffen in Abhangigkeit der Volumenanteile Silber.

Y *Gibson Electric* [6], × A. KEIL [7], *E Durrwachter* [10], △ *Degussa* [8], ▲ *Degussa* [8], Trankwerkstoff, ● F. R. FARNHAM [12].

Die berechneten Werte *der elektrischen Leitfahigkeit* von WC-Ag sind in der Abb. 157 in Abhangigkeit von der Zusammensetzung fur die beiden Grenzfalle der Parallel- und Reihenschaltung der beiden Komponenten eingetragen. Fur WC wurde der von R. KIEFFER und P. SCHWARZKOPF [*13*] angegebene Wert der elektrischen Leitfahigkeit von $7{,}3\,\Omega^{-1}$ m mm^{-2} verwendet. Die in der Literatur angegebenen Leitwerte [*6* bis *8* und *10* bis *12*] liegen zwischen den beiden Grenzkurven. Die in Abb. 157 eingetragenen Werte der Tab. 25 fallen bei hoherem WC-Gehalt wegen des abnehmenden Raumerfullungsgrads unter die Werte der Reihenschaltung. Die Leitfahigkeiten von WC-Ag der Zusammensetzung 20/80 und 80/20 betragen 17 und 40 Ω^{-1}m mm^{-2}. Die Leitfahigkeiten der fur Kontakte verwendeten, dazwischenliegenden Zusammensetzungen liegen zwischen den beiden Werten.

Die Härte von porenfreiem WC-Ag steigt mit zunehmendem WC-Gehalt stark an. Sie ist von der WC-Korngröße abhängig und steigt mit abnehmender Korngröße an. Die Harte der nach dem Trankverfahren erhaltenen Durchdringungsverbundstoffe ist höher als die aus der Pulvermischung durch Pressen und Sintern erhaltenen gleichzusammengesetzten Einlagerungsverbundstoffe [*8*].

9.442.4 Die Schalteigenschaften der WC-Ag-Verbundstoffe sind durch eine besonders hohe Festigkeit gegen mechanische Belastung und gegen Lichtbogenabbrand gekennzeichnet. Mit von 20 bis 80% zunehmendem WC-Gehalt steigt die Verschleißfestigkeit an. Gleichzeitig nimmt die Klebe- und Schweißneigung ab. Wegen der geringen Klebeneigung soll WC-Ag auch fur im Vakuum schaltende Kontakte geeignet sein. Bereits ein Zusatz von 15 Vol.-% WC setzt die Klebeneigung von Silber herab. Parallel damit steigt der Strom an, bei dem 2 Druckkontakte miteinander verschweißen. Der WC-Zusatz zu Silber setzt gleichzeitig die Materialwanderung des Ag herab. Die elektrische Leitfahigkeit eines Verbundstoffes dieser Zusammensetzung liegt mit 40 Ω^{-1} m mm^{-2} noch relativ hoch.

Der Kontaktwiderstand wird außer von der Zusammensetzung stark vom Kontaktdruck und der Kontakttemperatur bestimmt. WC hat einen niedrigeren Kontaktwiderstand als Reinwolfram. WC-Ag hat einen niedrigen Kontaktwiderstand, der auch keine große zeitliche Änderung zeigt [*6*]. Mit steigender Temperatur allerdings bilden sich an der Luft Oberflachenschichten aus, die eine starke Widerstandserhohung zur Folge haben. A. Keil [*9*] beobachtete unter Benutzung der Wirbelstrommethode bei Ag-WC 80/20 einen Leitfahigkeitsabfall oberhalb 550 °C von 25 bis 30 auf 5 Ω^{-1} m mm^{-2}. Der Kontaktwiderstand steigt wesentlich starker an, und nur mit hohem Kontaktdruck und einer Reibungsbeanspruchung werden diese widerstandserhohenden Schichten durchgedruckt. Bei Ag-Mo_2C 80/20 ist der Leitfahigkeitsabfall bei Temperaturanstieg nicht ganz so steil wie beim Ag-WC. Ag-TaC 80/20 zeigte den gleichen ungünstigen Leitfahigkeitsabfall wie Ag-WC. Ag-TiC und Ag-ZrC 80/20 zeigten einen flachen Leitfahigkeitsabfall oberhalb 500 °C. An Ag-B_4C 95/5 konnte bei Temperaturen oberhalb 500 °C sogar eine Leitfahigkeitszunahme gemessen werden, obwohl sich glasige Oberflachenschichten ausbildeten. Die Wirbelstrommethode gestattet daher zur Beurteilung der Zunderbestandigkeit und des Kontaktwiderstands keinen sicheren Schluß. Nach A. Keil [*9*] bieten die Karbide (B_4C, Mo_4C, TaC, TiC, WC und ZrC) und Boride (MoB, TaB_2, WB und ZrB_2) als abbrandfeste Komponenten in Silberverbundstoffen gegenuber den Wolfram- oder Molybdanverbundmetallen keine Vorteile hinsichtlich des Zunderverhaltens.

9.442.5 Anwendungen. Die WC-Ag-Verbundstoffe mit WC-Gehalten zwischen 60 und 80% werden als Abbrennkontakte von Hoch- und Niederspannungsschaltern fur hohe Strome eingesetzt. Die beim Schalten an Luft entstehenden Oberflachenschichten erfordern fur gute Kontaktgabe einen hohen Kontaktdruck. Fur Schalter, die unter Öl, Wasser, SF_6 und anderen Flussigkeiten schalten, treten die schlecht leitenden Oberflachenschichten nicht so storend in Erscheinung. WC-Ag mit 40 bis 60% WC wird auch fur Dauerstrom fuhrende Kontakte in Leistungsschaltern eingesetzt, deren Kontakte hohe Abbrandfestigkeit, geringe Schweißneigung bei tragbarem Kontaktwiderstand haben mussen Dabei wird die hohe Kurzschlußstromfestigkeit ausgenutzt. Ag-WC wird auch als Kontaktmaterial fur Gleichstromrelais eingesetzt; dabei ist die geringe Materialwanderung, Schweißsicherheit und Strombelastbarkeit entscheidend. Die hochsilberhaltigen WC-Ag-Verbundstoffe mit 20 bis 40% WC werden wegen der geringen Materialwanderung ebenfalls fur Gleichstromschalter benutzt. Auch fur Wechselstromschalter finden diese Kontaktstoffe wegen der im Vergleich zu Silber höheren Abbrandfestigkeit und geringeren Klebe- und Schweißneigung dort Verwendung, wo der höhere Kontaktwiderstand auf Grund der Schalterkonstruktion tragbar ist.

Literatur zu 9.442

[1] Hunt, L. B.: Elec. Rev. 124 (1939) 459.

[2] Clark, F. H.: Chapter 43 in J. Wolff (1943) S. 493–496.

[3] Kieffer, R., u. W. Hotop: Pulvermetallurgie und Sinterwerkstoffe, Berlin, Gottingen/Heidelberg: Springer 1948, S. 331.

[4] Kleis, J. D.: Electrical Manufacturing (1955) S. 102–107.

[5] Palme, R., in K. Wanke: Einfuhrung in die Pulvermetallurgie. Graz 1949, S. 183.

[6] *Gibson Electric Sales Corp* Firmenschrift · TB 5064–62.

[6a] Graves, H. C. jr.: US-Pat. 2.648.747 (1950).

[7] Keil, A.: Werkstoffe fur elektrische Kontakte, Berlin/Gottingen/Heidelberg: Springer 1960, S. 186.

[8] *Degussa.* Firmenschrift: Kontakte fur die Elektrotechnik, Liste K 110 (1961) S. 14.

[9] Keil, A.: Z. Metallkde. 47 (1956) 243–246.

[10] *Durrwachter, E.* · Firmenschrift: Elektrische Kontakte aus Sinterwerkstoffen, v. 5. 12. 1956, S. 14.

[11] *Mallory IMC* Firmenschrift: Electrical Contact Materials Nr. 2320 v. Juni 1954, S. 2.

[12] Farnham, F. R.: Iron Age, Nov. 1954.

[13] Kieffer, R., u. P. Schwarzkopf: Hartstoffe und Hartmetalle, Wien: Springer 1953, S. 147.

9.45 Heterogene Legierungen der Systeme Metall-Metalloid

9.451 Übersicht

Die bekannteste Kombination des Systems Metall-Metalloid ist Metall-Graphit. Zu dieser Gruppe gehören die Metallkohlen, bestehend aus einem Metall und Graphit oder einer Metallegierung und Graphit. Sie wurden aus den Kohlebursten entwickelt, die den Strom zwischen rotierenden und stillstehenden Maschinenteilen ubertragen. Das Ziel ist, die elektrische Leitfahigkeit und damit die Stromdichte durch einen Metallzusatz zum Graphit zu steigern. Über die Gruppe der graphitreichen Metall-Graphit-Verbundstoffe fur Gleitkontakte ist eine große Patentliteratur vorhanden [*1*]. Spater wurden die Metall-Graphit-Verbundstoffe mit uberwiegendem Metallgehalt fur elektrische Druckkontakte eingesetzt. Bereits im Jahre 1907 wurde den Gebrudern Siemens & Co. [*2*] ein deutsches Patent fur elektrische Kontakte erteilt, die aus einer Mischung von Metallpulvern wie Kupfer oder Silber mit Graphit durch Pressen und Behandlung bei erhohten Temperaturen in inerten Gasen hergestellt waren.

Verbundstoffe mit uberwiegendem Metallgehalt und Beruhren der Metallteilchen uber metallische Brucken durch den gesamten Verbundstoff zeigen metallische Eigenschaften (metallische Verbundstoffe). Verbundstoffe mit uberwiegendem Metalloidgehalt und darin eingelagerten Metallteilchen besitzen im wesentlichen die Metalloideigenschaften (nichtmetallische Verbundstoffe), s. Tab. 3, S. 10.

9.452 Kupfer-Graphit

Einen Überblick uber die Metallkohlen haben R. Kieffer und W. Hotop [*3*] gegeben. Die graphitreichen Kohlebursten aus Kupfer-Graphit und Bronze-Graphit, meist mit weiteren Legierungsmetallzusatzen, gehoren zu den am langsten bekannten Verbundstoffen. Wegen der Unloslichkeit der Komponenten Metall und Graphit scheidet die schmelzmetallurgische Herstellung aus. Durch Pressen und Sintern oder durch Warmpressen dagegen konnen Metall-Graphit-Mischungen in jedem Verhaltnis zu einem Verbundstoff verdichtet werden.

Die Herstellung erfolgt meist durch Verpressen der Pulvermischung, Sintern und Nachpressen. Durch das Doppelpreß- und Sinterverfahren kann die Dichte weiter gesteigert werden. Stangen und Profile können auch stranggepreßt werden Auch das Trankverfahren laßt sich anwenden, bei dem das flussige Trankmetall in das porose Graphitgerust hineingedruckt wird. Fur eine vollstandige Trankung wird das Gerust zuerst im Vakuum entgast, das flussige Kupfer darubergegossen und mit Druckgas eingepreßt. Eine Apparatur fur diese Trankung ist in der Patentliteratur beschrieben [4]. Als Ausgangspulver werden feinteilige Elektrolysekupferpulver der Korngroße < 0,06 mm verwendet. Der Kohlenstoff wird als Naturgraphit, Elektrographit oder als feinteiliger Ruß eingesetzt. Neben den Pulvermischungen verwendet man auch uberzogene Pulver mit dem Ziel der weitgehenden Verteilung der beiden Komponenten ineinander. Die galvanische Abscheidung von Kupfer aus Kupfersalzlosungen auf Graphit ist schon lange bekannt [5]. Kupferuberzogenes Graphitpulver wird auch nach dem Sherritt-Gordon-Verfahren [6] durch Abscheidung aus der waßrigen Losung mit Wasserstoff erhalten. Neuerdings wird für die Herstellung von dichten Graphituberzugen auf Pulverteilchen das Wirbelbettverfahren angewendet [7]. T. MATSUKAWA beschreibt das Überziehen von Graphitpulver mit Kupfer durch chemische Abscheidung aus waßrigen Losungen [8]. In ahnlicher Weise hat MATSUKAWA Cu-Graphit-Pulver durch Behandlung mit waßriger Ag-NO_3-Lösung mit einer Silber-Kupfer-Legierung uberzogen [9]. Die Dichte der Cu-C-Verbundstoffe in Abhängigkeit von der Zusammensetzung und vom Raumerfullungsgrad ist in Abb. 158 angegeben. Bedingt durch den großen Unterschied in der Dichte von Kupfer und Graphit wird die Dichte der Cu-C-Verbundstoffe bereits durch einen kleinen Zusatz von Graphit stark geandert. Die Dichte der porenfreien Cu-C-Verbundstoffe (γ_V) berechnet sich für den Fall, daß keine Volumenanderung im Mischkörper auftritt, nach der Gl. (46):

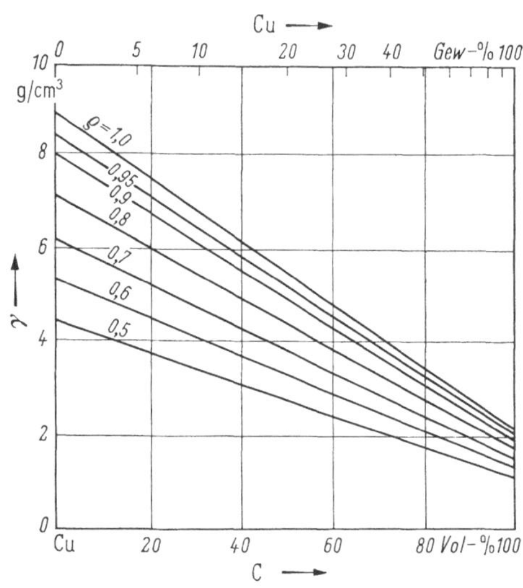

Abb. 158. Dichte von Kupfer-Graphit-Verbundstoffen in Abhangigkeit vom Graphitgehalt, Raumerfullungsgrad als Parameter.

$$\gamma_V = \frac{100}{\dfrac{a}{\gamma_a} + \dfrac{b}{\gamma_b}}. \tag{46}$$

Darin sind a und b die Gewichtsprozente und γ_a und γ_b die Dichten der Komponenten A und B. Die durch Pressen, Sintern und Nachpressen hergestellten Cu-C-Verbundstoffe liegen im Raumerfullungsgrad meist zwischen 0,9 und 1,0; die heißgepreßten und stranggepreßten sowie auch die druckgetrankten Cu-C-Verbundstoffe liegen bei $\varrho \to 1{,}0$. Bezüglich naherer technischer Herstellungsdaten von Cu-C-Bürsten wird auf die BIOS-

Berichte Nr. 1181 und 1230 und auf den FIAT-Bericht Nr. 115 verwiesen. Die verwendeten Preßdrucke liegen zwischen 2 und 6 Mp/cm² und die Sintertemperaturen zwischen 750 und 900 °C.

Eigenschaften von Cu-C. Die elektrische Leitfahigkeit steigt mit zunehmendem Cu-Gehalt an. Der spezifische elektrische Widerstand der Graphitkohlebursten liegt zwischen 1000 und 12000 μΩ cm; bei den metallhaltigen Kohlebursten liegt er zwischen 10 und 1000 μΩ cm [*10*]. Außer durch den Metallgehalt wird der Widerstand durch die Kornform und -größe der Ausgangspulver und die Herstellungsbedingungen beeinflußt. R. N. Beech und M. S. T. Price [*11*] haben den elektrischen Widerstand von Kupfer-Graphit-Verbundstoffen in Abhangigkeit von der Zusammensetzung fur die beiden Grenzfalle ermittelt, daß der Graphit im Cu eingelagert ist (untere Kurve der Abb. 159) bzw. das Kupferpulver im Graphit eingelagert ist (obere Kurve der Abb. 159). Einige Meßwerte liegen zwischen den Grenzkurven. Die Biegefestigkeit der metallhaltigen Kohlebürsten liegt mit 350 bis 750 kp/cm² um den Faktor 1,5 bis 3 höher als bei Elektrographitkohlebürsten. Die Dichten der technisch angewendeten, metallhaltigen Kohlebursten liegen zwischen 2,5 und 4,8 g/cm³ [*10*]. Die Shoreharte betragt 25 bis 50. Die zulassige Umfangsgeschwindigkeit wird mit 30 bis 40 m/s angegeben, der Burstendruck liegt zwischen 180 und 300 g/cm², er sollte jedoch je Burste 50 g nicht unterschreiten. Der Reibbeiwert μ (Verhaltnis der Reibungskraft zur Anpreßkraft) bei einer Gleitgeschwindigkeit der Kohleburste von 23 m/s und einem Burstendruck von 180 p/cm² (Bürstenquerschnitt 70 × 20 mm²) liegt zwischen 0,05 und 0,2. Der μ-Wert ist von der Oberflächengute des Gegenwerkstoffs abhangig. Einen großen Einfluß auf den μ-Wert und auf den Burstenverschleiß hat der Feuchtigkeitsgehalt der umgebenden Luft; je nach Feuchtigkeitsgrad liegt flussige, halbflüssige oder trockene Reibung vor. Der μ-Wert fur flussige Reibung liegt etwa zwischen 0,05 und 0,15, fur trockene Reibung etwa zwischen 0,15 und 0,25 [*10*]. Dem uberdurchschnittlichen Burstenverschleiß in großen Flughohen wird mit Kupfer-

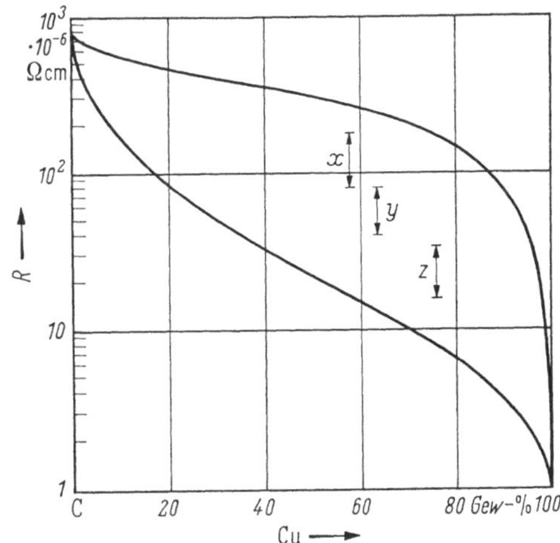

Abb. 159. Elektrische Leitfahigkeit von Kupfer-Graphit-Verbundstoffen nach R. N. Beech und M. S. T. Price [*11*], Kurve *A* Graphit in Kupfer eingelagert, Kurve *B*. Kupfer in Graphit eingelagert.

Graphit-Bürsten mit einem organischen Schmierstoffzusatz begegnet. Dadurch wird der fehlende Flüssigkeitsfilm ersetzt und das Zerstäuben der Bürste vermindert.

Nach den Messungen von W. PRIMAK und L. H. FUCHS [12] an Graphiteinkristallen ist die elektrische Leitfähigkeit bei Raumtemperatur in Richtung der Basisflächen 250mal höher als senkrecht dazu. Durch Orientierung der Graphitplättchen beim Pressen wird auch an Kupfer-Graphit-Verbundstoffen eine Anisotropie festgestellt. D. ALI, E. FITZER und A. RAGOSS [13] haben die Orientierung in Abwesenheit und bei Verwendung von organischen Bindern (z.B. Teer) untersucht. Durch Verwendung viskoser Binder wird die Anisotropie der Metallkohlen herabgesetzt.

Durch die Legierungszusätze Sn und Zn wird die Härte und Festigkeit der Metallkohlen gesteigert und die elektrische Leitfähigkeit gleichzeitig herabgesetzt. Durch Pb-Zusätze werden die Gleiteigenschaften verbessert. Die Porosität der Metallkohlen ermöglicht eine Tränkung mit organischen Stoffen oder mit Schaltflüssigkeiten (Kunststoffe, Paraffin, Öle usw.). Das Imprägnieren mit Kunstharz bewirkt eine Steigerung der Festigkeit und Herabsetzung des Verschleißes.

Anwendung von Cu-C. Die Kohlebürsten finden bei ortsfesten Stromwendermaschinen, Schleifringmaschinen, bei Straßenbahn-, Obus- und Vollbahnmotoren Verwendung; außerdem werden sie bei Startern, Steuergeneratoren, Walzenstraßen-, Förder- und Hebezeugmotoren eingesetzt.

Für Druckkontakte sind kupferreiche Kupfer-Graphit-Verbundstoffe in den Fällen verwendbar, bei denen der relativ hohe Kontaktwiderstand tragbar ist. Während die Abbrandfestigkeit mit zunehmendem Graphitgehalt sinkt, steigt die Schweißsicherheit an [14]. Sind kleinere Kontaktwiderstände gefordert, werden Silber-Graphit-Verbundstoffe eingesetzt.

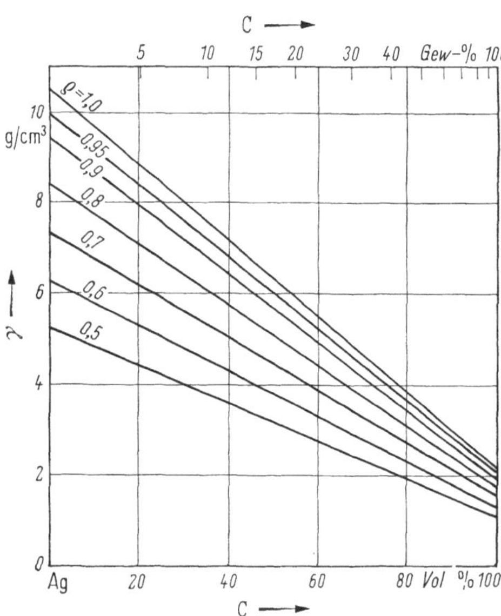

Abb. 160 Dichte von Silber-Graphit-Verbundstoffen in Abhängigkeit vom Graphitgehalt, Raumerfüllungsgrad als Parameter.

9.453 *Silber-Graphit*

Wie die Komponenten Kupfer und Graphit sind auch Silber und Graphit ineinander unlöslich; die Herstellung erfolgt daher gleich wie bei Cu-C. Von G. J. COMSTOCK [*15*] werden Ag-C-Kontakte der Zusammensetzung 97/3 beschrieben, die ebenfalls durch Pressen der Pulvermischung, Sintern und Kaltnachpressen und einer Warmbehandlung erhalten werden. Die Verwendung von kolloidalem Graphit fur Ag-C und Edelmetall-C-Verbundstoffe gibt E. DURRWACHTER [*16*] an. Die Herstellung von Ag-C-95/5-Verbundstoffen kann auch durch Heißpressen erfolgen [*17*]. In Abb. 160 ist die Dichte von Ag-C-Verbundstoffen in Abhangigkeit von den Volumen- und Gewichtsanteilen an Graphit angegeben (Raumerfullungsgrad als Parameter). Fur Unterbrecherkontakte ist nur der Bereich zwischen 0,5 und 15 Gew.-% Graphit von Interesse. Großere Graphitgehalte bringen bereits eine Verschlechterung wichtiger Kontakteigenschaften, z. B. bei hoher elektrischer Belastung untragbar großen Abbrand. In Abb. 161 ist die Dichte von Silber-Graphit-Verbundstoffen in Abhangigkeit von Graphitgehalt in Gew.-% fur die Raumerfullungsgrade 1,0, 0,95 und 0,90 angegeben. Die in Abb. 161 eingetragenen Literaturwerte liegen zum Teil nur wenig unter der Kurve fur $\varrho = 1$. Die Eigenschaften der Ag-C-Verbundstoffe werden primär durch die Menge an Graphitanteil beeinflußt. Das Gefuge und in gewissen Grenzen auch die physikalischen Eigenschaften werden durch Kornform-, -große und -qualitat des Graphits bestimmt.

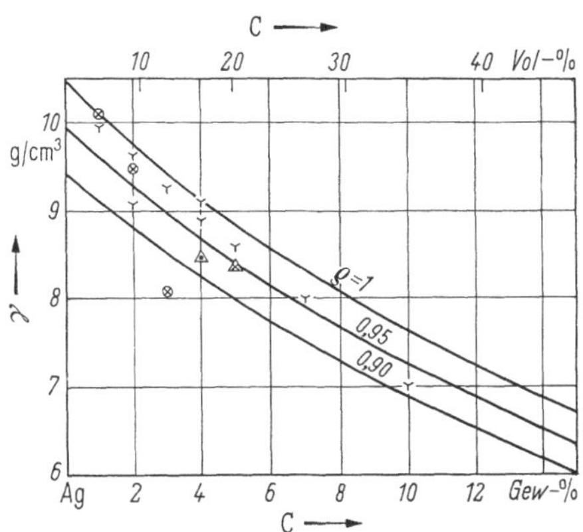

Abb. 161. Dichte von Silber-Graphit-Kontakten verschiedener Zusammensetzung im porenfreien und porenhaltigen Zustand.
Y C. G. GOETZEL [*1a*], ⊕ A KLEINLE [*23*], △ *Gibson Electric* [*27*].

Herstellung. Die Herstellung von Ag-C-Verbundstoffen findet meist durch Pressen, Sintern und Nachpressen der Pulvermischung statt; sie kann aber auch durch Heißpressen oder nach dem Trankverfahren erfolgen. Beim Pressen der Pulvermischung wirkt der Graphit infolge seiner ausgezeichneten Gleiteigenschaften (strukturbedingt) als preßerleichternder Zusatz. Bei hohen Preßdrucken kann dadurch das sehr duktile Silberpulver im Raumerfullungsgrad bis gegen 1,0 verdichtet werden.

Eigenschaften von Ag-C. Die Dichte und den Raumerfullungsgrad der Preß-, Sinter- und Nachpreßkorper in Abhangigkeit vom Preßdruck fur Ag-C 97/3 zeigt Abb. 162. Die beim Pressen auftretende Anisotropie ist bei Schuppengraphit (Naturgraphit) großer als bei mehr kugelformigen Graphitteilchen. Grobe Graphitschuppen geben gegenuber feineren eine großere Anisotropie. Die Anisotropie der elektrischen Leitfahigkeit der

Preßkörper, ausgedrückt als das Verhältnis der elektrischen Leitfähigkeit senkrecht zur Preßrichtung zur Leitfähigkeit parallel zur Preßrichtung ($f = \sigma_{\|}/\sigma_{\perp}$), ist von A. KEIL und C. L. MEYER [*18*] bei Schuppengraphit zu 0,35 und für feinen Naturgraphit zu 0,52 gemessen worden. Dabei wurde

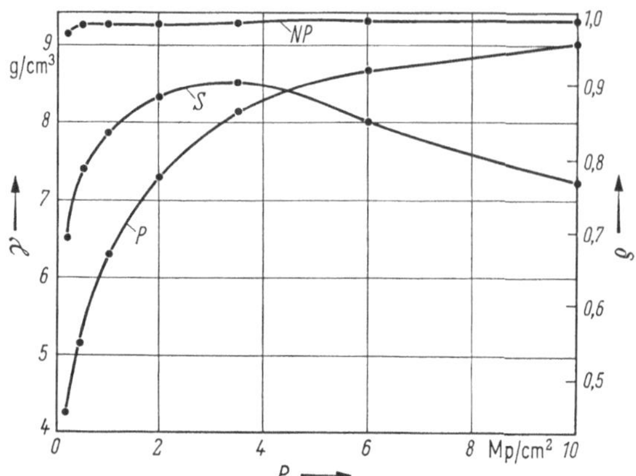

Abb. 162. Preß-Sinter-Nachpreßdichte und Raumerfüllungsgrade von Ag-C-97/3-Verbundstoffen als Funktion des Preßdruckes.

die Leitfähigkeit nach dem Wirbelstromverfahren bestimmt. Der von den Verbundmetallen her bekannte Dichteabfall beim Sintern (S. 110, 113) tritt bei Silber-Graphit nicht so stark in Erscheinung. Der Graphitzusatz verhindert das Kaltpreßschweißen des Silbers und erleichtert den Gasaustritt beim Sintern. Die Sinterung erfolgt zwischen 700 und 900 °C in reduzierender oder inerter Gasatmosphäre oder im Vakuum. Die Anisotropie der Sinterkörper ist kleiner als die der Preßkörper. So steigt f bei der Sinterung bei 800 °C während 1 h in Wasserstoff bei den oben angegebenen Verbundstoffen mit grobem Schuppengraphit von 0,35 im Preßzustand auf 0,49 im Sinterzustand und bei feinem Graphit von 0,52 auf 0,72 an. Der Raumerfüllungsgrad der mit 4,5 Mp/cm² gepreßten Körper betrug 0,93 und nach dem Sintern 0,87.

Durch Nachpressen des Sinterkörpers mit Drucken von 6 bis 10 Mp/cm² wird der Raumerfüllungsgrad gegen 1 erhöht (*NP*-Kurve in Abb. 162). Sinterkörper mit niedrigem Graphitgehalt sind in gewissem Umfange noch kalt verformbar. Das Nachpressen hoher graphithaltiger Verbundstoffe erfolgt im wesentlichen durch Höhenverminderung. Bei stärkerer Verformung senkrecht zur Preßrichtung besteht die Gefahr der Bildung feiner Risse.

Gefüge. Der metallographische Befund gibt Aufschluß über die verwendeten Ausgangsstoffe. Insbesondere Kornform und -größe der Graphiteinlagerungen sowie ihre Lagerung und Verteilung im Silbergrundmetall sowie Form, Größe und Verteilung evtl. vorhandener Poren können daraus angegeben werden. Der metallographische Befund muß mit dem Ergebnis der chemischen Analyse sowie der ermittelten Dichte und dem daraus errechneten Porositatsgrad ubereinstimmen. Die Anisotropie des Verbundstoffs im Preß-, Sinter- oder Nachpreßzustand ist anhand metallographischer Schliffe in Ebenen parallel und senkrecht zur Preßrichtung (Bearbeitungsrichtung) quantitativ erfaßbar. Form und Große der eingelagerten Graphitteilchen können aus den beiden Schnittebenen beschrieben werden. Mit diesen Ergebnissen lassen sich auch Angaben uber die elektrische und Wärmeleitfahigkeit sowie deren Anisotropiefaktor machen. Zur Ergänzung der Schliffergebnisse ist die Beurteilung des Bruchgefuges zweckmaßig. Im Bruchgefuge eines Ag-C-97/3-Verbundstoffs ist die gleichmaßige Verteilung des Graphits und das feinkornige Bruchgefuge zu erkennen (Abb. 163). Ein typisches Ag-C-97/3-Gefuge eines Unterbrecherkontakts zeigt die Abb. 164 mit der Schliffebene parallel zur Preßrichtung und Abb. 165 mit der Ebene senkrecht zur Preßrichtung. Die Abbildungen lassen Kornform und -größe sowie die gleichmaßige Verteilung des Graphits und die Anisotropie erkennen. Die Graphitteilchen sind durch ihre Ausgangsform. ihre Preßverformung und Ausrich-

11 1

Abb. 163 Bruchgefuge eines Ag-C-97/3-Kontaktes.

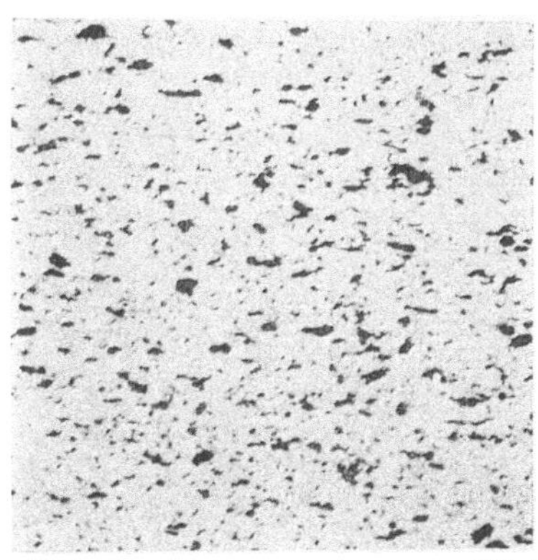

100:1

Abb. 164. Gefuge eines Ag-C-97/3-Kontaktes, Schliffebene parallel zur Preßrichtung.

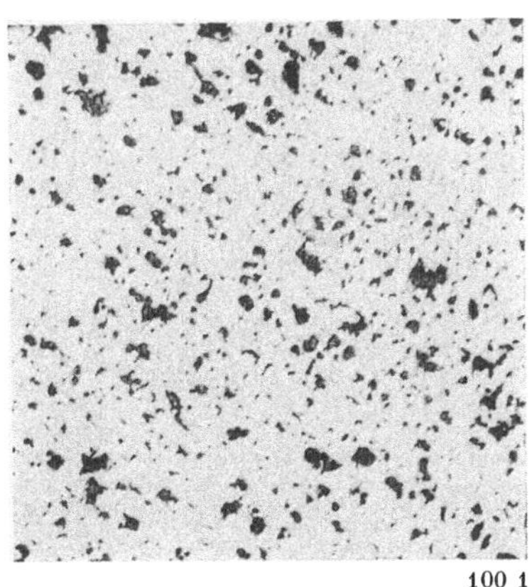

100 1

Abb. 165 Gefuge eines Ag-C-97/3-Kontaktes, Schliffebene senkrecht zur Preßrichtung.

tung parallel zur Preßebene senkrecht zur Preßrichtung orientiert. Eine genaue Beschreibung der Teilchenform ist bei starkerer Vergroßerung moglich (Abb. 166). Die Praparation der metallographischen Schliffe porenhaltiger Silber-Graphit-Sinterkörper fuhrt durch Herausreißen der weichen Graphitteilchen und durch Zuschmieren von Poren mit Silber

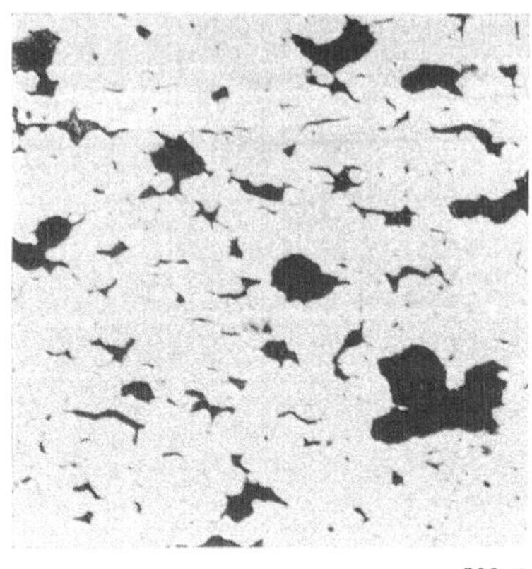

500 1

Abb. 166. Ag-C-97/3-Kontakt, Ausschnitt aus Abb 167.

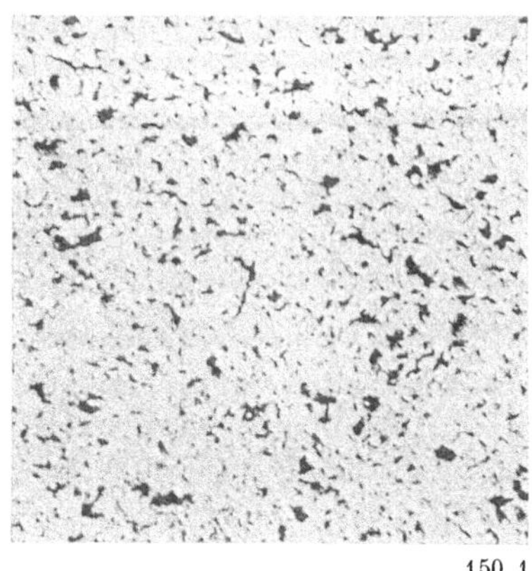

150 1

Abb 167. Gefuge eines Ag-C-97/3-Kontaktes, Schliffherstellung ohne Araldittrankung.

leicht zur Fehlbeurteilung. Ein Verfahren durch Trankung der Bruchflache vor dem Schleifen und Polieren mit Araldit im Vakuum hat der Verfasser mitgeteilt [*19*]. Der Effekt ist in den beiden folgenden Bildern zu erkennen, die das Gefuge eines Ag-C-97/3-Verbundstoffs senkrecht zur Preßrichtung zeigen. Der Schliff in Abb. 167 wurde in der ublichen Weise

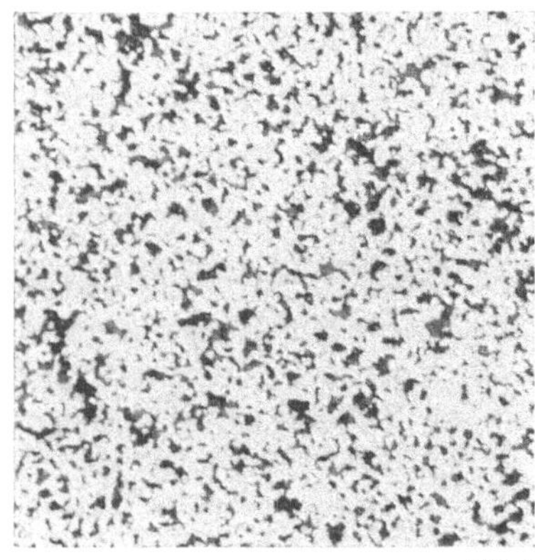

150 1

Abb. 168 Gefuge eines Ag-C-97/3-Kontaktes, Schliffherstellung nach vorheriger Araldittrankung.

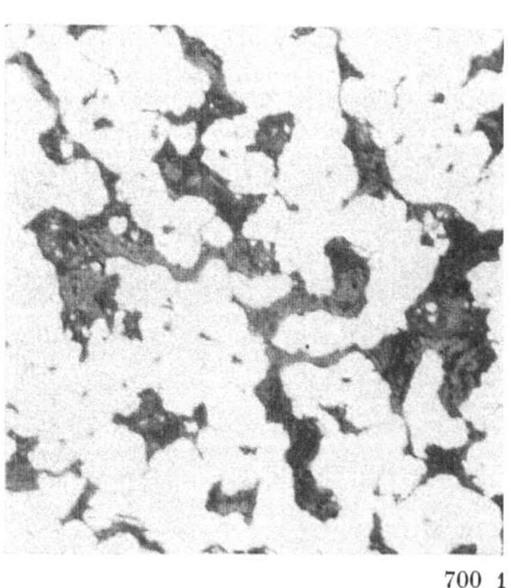

700 1

Abb 169. Gefuge eines Ag-C-97/3-Kontaktes, Ausschnitt aus Abb. 168.

durch Schleifen der nicht getrankten Probe mit Diamantpaste (erst 3 μm danach 0,25 μm) und in Abb 168 nach vorheriger Tränkung mit Araldit im Vakuum hergestellt Der Anteil der beim Polieren zugeschmierten Poren kann aus der Gegenuberstellung ermittelt werden. Bei starker Vergrößerung sind die Graphitbereiche von den Poren unterscheidbar (Abb 169). Nach dem Nachpressen verschwinden die Poren, und es sind nur mehr die Graphiteinlagerungen zu erkennen (Abb. 166). Die Schliffe der Abb 164 bis 169 sind im ungeatzten Zustand aufgenommen. Durch Atzung mit HNO_3 werden die Korngrenzen des Silbers sichtbar.

Elektrische Leitfahigkeit von Ag-C. Mit zunehmendem Graphitgehalt nimmt die elektrische Leitfahigkeit ab. Die obere Kurve der Abb. 170 gibt den Verlauf fur den Fall an, daß sich die Leitfahigkeit des Mischkorpers additiv aus den Volumenanteilen ergeben wurde (Parallelschaltung). Fur den anderen Grenzfall der Reihenschaltung sind die Leitfahigkeiten durch die Kurve *R* gegeben. Die in der Literatur angegebenen Meßwerte verschieden zusammengesetzter Ag-C-Verbundstoffe liegen zwischen beiden Grenzfallen (Streubreite in Abb. 170 eingezeichnet). Fur die Einlagerungsverbundstoffe kann die elektrische Leitfahigkeit des Mischkorpers nach der DOEBKEschen Gleichung aus den Leitfahigkeiten der Komponenten berechnet werden (s. S. 102) Wegen der oben angegebenen Anisotropie der Ag-C-Verbundstoffe ist bei Leitfahigkeitsangaben die Richtung anzugeben, in der die Messung erfolgte. Die nachgepreßten Sinterkontakte werden meist so eingesetzt, daß die Preßrichtung zur Stromrichtung wird, d h. die Preßflache die Kontaktflache bildet. Die elektrische Leitfahigkeit der Ag-C-Kontakte mit 5% Graphit liegt mit etwa 40 Ω^{-1}m mm^{-2} noch so hoch, daß durch Schaltströme im Kontaktmaterial selbst noch keine untragbar große Kontakterwarmung auftreten kann.

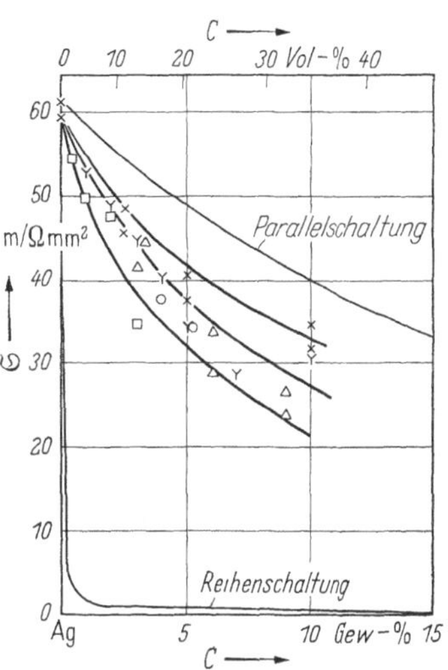

Abb. 170 Elektrische Leitfahigkeit von Silber-Graphit-Verbundstoffen als Funktion des Graphitgehaltes

Y C G GOETZEL [1a], □ H HOLZMANN [21], ○ *Gibson Electric* [27], × *E Durrwachter* [30], A KEIL [33], △ G BLUM [32].

Harte Der weiche Graphitzusatz setzt die Harte im Vergleich zu der des Grundmetalls (Silber oder Kupfer) herab. Die Harte fällt mit steigendem Graphit-Gehalt weiter ab. Bei Ag-C 97,5/2,5 betragt die Vickersharte etwa 44, bei 95/5 42, bei 90/10 38 und bei 85/15 etwa 30 kp/mm². Die entsprechenden Brinellhartewerte liegen etwas niedriger.

Festigkeit. Durch den Graphitzusatz wird die Festigkeit gegenuber Reinsilber wesentlich herabgesetzt. Fur Ag-C 95/5 wurde im kaltverformten Zustand eine Festigkeit von 6,33 kp/mm² und im weichgegluhten Zustand 4,22 kp/mm² gemessen [*20*]. Die Dehnung liegt $<1\%$. Eigene Meßwerte an Ag-C 97/3 ergeben im Sinterzustand eine Festigkeit von 5,14 kp/mm² und eine Dehnung von 3,7%; nach dem Nachpressen mit 6 Mp/cm² betrug die Festigkeit 9,59 kp/mm² und die Dehnung $<1\%$.

Der Temperaturkoeffizient des elektrischen Widerstands von Ag-C 98/2 beträgt $3{,}9 \cdot 10^{-3}$/Grad [*21*] Die Warmeleitfähigkeit von Ag-C 98/2 betragt 0,80 cal/cm Grad s [*22*].

Metallzusätze. Die Ag-C-Verbundstoffe können ahnlich den Metallkohlen durch Zusatz weiterer Metalle dem Anwendungszweck angepaßt werden. Durch Zusatz kleiner Legierungsbestandteile zum Silber kann die Festigkeit erhoht werden Die verhaltnismaßig geringe Abbrandfestigkeit kann durch Zusatz von mit Silber nicht legierbaren Metallen wie Wolfram, Molybdan oder Nickel erhoht werden. Die Zusatzmengen liegen zwischen 10 und 50 Gew.-%

Schalteigenschaften von Ag-C. Eine der hervorstechendsten Eigenschaften der Metall-Graphit-Verbundstoffe ist die geringe Schweißneigung. Beim Schalten hoher Strome entsteht bei Druckkontakten durch Überschreiten der Schmelzspannung im Engegebiet eine flussige metallische Brucke. Liegt die Bruchlast dieser Brucke oberhalb der Kontaktöffnungskraft, bleiben die Kontakte verschweißt. Silber-Graphit und auch Kupfer-Graphit besitzen beim Schalten hoher Ströme die geringste Schweißneigung. Die Festigkeit der Schweißbrucke ist außer vom Material auch von der Geometrie des Kontakts, von der Kontaktschließkraft (Kontaktlast), von der Stromgröße (Stromanstieg) und -dauer abhangig. Bei konstant gehaltenen Schaltbedingungen kann die Stromgroße bei der die Kontakte verschweißen als Maß fur die Schweißneigung angegeben werden. Gegenuber Reinsilber ist bei Ag-C-Verbundstoffen die Stromgröße, die eine bestimmte Bruckenfestigkeit hervorruft, erheblich größer. Mit zunehmendem Graphit-Gehalt steigt diese Schweißstromgroße weiter an, und die Sicherheit gegen Verschweißen der Kontakte kann gegenüber Reinsilber um einen Faktor >2 heraufgesetzt werden. In Abb. 171 ist das Schweißverhalten fur eine Schließkraft von $P = 10^2$ p und einen Schweißstrom von 1500 A, 50 Hz, 4 Perioden angegeben. Die gemessenen Bruckenöffnungskrafte lassen sich statistisch auswerten. Die Verteilungskurve liegt sowohl in den Maximalwerten als auch in ihrer Lage fur Ag-C bei kleineren Werten als fur Reinsilber. Ähnliche Ergebnisse hat auch A. Kleinle [*23*] angegeben. Es ist bekannt, daß neue Kontakte andere Schweißeigenschaften als geschaltete Kontakte aufweisen, wobei meist nach einer bestimmten Schaltzahl die Beschaffenheit der geschalteten Kontaktfläche und damit die Schweißeigenschaften sich nicht mehr wesentlich ändern. Bei besonderen Schaltbedingungen allerdings, die zur Verarmung der Wirkkomponente im Grundmetall führen, z.B. Abbrennen von Graphit in der Kontaktfläche, kann sich das Schweißverhalten wohl ändern. Auf die günstigen Schweißeigenschaften von Silber-Graphit-Kontakten wird in den Literaturstellen [*9, 11, 20* bis *22, 24* bis *31*] hingewiesen. G. Blum [*32*] hat an verschiedenen

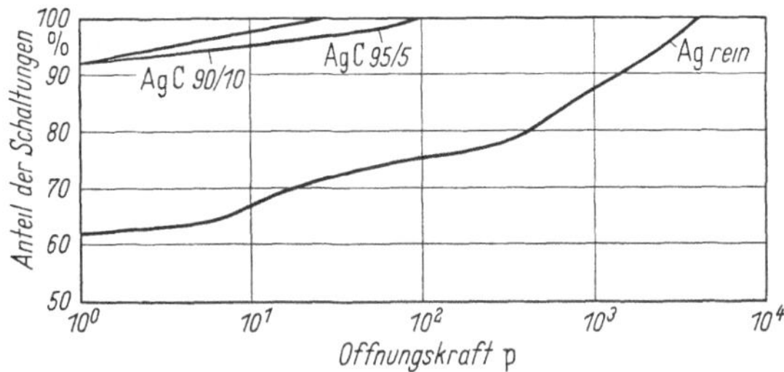

Abb. 171. Schweißverhalten von Ag-C-95/5- und Ag-C-90/10-Kontakten im Vergleich zu Reinsilber.

Ag-C-Verbundstoffen mit 3, 6 und 9% Graphit bei Kondensatorentladungen (440 V) über die geschlossenen Kontakte bei Kontaktlasten von 0,5 bis 4 kp völlige Schweißsicherheit gefunden. Für andere Schaltbedingungen hat A. Keil für Ag-C mit 1, 2 und 5 bis 20% Graphit eine gegenüber Reinsilber um den Faktor 4 bis 20 kleinere Schweißkraft angegeben [*33*]. Die Verminderung der Schweißneigung kann auf den hohen Schmelzpunkt des Graphits, auf die schlechte Benetzbarkeit gegen flüssiges Silber sowie auf die von Graphiteinlagerungen ausgehende Kerbstellen und die damit hervorgerufene Festigkeitsminderung in der Schweißbrücke zurückgeführt werden.

Kontaktwiderstand. Die Silber-Graphit-Verbundstoffe haben einen kleinen Kontaktwiderstand. Dies liegt daran, daß bereits bei kleinen Kontaktlasten wegen der geringen Härte und hervorragenden Gleiteigenschaften des Graphits unter Durchdrücken und Verdrängen des Graphits leicht metallische Berührungsflächen gebildet werden. Auch beim Schalten hoher Ströme bilden sich keine den Kontaktwiderstand vergrößernden Schichten aus. Die Oxyde des Kohlenstoffs sind Gase und reichern sich an der Kontaktoberfläche nicht an. Durch die reduzierende Wirkung des Kohlenstoffs werden außerdem die Oxydbildung der Zusatzmetalle und damit die Schlackenbildung an der Kontaktfläche vermindert. Anders als bei Reinsilber liegt der Kontaktwiderstand der geschalteten gegenüber den nicht geschalteten Ag-C-95/5-Kontakten nur unwesentlich höher [*34*]. Gleiche Ergebnisse hat auch G. Blum [*32*] an Ag-C 97/3 mitgeteilt. Auf den kleinen Übergangswiderstand der Ag-C-Verbundstoffe wird auch in den Literaturstellen [*21, 31, 35*] hingewiesen.

Abbrand. Der Materialverlust durch die elektrische Schaltbelastung ist bei Ag-C-Verbundstoffen größer als bei verschiedenen anderen Kontaktstoffen. Mit steigendem Graphitgehalt nimmt der Abbrand zu. Wie schon erwahnt, kann der Abbrand durch Zusatze von Metallen wie Ni, Mo oder W etwas reduziert werden. Fur viele Anwendungsfalle, bei denen man Silber-Graphit wegen der geringen Schweißneigung und des kleinen Übergangswiderstands einsetzen möchte, scheidet dieser Kontaktstoff wegen der geringen Abbrandfestigkeit aus. Dies trifft insbesondere fur Schalter zu, die eine sehr große Schaltzahl ($>10^6$ Schaltungen) erreichen mussen. Der hohe Abbrand ist eine Folge der geringen Materialfestigkeit und des Abbrennens des Kohlenstoffs im Lichtbogen Nach G. BLUM [*32*] liegt der Abbrand von Ag-C 97/3 fur die Schaltbedingungen 220 V, 50 Hz, 15 A, $\cos\varphi = 1$, Kontaktlast = 2 kp, Schalthaufigkeit 3800/h gegenuber Reinsilber um den Faktor 3 bis 4 hoher. Bei einem Nennstrom von 200 A kann dieser Faktor noch großere Werte annehmen.

Anwendungen. Auf Grund der beschriebenen Schalteigenschaften sind die möglichen Anwendungen von Ag-Graphit-Verbundstoffen als Druckkontakte schon vorgezeichnet. Sie bewahren sich fur Schaltgerate mit kleiner Schalthaufigkeit, bei denen die Kontakte auch bei hohen Kurzschlußströmen (I_K) keinesfalls verschweißen durfen; wie bei Aufzugschutzen, Kleinselbstschaltern, Leitungsschutzschaltern, Fehlerstromschaltern sowie Hochstromschalter mit I_k bis 10 kA. Wegen des niedrigen und gleichbleibenden Kontaktwiderstands werden Ag-C-Kontakte bei gleitender Kontaktgabe fur empfindliche Meßgerate verwendet. Fur Unterbrecherkontakte betragt der Graphitgehalt bis 8%. Die Schweißneigung nimmt mit abnehmendem Graphitgehalt zu; da gleichzeitig die Abbrandfestigkeit ebenfalls abnimmt, wird der Graphitgehalt fur den speziellen Anwendungsfall optimal eingestellt, damit die Kontakte mit Sicherheit nicht verschweißen, andererseits die Abbrandrate noch tragbar ist. Der Kontaktwiderstand steigt mit zunehmendem Graphitgehalt wegen der gasförmigen Oxyde des Kohlenstoffs nur unwesentlich an. Bei der Mehrzahl der Anwendungsfalle von Ag-C-Verbundstoffen fur Druckkontakte zum Schließen und Öffnen von Stromkreisen liegt der Graphitgehalt zwischen 3 und 5 Gew.-%. Aus Grunden der hervorragenden Gleiteigenschaften – der Reibungskoeffizient μ betragt 0,07 bis 0,13 [*36*] – werden die graphitreicheren Ag-C- und Cu-C-Verbundstoffe auch als Gleitkontakte fur Stromabnehmer (meist fur Meßkreise) eingesetzt Fur diese Anwendungen wird auf die folgenden Firmenschriften verwiesen [*10*, *10a*, *10b*]. In Verbundstoffen fur Stromabnehmer, fur Motoren und Generatoren sowie fur Potentiometer und Meßinstrumente betragt der Graphitgehalt bis 20%.

Die Silber-Graphit-Kontakte werden in Form von Platten, Nieten oder Formteilen, aber auch plattiert mit verschiedenen Metallen hergestellt Mit niedrigem Graphitgehalt (2%) sind die Ag-C-Verbundstoffe noch kalt verformbar und lassen sich hart auflöten. Einwandfreie Löteigenschaften speziell bei Ag-C-Kontakten mit hoherem Graphitgehalt werden durch eine Sinterschicht aus Reinsilber oder Reinkupfer auf der Lötseite erreicht (s. Abschn. 11). In Abb. 172 ist ein Ag-C-95/5-Kontakt mit Ag-Sinterschicht auf der Lotseite vor und nach dem Hartlöten auf

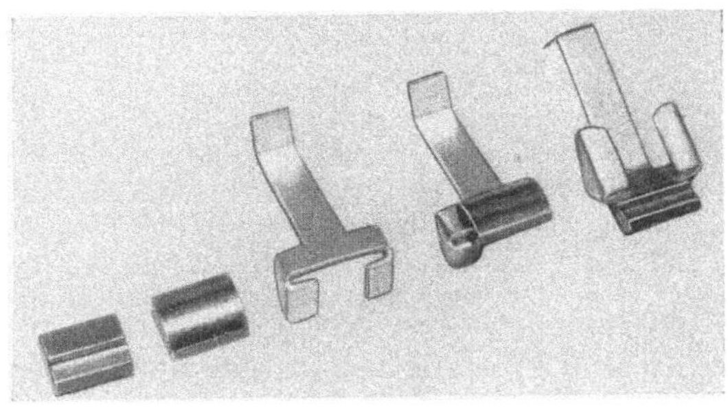

1 1

Abb 172. Ag-C-95/5-Kontakte mit Ag-Sinterauflage auf der Lotseite vor und nach der Hartauflotung auf das Tragermetall

das Tragermetall gezeigt. An dieser Stelle werden auch Verfahren erwahnt, die den Graphit an der Oberflache, die zu loten ist, durch eine Gluhbehandlung herausbrennen oder beseitigen.

Literatur zu 9.45

[*1*] GOETZEL, C. G.: Treatise on Powder Metallurgy, Vol. III. New York: Interscience Publ. 1952, S. 654–655.

[*1a*] GOETZEL, C G.: Treatise on Powder Metallurgy, Vol. II New York: Interscience Publ. 1950, S. 216

[*2*] *Siemens & Co.*: DP 182.445 (1907).

[*3*] KIEFFER, R., u. W. HOTOP: Pulvermetallurgie und Sinterwerkstoffe, Berlin/Gottingen/Heidelberg Springer 1948, S. 316–320.

[*4*] US-Pat. 1,053.880.

[*5*] FINK, C. G., u J. D. PRICE: Trans. Am. Elektrochem. Soc. 54 (1928) 315–321.

[*6*] *Anonym*: Powder Metallurgy 1958 (1/2) 40–52.

[*7*] BENESOVSKY, F., u. E. RUDY: Metall 16 (1962) 957–961; Planseeber. f. Pulvermet. 10 (1962) 168–177.

[*8*] MATSUKAWA, T.: Osaka Univ. Techn. Rep. 5 (1955) 133–137; 5 (1955) 425–431; 7 (1957) 127–131.

[*9*] MATSUKAWA, T.: Jap. Pat. 4.558 (1952).

[*10*] *Ringdorff-Werke GmbH*, Mehlem (Rhein): Firmenschrift K 176/25, KM 198/75.

[*10a*] *Schunk & Ebe GmbH*, Gießen (Hessen): Firmenschrift.

[*10b*] *Conradty-Werke*, Nurnberg: Firmenschrift.

[*11*] BEECH, R. N , u. M. S. T. PRICE: Industrial Carbon and Graphite, 1958. Soc. Chem. Ind., 448–462.

[*12*] PRIMAK, W., u. L. H. FUCHS: Phys. Rev. 95 (1954) 22–50.

[*13*] ALI, D., E. FITZER u. A. RAGOSS. Industrial Carbon and Graphite, 1958, Soc. Chem. Ind., 135–144.

[14] *Anonym*: Precising Metal Molding 12 (1954) 48 u. 77.
[15] Comstock, G. J.: US-Pat. 2,188.873 (1940).
[16] *Dürrwächter, E*: German Appl. D. 84,704 (1941).
[17] Sanders, V. H., N. H. Schaberl u. E. J. Shobert II: Stackpole Carbon Co., US-Pat. 2,278 592 (1942).
[18] Keil, A., u. C. L. Meyer: Z. Metallkde. 45 (1954) 119–122.
[19] Schreiner, H. Metall 15 (1961) 422–425.
[20] *Mallory*: Firmenschrift. Contacts and Contact Assemblies, Form 3–11, 10–55, 10 M (1954).
[21] Holzmann, H.: Metall 12 (1958) 630–636.
[22] *Mallory*: Firmenschrift: Electrical Contact Materials, Nr. 2320 (1954).
[23] Kleinle, A.: Metall 15 (1961) 666–671.
[24] Kieffer, R.: Z. f. techn. Physik 21 (1940) 35–40.
[25] Palme, R., in K. Wanke: Einführung in die Pulvermetallurgie, Graz: Stiasny 1949, S. 183.
[26] Farnham, F. R.: Iron Age 1954.
[27] *Gibson Electric Comp.*: Firmenschrift: Electric Contact Materials, 12 S.
[28] Kammerer, F.: Firmenschrift. Kontakte (1955).
[29] Altman, A. B., u. J. P. Malaschenko: Elektrichestvo (Moskau) 75 (1955) 42–47.
[30] *Dürrwächter, E.*: Firmenschrift: Elektrische Kontakte aus Sinterwerkstoffen (1956).
[31] *Degussa*. Firmenschrift: Liste K 110: Kontakte für die Elektrotechnik (1961).
[32] Blum, G.: Elektrie 13 (1959) 201–206.
[33] Keil, A.: Werkstoffe für elektrische Kontakte, Berlin/Göttingen/Heidelberg: Springer 1960, S. 189.

10. Gesinterte Fertigformkontakte

10.1 Herstellungsübersicht

Ein großer Teil der gesinterten Kontakte aus Werkstoffen hoher Duktilität wird nach einem kombinierten Verfahren hergestellt. Die Ausgangspulvermischung wird durch Pressen und Sintern nicht zu einem Fertigformkontakt, sondern zu einem gesinterten Vormaterial geformt, das durch verschiedene Formgebungsverfahren schließlich in die Fertigform des Kontakts gebracht wird. Dabei werden speziell bei den Verbundmetallen

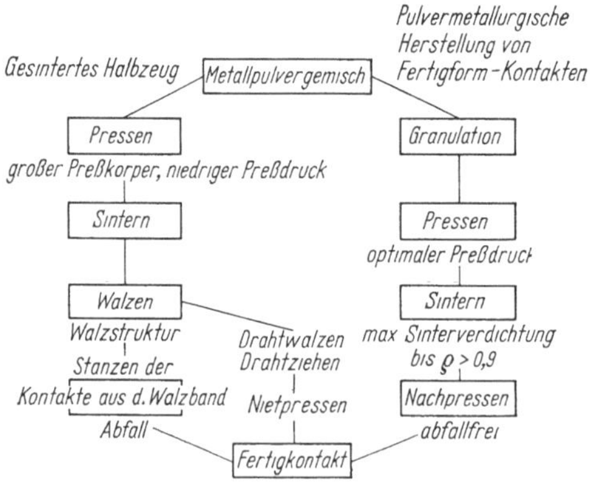

Abb. 173. Verfahren und Schritte bei der Herstellung gesinterter elektrischer Kontakte.

mit Silber oder Kupfer als Grundmetalle aus den Pulvermischungen große Preßkörper in Form von prismatischen Blöcken hergestellt. Nach dem Sintern dieser Blöcke unterhalb der Schmelztemperatur entsteht durch Walzen ein Band, aus dem die Kontakte ausgestanzt werden. Bei der Herstellung von Nieten wird der Sinterblock durch Kalt- oder Warmverformen zuerst zu einem Draht gezogen. Der Draht wird zur Nietform gestaucht und entsprechend der Schaftlänge abgeschnitten. Die beiden Herstellungswege sind im linken Teil der Abb. 173 schematisch angegeben. Die Pulvermetallurgie dient hier zur Herstellung des gesinterten Zwischenmaterials. Durch daran anschließende Verformungsverfahren sowie im Falle des Ausstanzens runder Kontakte aus dem Blech durch abfallgebende Verfahren werden die Fertigkontakte erhalten. Bei diesen Verfahrensschritten wird von den wesentlichen Fertigungsvorteilen der Pulvermetallurgie, wie 100%ige Materialausnutzung und keine zusätzlichen maschinellen Einrichtungen, kein Gebrauch gemacht.

10.2 Verfahrensschritte bei der Herstellung

Im wesentlichen sind es drei Gründe, weshalb bisher das pulvermetallurgische Verfahren nicht auch bei der Herstellung von Fertigformkontakten eingesetzt wurde: Der erste Grund besteht darin, daß die als Ausgangsmaterial verwendeten Pulvermischungen kein Fließverhalten besitzen und sich nicht auf automatischen Pressen verarbeiten lassen. Der zweite ist die für Kontakte erforderliche hohe Sinterdichte, die erst bei bestimmten Sinterbedingungen erreicht wird, und der dritte Grund sind die im Ausgangspulver gelösten und die beim Pressen eingeschlossenen Gase, die zu Aufblähungen beim Sintern führen. Diese drei Schwierigkeiten standen bisher der Herstellung von Sinter-Fertigform-Kontakten insbesondere kleiner und mittlerer Größe entgegen. Die drei Probleme und deren Lösung sind in den Abschn. 3.3 und am Beispiel des Silber-Nickels in 9.431 behandelt. In Abb. 173 ist im rechten Teil die pulvermetallurgische Herstellung von Fertigformkontakten schematisch angegeben. Das Ausgangspulvergemisch erhält durch eine Pulvervorbehandlung, die als Granulation bezeichnet ist, Fießeigenschaften. Das Pressen erfolgt mit optimalem Preßdruck, worunter der Preßdruck zu verstehen ist, der eine maximale Sinterverdichtung zur Folge hat. Der Preßling ist bereits der Endform des Kontakts angepaßt. Durch Kaltnachpressen wird der etwas geschrumpfte Sinterkörper weiter verdichtet und in die genaue Endform gebracht. Der dabei verwendete Verformungsgrad ist vom Material und der Form der Kontakte abhängig.

10.3 Vorteile der Fertigformkontakte

Die pulvermetallurgische Herstellung von Fertigformkontakten bietet sowohl technische als auch wirtschaftliche Vorteile. Die technischen Vorteile liegen im isotropen Gefuge und in der Herstellung auch komplizierter Formteile. Die Isotropie hat in verschiedenen Lagen und auch in verschiedenen Verschleißstadien (Abbrandtiefen) gleiche Kontakteigenschaften zur Folge. Die wirtschaftlichen Vorteile liegen neben der 100%igen Materialausnutzung in der kurzeren Fertigungszeit und dem geringeren Aufwand an Fertigungsmaschinen (Presse und Sinterofen).

Bei den uber gesinterte Zwischenmaterialien durch Verformung hergestellten Kontakten (Abb 173 linker Teil) entsteht ein Richtgefuge und damit eine Anisotropie. Fur Silber-Nickel-Verbundmetalle, die durch Walzen des Sinterkorpers hergestellt wurden, ist die Anisotropie in den Gefugebildern in Ebenen senkrecht und parallel zur Walzrichtung deutlich zu erkennen (Abb. 63 und 65, S. 117, 118). Nach der Verformung liegen die im Silber eingelagerten Nickelteilchen als Plattchen vor, die parallel zur Walzebene ausgerichtet sind. Das Kontaktmaterial wird aus Herstellungsgrunden so eingesetzt, daß die Walzebene zur Kontaktebene wird, obwohl die elektrische Leitfahigkeit und die Abbrandfestigkeit in dieser Richtung kleiner sind als senkrecht dazu.

Beim Verformen des Sinterkorpers zu Draht und beim Stauchen des Drahts zum Niet erhalt man ebenfalls ein Richtgefuge (Abb. 105, S. 139). Der Gefugeverlauf und der Verformungsgrad der im Silber eingelagerten Nickelteilchen laßt den Materialfluß beim Stauchen des Kopfs gut erkennen. Ein solches Kontaktmaterial zeigt mit zunehmendem Abbrand unterschiedliche Gefuge. Die letzteren sind fur die Änderungen der Abbrandwerte mit zunehmender Schaltzahl von Einfluß. Demgegenuber bleiben die Abbrandwerte bei Kontakten mit isotropem Gefuge praktisch konstant. Der Verfasser hat auf die Verbesserung der Kontakteigenschaften durch Einsatz der Richtgefugekontakte in der bevorzugten Richtung aufmerksam gemacht [*1*].

Beim Stanzen geformter Kontakte, z.B. kreisförmiger Flachen, aus dem gewalzten Blech entsteht ein Abfall, der bis zu 40% betragen kann. Die Umarbeitungskosten des Abfalls verursachen zusatzliche Kosten. Der größere Maschinenpark gegenuber der rein pulvermetallurgischen Herstellung von Fertigformkontakten besteht in den Verformungseinrichtungen (Blechwalzwerk, Drahtzieheinrichtung), den Öfen fur Zwischengluhung sowie den Stanzen oder Nietstauchmaschinen.

10.4 Silber-Nickel-Fertigformkontakte

Die pulvermetallurgische Herstellung von Fertigformkontakten aus Silber-Nickel der Zusammensetzung 90/10 ist unter den folgenden Bedingungen moglich · Als Ausgangspulver dienen ein Fallungssilberpulver der Korngroße < 37 μm und ein Karbonylnickelpulver der Korngröße < 5 μm. In der Tab. 26 sind die Granulierbedingungen und Pulvereigen-

Tabelle 26

Verfahren	Granulierbedingungen					Pulvereigenschaften						
	Glykolzusatz	Pressen		Sintern								
Nr	%	Mp/cm²	γ_{VP} g/cm³	bei °C 1 h H_2	γ_{VS} g/cm³	V_F cm³/100g	γ_F g/cm³	ϱ_F	V_K cm³/100g	γ_K g/cm³	ϱ_K	t_{F_4} s/100 g
0	–	–	–	–	–	92,6	1,08	0,10	59,2	1,69	0,16	∞
1	3	–	–	–	–	84,1	1,19	0,11	66,2	1,51	0,14	90
2	–	0,85	6,00	–	–	28,2	3,55	0,35	26,3	3,80	0,37	22
3	0,2	0,4	5,03	–	–	29,2	3,43	0,33	27,5	3,64	0,35	22
4	–	0	K 1,69	460	1,87	69,4	1,44	0,14	57,8	1,73	0,17	42
5	–	0,06	3,75	410	3,91	55,7	1,80	0,18	50,3	1,99	0,19	30

schaften der nach verschiedenen Verfahren granulierten Silber-Nickel-90/10-Pulvermischung angegeben. Die Ausgangspulvermischung hat die in der ersten Zeile ausgewiesenen Pulvereigenschaften. Aus den folgenden Zeilen ist zu entnehmen, daß die Granulation bei Verfahren Nr. 1 mittels Granulierzusatz (s. Abschn. 3.31), bei Nr. 2 durch mechanisches Verdichten und Wiederzerkleinern (Abschn. 3.32), bei Nr. 3 durch Kombination dieser beiden Verfahren und bei Nr. 4 und 5 durch thermische Granulation erfolgt ist. Bei der letzteren lag das Pulver in Nr. 4 im Klopfzustand und in Nr. 5 im Vorpreßzustand vor. Alle 5 Verfahren gaben brauchbare Granulierergebnisse. Bei dem nach Verfahren Nr. 1 hergestellten Granulat ist t_F mit 90 s/100 g sehr hoch. Die Fließzeiten aller anderen Pulver liegen der Reihenfolge nach bei den Verfahren Nr. 4, 5, 3 und 2 zwischen 42 und 22 s/100 g und damit im gewünschten Bereich. Es sei noch auf die Gerüstfestigkeit der Sekundarteilchen hingewiesen, die bei den gesinterten Pulvern (Verfahren Nr. 4 und 5) gegenüber den gepreßten Pulvern (Verfahren Nr. 2 und 3) wesentlich höher liegen, obwohl das Gerüst bei den letzteren dichter ist. Damit im Zusammenhang steht der Abrieb der granulierten Pulver während der Verarbeitung. In Abb. 174 sind die bei den verschiedenen Granulierverfahren auftretenden Gefügeänderungen schematisch dargestellt. Das Ausgangspulver besteht aus stark aufgelockerten Sekundarteilchen der Dichte γ_{Ta}. Die Sekundarteilchen sind aus vielen Primarteilchen aufgebaut. Beim Granulieren mit Hilfe von

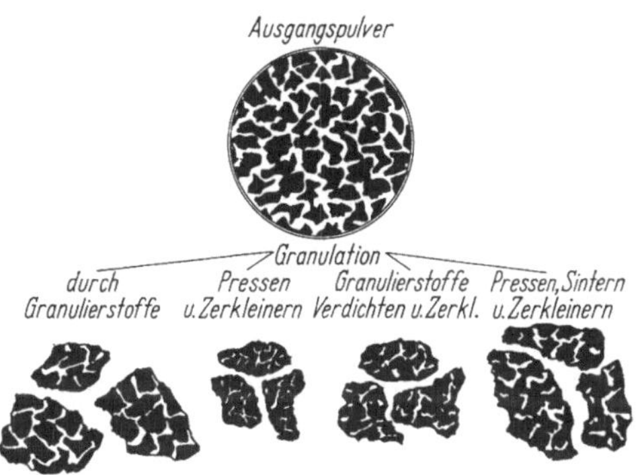

Abb. 174. Schema der Teilchengefüge des Ausgangspulvers und der nach verschiedenen Verfahren granulierten Pulver.

Granuliermitteln werden viele Sekundarteilchen des Ausgangspulvers insbesondere durch die Haft- und Klebewirkung des Zusatzes zu einem Granulatteilchen vereint. Die Sekundarteilchendichte γ_{Tg} ist ungefahr gleich γ_{Ta}. Demgegenuber ist γ_{Tg} der durch Pressen und Zerkleinern erhaltenen Granulatteilchen wesentlich höher. Die Teilchendichte γ_{Tg} ist speziell bei uberwiegend silberhaltigen Kontaktstoffen von großer Bedeutung. Zur Erreichung einer maximalen Sinterdichte $\gamma_{S_{\max}}$ ist eine optimale Preßdichte $\gamma_{P_{\text{opt}}}$ erforderlich. Würde γ_{Tg} bereits oberhalb $\gamma_{P_{\text{opt}}}$ liegen, so ließe sich die Forderung, daß im Preßkörper kein Bereich uber $\gamma_{P_{\text{opt}}}$ liegen darf, nicht mehr erfullen. Bei den Granulierverfahren, die nur einen niedrigen Vorpreßdruck anwenden, laßt sich die Bedingung $\gamma_{Tg} < \gamma_{P_{\text{opt}}}$ leicht erfullen. Zu berucksichtigen ist ferner, daß bei der Wiederzerkleinerung des durch Vorpressen oder Vorsintern verdichteten Pulvers eine

1,5 : 1

Abb. 175. Links Fertigformkontakte aus Ag-Ni 90/10, Mitte Tragermetall, rechts aufgeloteter Kontakt.

wenn auch geringe Dichtesteigerung nicht zu vermeiden ist. Mit Hilfe der genannten Bedingungen – Granulation, optimale Preßdichte und maximale Sinterdichte – gelingt die wirtschaftliche Fertigung auch komplizierter Fertigformkontakte verschiedener Gefößе. Durch Nachpressen der Sinterteile mit Drücken bis 10 Mp/cm^2 wird die theoretische Dichte er-

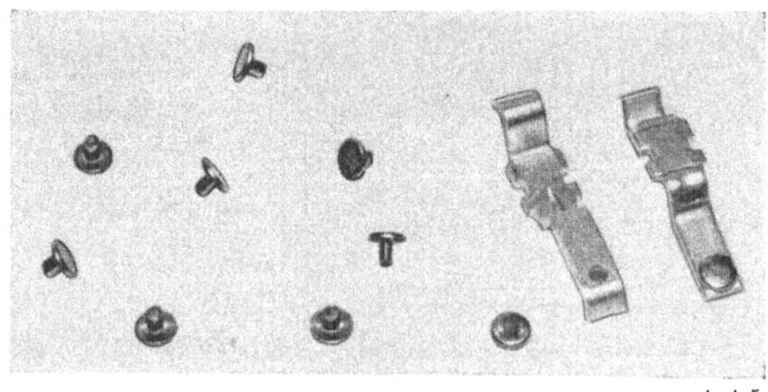

1 : 1,5

Abb 176. Gesinterte Fertigformkontaktniete aus Ag-Ni 90/10, Bildmitte Tragermetall, Bild rechts genieteter Kontakt.

halten. Erfolgt die Verdichtung durch zwei gegeneinanderbewegte Stempel, so fließt das Kontaktmaterial auch zwischen Stempel und Matrize und bildet am nachgepreßten Teil Grate. Die Lage der Grate hängt von der Konstruktion der Matrize ab. Geringe Preßgrate werden durch Trommeln der Teile mit Scheuermaterial beseitigt. In Abb. 175 sind Fertigformkontakte aus Ag-Ni 90/10 vor und nach dem Auflöten gezeigt. Die Niete in Abb. 176 sind auf Vorschlag des Verfassers aus Sinterformteilen völlig gratfrei kalibriert, wobei das in Abb. 177 gezeigte Werkzeug verwendet wurde. In Abb. 177a ist der nachzupressende gesinterte Niet mit dem Schaft in die Lochplatte eingeführt. Die Nachpressung (Abb. 177b) erfolgt durch einen Oberstempel in der Endform des Nietkopfs. Durch Einstellen der Höhe des Unterstempels in der Lochplatte kann der Nietschaft auf einen vorgegebenen Raumerfüllungsgrad verdichtet werden. Die Kopfform des gesinterten Niets hat im Vergleich zur Endform einen kleineren Durchmesser und eine größere Höhe. Beim Nachpressen durch den Oberstempel wird der Kopf verdichtet und gleichzeitig verformt. Das Material fließt an die Seitenwände des Kopfformers. Mit Hilfe des Unterstempels wird der Niet ausgestoßen (Abb. 177c). Die Schaftform des Niets kann zylindrisch, konisch oder zum Teil konisch sein. Durch den Unterstempel kann der Schaft auch hohl geformt werden.

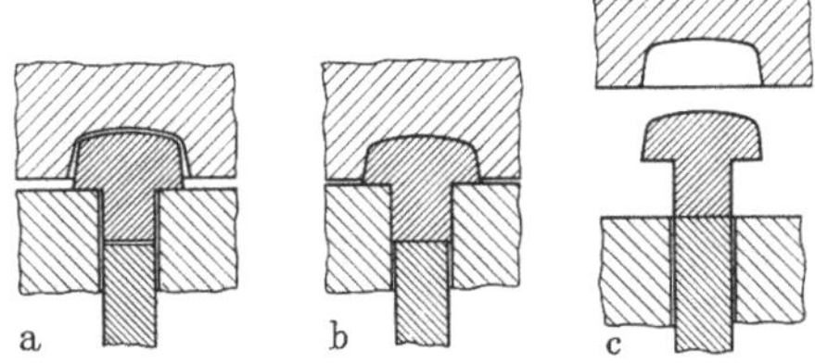

Abb. 177a–c. Gratfreie Nachpressung gesinterter Nietkontakte.

Literatur zu 10

[1] SCHREINER: Z. Metallkde. 48 (1957) 187.

11. Gesinterte Mehrschichtenkontakte

11.1 Übersicht

Im allgemeinen besteht der Kontakt aus einer Schicht. Meistens werden die Einschichtkontakte durch Nieten, Löten oder Schweißen mit dem Trägermetall zu einem „Schaltorgan“ vereinigt (Abb. 178). Die dabei entstehenden Schaltorgane gehören nicht zu den Mehrschichtenkontakten.

Als Mehrschichtenkontakte bezeichnet man nur die Kontakte, die vor dem Aufbringen auf ein Trägermetall aus zwei oder mehr Schichten bestehen oder bei denen das Schaltorgan durch Schneiden oder spanende

Bearbeitung oder einen spanlosen Formungsvorgang aus einem zwei- oder mehrschichtigen Vormaterial erhalten wird [1]. Abb. 179 gibt einen Überblick uber die bisher verwendeten Mehrschichtenkontakte. Man verwendet sie aus verschiedenen Grunden Ein Grund ist das Einsparen von Edelmetallen: Für den aus einem billigen Tragermetall bestehenden Niet wird nur eine Schicht des edlen Kontaktmetalls (Edelmetall oder Edelmetallegierung) verwendet, dessen Dicke man der Schaltaufgabe anpaßt (Abb. 179 Nr. 2). Auch im Hinblick auf die Eigenschaften der Kontakte werden plattierte Kontakte verwendet. Wenn sich z. B. das Kontaktmaterial fur eine Nietherstellung wegen unzureichender plastischer Eigenschaften nicht eignet, wird die Plattierung auf ein plastisch verformbares Metall, wie Kupfer, Messing oder Bronze, vorgenommen (Abb. 179 Nr 2 links). Aus den gleichen Grunden verwendet man plattierte Kontakte auch bei Kontaktstoffen, die sich schlecht löten lassen oder beim Loten unzureichende

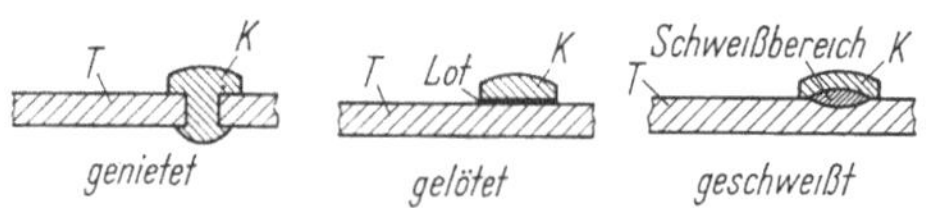

Abb. 178 Schaltorgane mit einschichtigen Kontakten auf das Tragermetall genietet (links), gelotet (Mitte) und geschweißt (rechts).

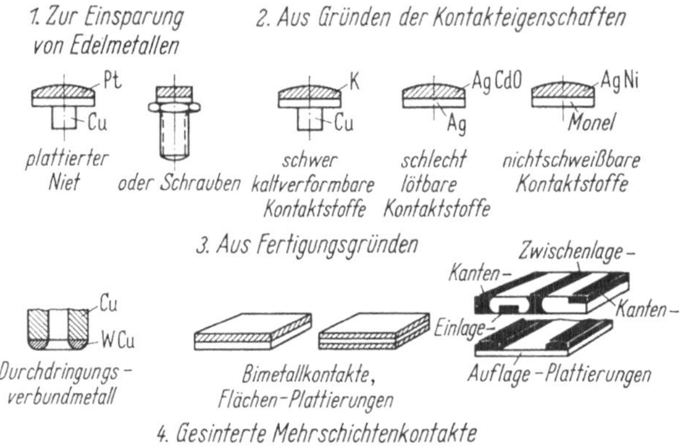

Abb. 179. Mehrschichtenkontakte (Erlauterungen im Text)

Benetzung zeigen (Abb. 179 Nr 2 Mitte). Ebenfalls plattiert werden Kontaktmetalle, die sich nicht direkt auf das Tragermetall schweißen lassen. Besonders Kontaktmetalle mit hoher elektrischer Leitfahigkeit haben fast alle schlechte Schweißeigenschaften. In diesem Fall wird ein leicht schweißbares Metall wie Eisen oder Monel auf das Kontaktmetall plattiert (Abb. 179 Nr. 2 rechts) Bei Verwendung eines Buckels kann der Bimetallkontakt ohne Schwierigkeiten auf das Tragermetall buckelgeschweißt werden [2].

Schließlich bieten Mehrschichtenkontakte auch Vorteile fur die Fertigung. Bei den mit Silber oder Kupfer getränkten Wolfram- oder Molybdansintergerusten kann ein Überschuß des Trankmetalls in einem Arbeitsgang als gut lot- oder kontaktierfahige Auflage angegossen werden (Abb. 179 Nr 3 links). Dabei geht das Verbundmetall ohne Storschicht in die Auflage uber. Dies ist ein technisch wichtiger Weg zur Herstellung mehrschichtiger Durchdringungsverbundmetalle. Ebenfalls im Hinblick auf die Fertigung werden Bimetallkontakte verwendet, die aus flachen- oder streifenplattierten Blechen herausgearbeitet sind. Wie Abb. 179 Nr 3 Mitte und rechts zeigt, ist die Plattierung sowohl als ein- oder beidseitige Flachenplattierung als auch als Streifenplattierung, wie z. B. als Kanten- oder Auflageplattierung, oder als Einlageplattierung moglich. In gleicher Weise lassen sich auch die verschiedensten Profile plattieren. Zur Herstellung von Nieten aus dem Bimetallband werden zunachst zylindrische Teile ausgestanzt. Die Form der Niete ergibt sich entweder durch mehrstufiges Pragen oder Fließpressen des Schafts aus dem Plattchen oder indem der Nietkopf angestaucht oder gehammert wird [*3*]. Das Ausstanzen von Schaltelementen aus dem Bimetallband geschieht meistens in einem Winkel zur Einlage, damit das Walzgefüge für die nachfolgenden Verformungsschritte in gunstiger Richtung liegt. Das Plattieren kann durch Kalt- oder Warmpressen vorgenommen werden. Beim Kaltpressen ist eine Oberflachenvergrößerung $100\,\Delta F/F_0$ von 200 bis 400 % erforderlich, um beide Materialien metallisch zu verbinden [*4*]. Anschließendes Gluhen kann die Metallverbindung beider Schichten durch eine Diffusionsschicht verbessern. Beim Warmpressen werden die zu verbindenden metallisch reinen Flachen erwarmt und zusammengepreßt oder verwalzt. Je nach der Art des Träger- oder Kontaktmetalls kann sich im Falle eines Eutektikums eine flüssige Phase ausbilden.

Als Tragermetalle kommen z. B. Messing, Neusilber, Kupfer-Beryllium, Kupfer-Chrom oder Kupfer-Zirkon in Betracht. Als Kontaktmetalle werden Reinmetalle wie Silber, Platin und Gold verwendet oder die Legierungen Silber-Kupfer (Hartsilber), Silber-Kadmium, Silber-Platin, Goldlegierungen mit Platin, Silber und Nickel und Platinlegierungen mit Iridium, Ruthenium und Wolfram. Außerdem eignen sich die Verbundmetalle Silber-Nickel, Silber-Eisen und Verbundstoffe wie Silber-Kadmiumoxyd und Silber-Zinnoxyd.

Zum Plattieren benutzt man meistens Platten bis 250 mm Breite, 500 mm Lange und bis 25 mm Dicke. Die Dicke der Edelmetallplatte richtet sich nach der Dicke der Auflage, die nach dem Walzen zwischen 5 und 50 % von der des Unedelmetalls betragt.

11.2 Verfahrenstechnik

Fertigformkontakte aus zwei oder mehr Schichten lassen sich ohne zusatzliche Arbeitsgange durch Pressen und Sintern herstellen. Abb. 180

veranschaulicht die dabei auftretenden Zwischenpositionen eines Preßzyklus.

Zunächst wird der Fülltopf mit dem einen Pulver für die Unterlageschicht in Füllstellung und der Unterstempel von der Auswerfer- in die Füllstellung 1 gebracht. Der Fülltopf mit dem ersten Pulver geht in die Ausgangsstellung zurück. Dann wird der Fülltopf mit dem zweiten Pulver des Kontaktstoffs (meistens eine Pulvermischung) in die Füllstellung gebracht, und das Füllen mit dem zweiten Material geschieht durch Bewegen

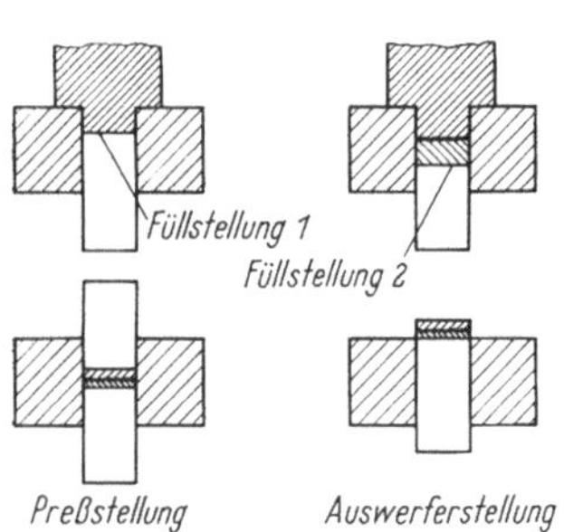

Abb. 180. Preßzyklus mehrschichtiger Fertigformkontakte

Abb. 181. Mit Druckluft gesteuerter Preßautomat mit Doppelfülleinrichtung.

des Unterstempels von der Füllstellung 1 in die Füllstellung 2. Das Fließen des Pulvers kann durch leichte Rüttelbewegungen der Fülltöpfe verbessert werden. Nach Bewegen des Fülltopfs mit dem zweiten Pulver in die Ausgangsposition werden die beiden Pulver durch den Oberstempel aufeinandergepreßt. Der Oberstempel wird wieder gehoben und der Preßkörper ausgestoßen. Der beschriebene Preßzyklus wiederholt sich bei jeder Pressung. Der Preßdruck ist so festzulegen, daß die maximale Sinterdichte erreicht wird. Innerhalb dieses Bereichs wird auf möglichst gleichmäßige Schrumpfung beider Schichten eingestellt, damit die Teile beim Sintern keine Verformung erleiden.

Es ist erwünscht, die Pressung auf konstante Preßdichte auszurichten, damit die Sinterergebnisse nicht von dem geforderten Bereich abweichen. Für das wirtschaftliche Pressen von zweischichtigen Preßkörpern benutzte man einen mit Druckluft gesteuerten Preßautomaten (Abb. 181).

Die Presse besteht aus drei im Bild sichtbaren Platten, die mit zwei Säulen abgestützt sind. Auf der oberen Platte befindet sich der pneumatische Preßzylinder (Tandemkolben), auf der Zwischenplatte ist das Preßwerkzeug montiert. Die unterste Platte tragt die Einstellung der Gesamtfullhohe, die durch Bewegen des Unterstempels uber einen Gewindering mit genauer Teilung verandert werden kann. Der Ausstoßzylinder (in Abb. 181 nicht sichtbar) ist unter dem Pressentisch angebracht. Durch Einstellen eines Anschlags am Fulleinstellzylinder wird die genaue Dicke der ersten Schicht festgelegt. Das Schaltpult (rechts in Abb. 181) enthält eine elektrisch angetriebene Steuerwalze mit Nockenscheiben, wodurch uber Mikroschalter Magnetventile betatigt werden. Die beiden pneumatisch gesteuerten Fulltöpfe sind – wie Abb. 182 zeigt – am Tisch des Preßwerkzeugs angebracht.

Der rechte Fulltopf befindet sich uber der Matrizenöffnung in Fullstellung. Die Pressenleistung wird dem Fullvorgang als langsamstem Vorgang

Abb. 182 Pneumatisch betatigte Fulltopfe fur Zweischichtenfullung

und damit dem Fließverhalten der beiden Metallpulver angepaßt. Bei 6 atü Preßluft betragt die Preßkraft 2 Mp. Mit Mehrfachpreßwerkzeugen arbeitet die Presse besonders wirtschaftlich. Die beiden gemeinsam gepreßten Schichten sind sehr gut verzahnt und nach dem Sintern fest miteinander verbunden. Die Sinterung der zweischichtigen Preßkorper geschieht in einem Temperaturbereich, in dem man die maximale Sinterdichte erhalt.

Die Mehrschichtenkontakte z.B. nach oben beschriebenen Herstellungsverfahren sind fur viele Werkstoffkombinationen anwendbar; von besonderem Wert sind sie jedoch in den folgenden Fallen.

11.3 Besondere Anwendungsgebiete

11.31 Verbundstoffe der Systeme Metall-Metalloxyd und Metall-Metalloid

Die Verbundstoffe Silber-Kadmiumoxyd und Silber-Graphit besitzen die geringe Schweißneigung, jedoch nicht nur auf der Schaltseite, sondern auch auf der Rückseite, die mit dem Trägermetall zu verbinden ist. Da die an der Kontaktseite geforderten Eigenschaften denen an der Löt- oder Schweißseite entgegengesetzt sind, bereitet das Löten oder Schweißen auf den Träger Schwierigkeiten. Der Wunsch nach einem Kontakt, der auf der Kontaktseite gute Kontakteigenschaften und auf der Befestigungsseite gute Löt- oder Schweißeigenschaften hat, läßt sich mit Zweischichtenkontakten erfüllen.

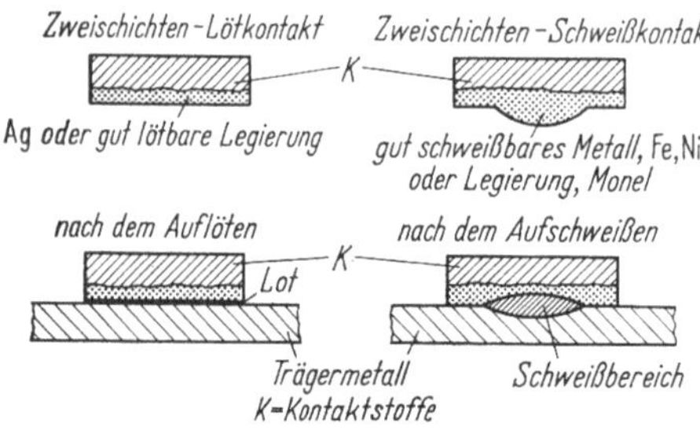

Abb. 183. Zweischichtenkontakte vor und nach dem Löten oder Schweißen.

Abb. 183 zeigt im linken Teil den Zweischichtenlötkontakt vor und nach dem Auflöten; der rechte Bildteil zeigt den Zweischichtenschweißkontakt vor und nach dem Aufschweißen. Als Beispiel ist in Abb. 189 a der Übergang des Kontaktstoffs Ag-SnO_2 90/10 in die Silbersinterauflage im Schliff senkrecht zur Kontaktebene zu erkennen. Die beiden Schichten sind verzahnt und gehen rißfrei ineinander über [*5*]. Durch die Silbersinterauflage erhält die Lötung mit Sicherheit die in der Praxis erforderliche Güte. Außerdem ist bei höheren elektrischen und durch Lichtbogen verursachten thermischen Belastungen des Kontakts eine möglichst große Wärmeableitung des Kontakts zum Kontaktträgermetall gewährleistet. Der Wärmedurchgang durch die einwandfreie Lotschicht hat keine kritische Wärmestauung und damit keine zusätzliche Kontakterwärmung zur Folge [*6*].

Die Herstellung zweischichtiger Fertigformkontakte ist durch die Beherrschung der Granulation nichtfließender Ausgangspulver sowie durch deren optimale Verarbeitung zum Kontakt wirtschaftlich möglich geworden (s. Abschn. 3 u. 10).

11.32 Sinterlegierungen

Ag-Pb mit Ag-Sinterschicht. Silber-Blei der Zusammensetzung 95/5 und 90/10 findet im Kleinschalterbau Verwendung. Im Hinblick auf das Löten wurden auch diese Kontakte zweischichtig mit einer Silbersinterschicht gewählt. Beim Sintern des Ag-Pb/Ag-Preßkörpers diffundiert zwar ein Teil des Bleis in die Silberschicht, doch werden die Löteigenschaften dadurch nicht verschlechtert. Die aus der Kontaktschicht wegdiffundierende Bleimenge wird als Zuschlag berücksichtigt.

11.33 Verbundmetalle

Silber-Nickel/Silber-Kontakte. Bei den bisher beschriebenen Zweischichtenkontakten lag die Trennebene der Schichten parallel zur Kontaktebene. Die Trennebene kann aber auch senkrecht zur Kontaktebene liegen. In Abb. 184 ist ein stabförmiger Fertigformkontakt im Preß-, Sinter- und Nachpreßzustand zu sehen, der aus zwei verschiedenen Kontaktstoffen besteht. Die Abb. 185 zeigt einen Fertigformkontakt aus Ag-Ni 90/10/Ag mit quadratischer Fläche auf den Kontaktträger aus Kupfer gelötet, wie er in Doppelnockenschaltern für Straßenbahnen Verwendung findet.

Abb. 184 Kontakte aus Ag-Ni 90/10 (a) mit Silberkante, von links nach rechts Stäbe im Preß-, Sinter- und Nachpreßzustand.

Mit Hilfe der Silberkante konnten die Lichtbogenlaufeigenschaften an der Ablaufkante des Kontakts verbessert werden, wodurch sich Silber-Nickel im Schaltbereich des Kontakts hinsichtlich der Materialwanderung beim Schalten von Gleichstrom günstig verhält. Dieser zweischichtige Fertigformkontakt wird durch Doppelfüllung der Matrize in zwei getrennte Füllkammern hergestellt, die über die gesamte Füllhöhe mit je einem Pulver gefüllt werden. Nach dem Pressen liegt die gut verzahnte Grenzfläche senkrecht zur Kontaktebene.

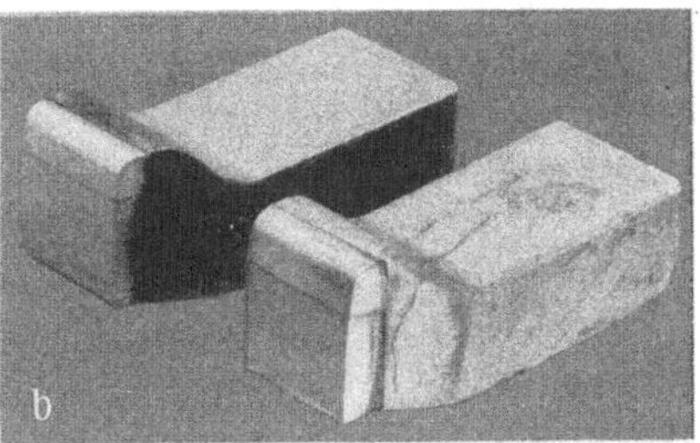

Abb. 185. Fertigformkontakte aus Ag-Ni 90/10 (b) mit quadratischer Fläche nach Hartauflötung auf Kupferträger eines Doppelnockenschalters.

Literatur zu 11

[1] Schreiner, H.: Z. Metallkde. 48 (1957) 187.
[2] Freudiger, E.: Bull. Schweiz. Elektrotechn. Ver. 48 (1957) 873–878 sowie 895 u. 896.
[3] Keil, A.: Werkstoffe für elektrische Kontakte, Berlin/Göttingen/Heidelberg: Springer 1960, S. 278.

[4] SCHREINER, H.: Aufbringen von Kontaktwerkstoffen auf Tragermetalle. Fachbuchreihe Schweißtechnik 17 (1960) 45–50.
[5] SCHREINER, H.: Siemens-Schuckertwerke A G.: O. Pat. 230984 (1963), F. Pat. 1 236 378.
[6] SCHREINER, H., u. F. WENDLER: ETZ-B 14 (1962) 345–348.

12. Aufbringen elektrischer Kontakte

12.1 Übersicht

Die Schaltstucke bestehen meist nicht zur Ganze aus einem Kontaktmaterial, sondern sie sind nur an den Schaltstellen mit dem Kontaktstoff belegt. Je nach Größe und Form werden die Kontakte als Niete, Schrauben, Plattchen oder in Sonderform eingesetzt. Dem Aufbringen der Kontaktstoffe auf die Tragermetalle kommt eine große Bedeutung zu. Bei diesem Vorgang ist besonders darauf zu achten, daß die Kontakteigenschaften nicht verschlechtert werden und die mechanischen Eigenschaften des Tragermetalls nicht unter den Sollwert abfallen. Als Tragermetalle werden neben Kupfer die Kupferlegierungen Bronze, Messing, Kupfer-Beryllium, Kupfer-Chrom und Neusilber benutzt. Durch unsachgemaßes Aufbringen kann ein an sich hochwertiger Kontakt aus einem Sonderwerkstoff in seiner Gute sehr stark abfallen, so daß auf bestimmte Anwendungen gezuchtete Kontakteigenschaften nicht mehr voll zur Wirkung kommen.

Aufbringverfahren und physikalische Vorgänge beim Aufbringen [*1*]. Die Kontaktstoffe konnen nach verschiedenen Verfahren auf das Tragermetall aufgebracht werden. Bei der Wahl des Verfahrens sind Form und Große der Kontakte und des Tragermetalls zu berucksichtigen.

Ein wesentlicher Unterschied bei den einzelnen Verfahren besteht in der Temperatur, die die Teile wahrend des Aufbringens vorubergehend annehmen. Die Metalle haben die Eigenschaft, daß sie plastisch verformt werden können Mit zunehmender Verformung steigen Harte und Zugfestigkeit an, wahrend die Dehnung abfallt. Durch eine Gluhbehandlung werden die kaltverformten Teile wieder weich Die Erweichung wird von einer Rekristallisation begleitet. Diese Erweichung ist insbesondere fur die Kontakttragermetalle unerwunscht, weil sie im weichen Zustand ihre Federeigenschaften verlieren, außerdem eine geringere Festigkeit haben und den mechanischen Beanspruchungen nicht standhalten, d h. entsprechend stark gebaut werden mussen. Die Kontaktstoffe erweichen beim Erwarmen ebenfalls, was insbesondere fur Schwachstromkontakte, die im lichtbogenfreien Gebiet schalten, unerwunscht ist. Fur die Starkstromkontakte, die unter Lichtbogenbildung geschaltet werden, gilt die Erfahrung, daß die Harte des Kontaktmetalls in der Kontaktoberflache sich ohnehin einstellt, entsprechend den hohen Temperaturen durch den Lichtbogenfußpunkt einerseits und der durch den Kontaktdruck bewirkten örtlichen Verformung bzw. der damit verbundenen Verfestigung andererseits.

Metallbindungen zwischen Kontakt- und Trägermetallen. Bindungen zwischen den Atomen der beiden Metalle können durch Aufeinanderdrücken oder durch Erwärmen beider Metalle hervorgerufen werden.

Durch *Druck* müssen die Gitterbausteine des Kontaktstoffs und des Trägermetalls so weit angenähert werden, daß die anziehenden Kräfte zwischen den Atomen wirksam werden. Der Wirkungsbereich eines Atoms beträgt etwa zehn Atomradien. In den meisten Fällen ist dabei eine gleichzeitige Verformung beider Metalle erforderlich. Obwohl der Vorgang ohne äußere Wärmezufuhr stattfindet, treten während der Verformung zumeist örtlich beträchtliche Erwärmungen auf, ohne daß jedoch das gesamte Metallstück sich nennenswert erwärmt. Dieses Aufbringen durch Druck unter gleichzeitiger plastischer Verformung bezeichnet man als Kaltpreßschweißen.

Die zweite Möglichkeit besteht darin, Metallbindungen zwischen zwei aufeinandergedrückten Metallstücken durch Wärme zu erreichen. Mit zunehmender Temperatur machen die Metallatome im Gitter immer stärkere periodische Bewegungen. Die Energieverteilung der Atome läßt sich mit statistischen Methoden berechnen. Ein Anteil der Atome hat eine so hohe Energie, daß die Atome sich aus der um einen Mittelpunkt schwingenden periodischen Bewegungen lösen können, um im Gitter eine aperiodische Bewegung auszuführen. Diesen Vorgang bezeichnet man als Gitterdiffusion der Metallatome. Die Diffusion kann auch entlang der Korngrenze oder entlang der Oberfläche stattfinden. Dieser Massentransport durch Diffusion ist für die Aufbringverfahren durch Wärme wesentlich. Die Diffusion läßt sich durch die beiden Fickschen Gesetze beschreiben:

$$m = -q D \frac{\mathrm{d} c}{\mathrm{d} x}, \tag{47}$$

worin m die in der Zeiteinheit durch den Querschnitt q diffundierende Menge, x die Wegkoordinate, $\mathrm{d}c/\mathrm{d}x$ das Konzentrationsgefälle und D der Diffusionskoeffizient sind.

Den Zusammenhang zwischen der Konzentration c, der Wegkoordinate und der Zeit t gibt die partielle Differentialgleichung zweiter Ordnung, das 2. Ficksche Gesetz:

$$\frac{\partial c}{\partial t} = D \frac{\partial^2 c}{\partial x^2}. \tag{48}$$

Sie ist abhängig vom Diffusionskoeffizienten, der Temperatur und der Zeit. Gelegentlich genügt es, die mittlere Eindringtiefe abzuschätzen, was mit Gleichung

$$\bar{x}^2 = 2Dt, \tag{49}$$

$$D = \frac{\bar{x}^2}{2t} \tag{50}$$

möglich ist. $\bar{x}$ ist die mittlere Verschiebung aller diffundierten Atome und entspricht ungefähr der mittleren Eindringtiefe. Aus der Diffusionszeit und der mittleren Eindringtiefe kann der Diffusionskoeffizient größenordnungsmäßig bestimmt werden. Der Diffusionskoeffizient ist nach Gl. (51)

$$D_t = D_0\, e^{-\frac{Q}{RT}} \tag{51}$$

von der Temperatur abhängig, d.h., die Diffusionsgeschwindigkeit nimmt mit der Temperatur T nach einer logarithmischen Funktion zu. Dabei ist Q die Ablösearbeit.

Die beschriebenen Vorgänge liegen dem Aufbringen der Kontakte durch *Schweißen* und durch *Löten* zugrunde. Der Unterschied zwischen beiden Verfahren besteht darin, daß beim Schweißen nur eine Diffusionszone gebildet wird, die lediglich aus den Kontakt- und Trägermetallen besteht, während beim Löten ein niedriger schmelzendes Lot verwendet wird und dabei zwei verschiedene Diffusionsschichten entstehen, eine gegen das Kontaktmetall und die zweite gegen das Trägermetall. Häufig sind die Diffusionszeiten so kurz, daß die Diffusionsschichten im Querschliff lichtoptisch gar nicht sichtbar sind. Bei geeigneten Diffusionsbedingungen sind sie im Querschliff auch makroskopisch zu sehen. Die *Kombination von Wärme und Druck* beim Aufbringen wird beim Schweißplattieren angewendet. Dabei werden die reinen Oberflächen der ebenen Platten bei Temperaturen nur wenig unterhalb des Schmelzpunkts des niedriger schmelzenden Metalls unter hohem Druck aufeinandergepreßt. Das Schweißen erfolgt unter Luftabschluß oder unter Schutzgasatmosphäre, wodurch Oxydation vermieden wird. Die geschweißten Platten werden auf das gewünschte Maß gewalzt oder gezogen. Hauptsächlich werden Bleche mit ein- oder beidseitigen Edelmetalleinlagen verwendet, aus denen die Teile ausgestanzt werden. Nach der Kaltverformung befinden sich Kontaktstoff und Trägermetall im Zustand hoher Härte.

12.2 Mechanische Befestigung der Kontaktmetalle

Kleine Kontakte werden, insbesondere beim Aufbringen auf federharte Metalle, mechanisch befestigt, und zwar durch Nieten, Schrauben oder Einpressen. Diese Vorgänge erfordern keine Temperaturerhöhung, so daß die elastischen Eigenschaften und die Härte des Kontakt- und Trägermetalls erhalten bleibt. Im Falle einer plastischen Verformung, z.B. beim

Nieten, kann die Harte sogar ansteigen. Bei der mechanischen Befestigung entstehen zwar metallische Beruhrungsflachen, die eine Strom- und Warmeleitung zulassen, jedoch treten zwischen den Gitterbausteinen der Kontakt- und Trägermetalle *keine* Metallbindungen auf.

12.3 Löten

Zum Befestigen der Kontaktmetalle auf dem Tragermetall verwendet man weitgehend das Hartloten. Kontakt- und Tragermetall werden auf Arbeitstemperatur erhitzt, wobei das Lot schmilzt und den Spalt zwischen beiden Metallen ausfüllt. Das vorubergehend flussige Lot diffundiert sowohl in das Kontaktmetall als auch in das Tragermetall. Wie schon erwahnt, sind die Dicken dieser Schichten vom Diffusionskoeffizienten, von der Temperatur und von der Zeit abhangig. Der Diffusionskoeffizient ist fur die vorgegebenen Metalle bzw. Legierungen eine festgelegte Größe. Die Arbeitstemperatur liegt fur eine vorgegebene Lotzusammensetzung ebenfalls fest. Es ist darauf zu achten, daß unnötiges Überhitzen vermieden wird. Die Diffusionszeiten, d.h. die Zeit, wahrend der sich die Teile auf Löttemperatur befinden, unterscheiden sich bei den verschiedenen Lotverfahren erheblich, je nachdem, wie die Warmezufuhr erfolgt (Tab. 27).

Tabelle 27. *Diffusionszeit in Abhangigkeit von der Art der Warmezufuhr*

Warmezufuhr	Diffusionszeit s
Direkter Stromdurchgang (Widerstandserwarmung)	10^{-2}–1
Hochfrequenz (Wirbelstromerwarmung)	10^{-2}–10
Flamme	10–10^{2}
Schutzgasofen	10^{2}–10^{3}

Den unterschiedlichen Diffusionszeiten der Tab. 27 entsprechend, treten sehr verschieden dicke Diffusionsschichten auf. Bei den kurzen Zeiten, wie sie beim Löten durch direkten Stromdurchgang oder bei der Hochfrequenzerhitzung auftreten konnen, sind die Diffusionsschichten im Querschliff lichtmikroskopisch nicht immer zu beobachten Die dicksten Diffusionsschichten erhalt man bei der Ofenlötung (750 °C während 30 min), wie sie in Abb. 186 im Querschliff zu sehen ist. Die Diffusion im flussigen Zustand im Lot (Legieren) und die Diffusion im festen Zustand gegen Silber (Kontaktmetall) und auch gegen Kupfer (Trägermetall) ist schon so weit fortgeschritten, daß keine Lotschicht der ursprunglichen Lotzusammensetzung mehr sichtbar ist. Die Pfeile im Bildrand zeigen die verschiedenen Diffusionsschichten. Bei den üblichen Flammlötungen sind die Diffusionszeiten gegenuber den Schutzgaslotungen kurzer und die Diffusionsschichten entsprechend dunner. In Abb. 187 wird der Schliff einer Lötung durch Hochfrequenzerhitzung bei 700 °C wahrend 2 s im Querschliff gezeigt. Die Diffusionsschichten des Lots gegen Ag-Ni 90/10 bzw. gegen Messing sind etwa 3 µm dick. Wahrend das Lot flüssig ist, sind in die

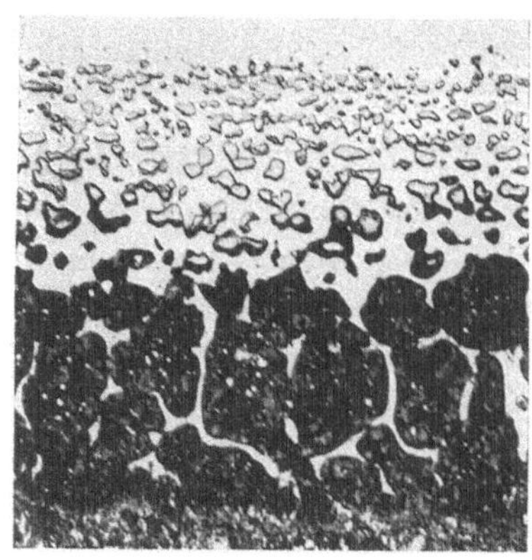

300:1

Abb 186. Ofenlotung unter Schutzgas von Silber auf Kupfer, Lottemperatur 750 °C, 30 min.

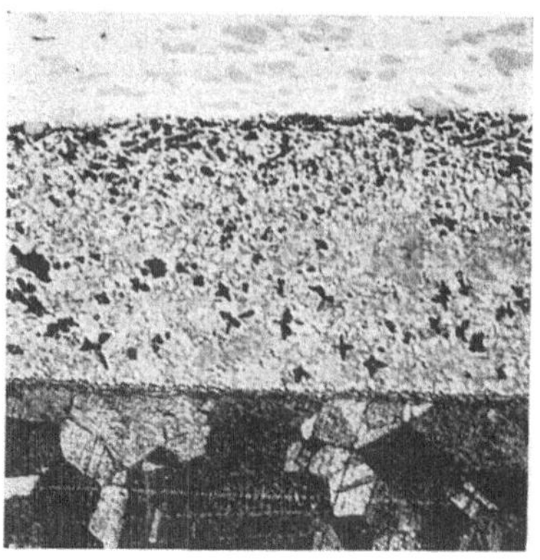

300 1

Abb. 187. Lotung mit Hochfrequenzerhitzung von Ag-Ni 90/10 auf Messing. Lottemperatur 700 °C, 2 s

Lotschicht Nickelteilchen eingedrungen, die im Bild dunkel erscheinen. Die Dicke der Lotschicht betragt 36 µm. Wesentlich dunner ist die Lotschicht (dunner als 2 µm) bei einer Lötung mit Widerstandserhitzung. Den Querschliff und die Strombedingungen zeigt Abb. 188 Die Kontakte wurden mit einer Lotzwischenlage versehen und wahrend der Lotung mit 500 kp aufeinandergedruckt. Die Diffusionsschichten sind ebenfalls etwa 2 µm dick. Sie treten nur stellenweise auf und können mit Hilfe der Mikroharte identifiziert werden, da sie harter als die beiden Metalle Silber und Kupfer sind. Der Warmeubergang bei der in Abb. 188 gezeigten Lotschicht ist gunstiger als bei den in Abb. 186 und Abb. 187 gezeigten Lotschichten. Außerdem treten bei so dunnen Lotschichten Lotfehler nur in geringem Maße auf.

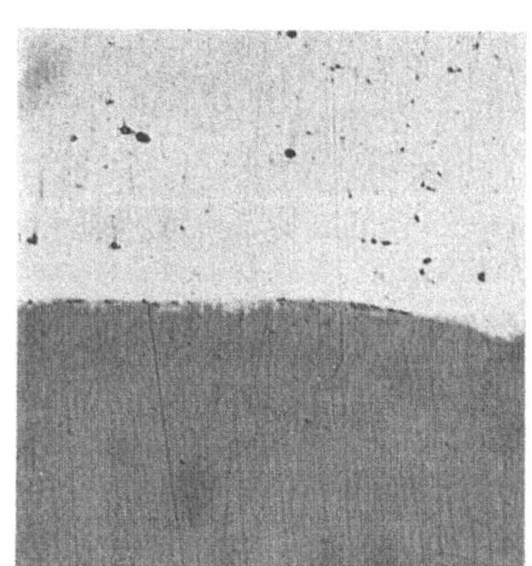

300 1

Abb 188 Lotung mit Widerstandserhitzung von Silber auf Kupfer, Lottemperatur 650 °C, Strom 55 kA, 50 Perioden, 1 s Anpreßdruck $P = 500$ kp.

Als Lote kommen Metalle und Legierungen in Frage. Die elektrischen Kontaktmetalle werden meist mit Silberlot unter Verwendung von Flußmitteln oder mit phosphorhaltigem Silberlot ohne Flußmittel gelötet. Die Silberlote sind Legierungen der Elemente Silber, Kupfer, Zink, Kadmium, Zinn, Mangan, Nickel und Phosphor Die Zusammensetzungen der Silberlote zum Hartloten von Edelmetallen und Anwendungsbeispiele sind in DIN 1735, der Silberlote fur Schwermetalle und Eisenwerkstoffe in DIN 1734 enthalten. Das gebrauchliche Silberlot 45 (LAg 45) enthalt z.B. 44 bis 46% Silber, 18 bis 22% Kadmium, 19% Kupfer und 13 bis 19% Zink. Die Arbeitstemperatur liegt bei 620 °C, also oberhalb der beginnenden Verfestigung der Legierung, bei der das Lot noch genugend dunnflussig ist. Fur Silber und Silber-Nickel auf Kupfer und Messing brachte auch phosphorhaltiges Silberlot gute Ergebnisse, ohne daß bisher eine Sprödigkeit der Lotschicht Storungen verursacht hat.

Das Lot wird als Draht oder Folie verwendet, oder es wird auf den Kontakt plattiert. Haufig wird das Lot auf dem Tragermetall geschmolzen und der Kontakt aufgelegt. Man kann es auch bei aufgelegtem Kontakt von der Seite in den Spalt einlaufen lassen („einschießen"). Der Spalt zwischen Kontakt- und Tragermetall soll möglichst eng sein (nicht großer als 0,1 mm).

Die Verbundstoffe mit Metalloxydzusatzen lassen sich nicht so gut löten, da das Lot diese Oberflachen schlechter benetzt. Diese Kontaktstoffe werden mit einer 20 bis 200 μm dicken Silberschicht versehen und

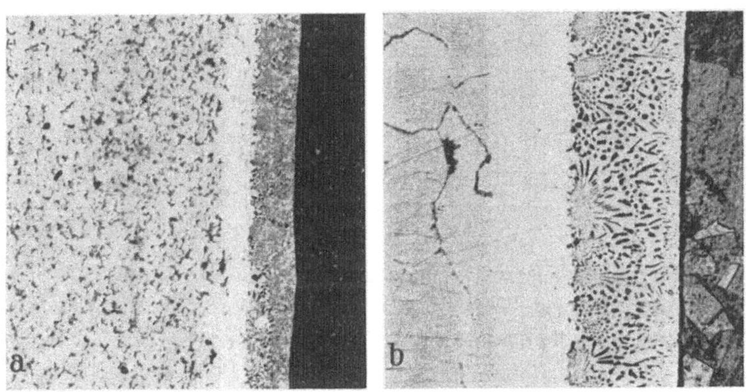

Abb. 189 a u. b Loten von Silber-Metalloxyd-Verbundstoffen.
a) Querschliff durch die Hartlotung von Silber-Zinnoxyd$_2$ mit Silbersinterauflage auf Kupfer, b) Querschliff durch die Hartlotung von Silber-Kadmiumoxyd mit Silber-Kadmium-Schicht auf Kupfer.

können dann wie Silber gelötet werden. In Abb. 189a wird der Querschliff durch eine Lotung eines Zweischichten-Verbundstoffs aus Silber-Zinnoxyd, mit einer Silberschicht, auf Kupfer gezeigt. In Abb. 189b ist der Querschliff einer Lotung eines Silber-Kadmiumoxyd-Verbundstoffs wiedergegeben. Der Verbundstoff ist durch innere Oxydation hergestellt. An die Silber-Kadmiumoxydschicht (in Abb. 189 b links) schließt eine Zwischenschicht der nicht oxydierten Silber-Kadmium-Legierung an, die gute Löteigenschaften besitzt. Bei der Herstellung dieses Kontaktmaterials wird, ausgehend von einer Silber-Kadmium-Legierung, die innere Oxydation nach der erwunschten Oxydationstiefe unterbrochen und der beiderseitig oxydierte Streifen in der Mitte der verbleibenden Silber-Kadmium-Legierung getrennt.

3 1

Abb. 190. Prufung der Hartlotung eines Kontaktes nach der Kreuzschnittprobe.

Hochwolframhaltige Abbrennkontakte werden mit Silber oder Kupfer hintergossen.

Bei der Lötung auftretende Fehler werden hauptsachlich durch Verunreinigungen in den Lotflachen, durch Blasen in der Lotschicht und durch sprode Phasen in der Diffusionsschicht hervorgerufen. Durch geeignete Lötmaßnahmen, wie reine und fettfreie Oberflachen, Verwendung von Flußmitteln, Verschieben des Kontakts, wahrend das Lot flussig ist, Anwendung von Ultraschall, Einschießen des Lots von einer Seite und richtige Löttemperatur, d h. Vermeiden des Überhitzens, werden Lotfehler vermieden.

Die zerstörungsfreie Prufung der Lötungen ist mit Ultraschall möglich, wobei im Ultraschallspektrum Fehler in der Lotschicht, wie z. B. Blasen, angezeigt werden.

Eine anschauliche und sichere Beurteilung ermoglicht das kreuzweise rasterformige Durchsagen des Kontaktmaterials bis zum Tragermetall, so daß kleine Wurfel stehenbleiben, deren Festigkeiten mit der Hand oder mit der Prufmaschine einzeln gepruft werden (Abb 190). Die Flache der herausbrechenden Kontaktteile wird bestimmt. Ist dieser Teil großer als 25%, so ist die Lotung unbrauchbar.

12.4 Kaltpreßschweißen

Beim Kaltpreßschweißen werden die Bindungen zwischen den Atomen der beiden Metalle lediglich durch Druck ohne außere Warmezufuhr unter gleichzeitiger plastischer Verformung in der Grenzflache hergestellt. Mit örtlichen Erwarmungen, insbesondere in der sich verformenden Grenzflache, ist zu rechnen. Abb 191 zeigt die Vorgange bei Rund- und Flachmaterial. Wesentlich ist dabei die Verformung in der Grenzflache, die als Flachenzunahme in Prozenten angegeben wird: $\alpha = \Delta F/F_0 \cdot 100$; $\Delta F = F_v - F_0$. Dabei ist ΔF die Flachenvergroßerung der Schweißstelle, F_0 die ursprungliche Flache vor der Verformung und F_v die Schweißflache nach der Verformung. Gelegentlich wird die Verformung auch auf die verformte Flache bezogen und als $\beta = \Delta F/F_v$ angegeben [2], jedoch sind die α-Werte anschaulicher. Die Oberflachen werden zuvor von Fremdschichten gereinigt. Durch Erwarmen im Vakuum entgaste und gereinigte Flächen brachten bei der Kaltpreßschweißung insbesondere an Silber

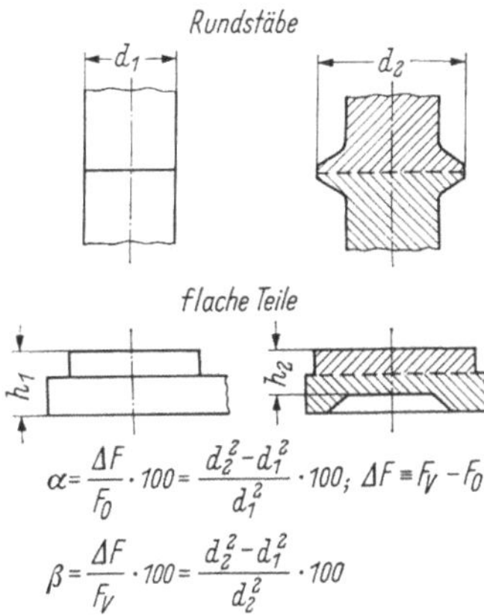

Abb. 191. Kaltpreßschweißen von Metallen.

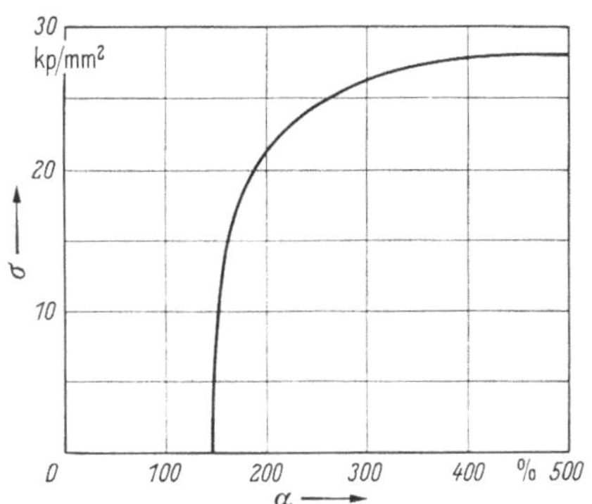

Abb 192. Zugfestigkeit von Kaltschweißungen in Abhangigkeit von der Verformung. Schweißung Kupfer auf Kupfer.

und Kupfer bisher keine Vorteile [3]. Fur Kontaktstoffe Silber-Kupfer, Silber-Nickel, Silber-Kadmium und die Tragermetalle Kupfer, Aluminium, Bronze und Messing liegen die Verformungen α zwischen 200 und 400%. Dabei wurden die zu schweißenden Flachen mit einer rotierenden Metallburste gereinigt und entfettet. Die Gute der Bindungen in der Schweißflache wird durch anschließenden Zerreißversuch ermittelt. Tragt man die Zugfestigkeit uber der Verformung auf, so erhalt man den in Abb. 192 dargestellten Kurvenverlauf. Fur eine meßbare Bindung ist eine Mindestverformung erforderlich. Mit steigendem α nimmt die Festigkeit der Schweißflache anfangs stark zu und nahert sich dem Grenzwert. Die Lage des σ-Anstiegs im Diagramm ist sehr stark von der Beschaffenheit der zu schweißenden Oberflachen abhängig. Oxyd- bzw. Fremdschichten auf den Oberflachen verschieben die Kurven nach rechts zu großeren α-Werten, weitgehend reine Oberflachen verschieben die Kurve nach links zu kleineren α-Werten. Die chemischen Reaktionen der Metalloberflache mit den umgebenden Gasen und Dampfen können durch Edelmetallüberzüge herabgesetzt werden. Bei Vergoldung der Schweißflächen findet bereits bei α-Werten von etwa 50 % ein Verschweißen der Flächen statt. Die weitere Entwicklung läuft in der Richtung der Oberflächenbehandlung der zu schweißenden Flächen, um mit möglichst kleiner Verformung eine hohe Festigkeit der Grenzfläche zu erreichen

Abbranduntersuchungen mit Schaltstücken aus Kupfer mit kaltpreßgeschweißter Silberauflage ergaben sowohl bei Gleichstrom als auch 50-Hz-Wechselstrom teilweise bis vollständige Ablösungen der Silberauflagen. Demgegenüber zeigten Vergleichsschaltstücke mit hartgeloteter Silberauflage keine Ablösung.

Es ist noch nicht abzusehen, ob und bei welchen Kontakten das Verfahren technisch Anwendung finden wird.

12.5 Schweißen

Beim Schweißen entstehen die Bindungen meist zwischen den Atomen der beiden Metalle – Kontakt- und Trägermetall – durch Wärme. Die sich bildende Diffusionsschicht kann zwar einen niedrigeren Schmelzpunkt als die beiden zu schmelzenden Metalle haben, doch muß betont werden, daß keine niedrigschmelzenden Legierungen zugesetzt werden dürfen, da es sich ansonsten um Löten handelt [*4*]. Die Wärmezufuhr erfolgt beim Schweißen von Kontakten ausschließlich durch direkten Stromübergang. Dabei ist man bestrebt, daß die Wärme möglichst in den zu schweißenden Flächen entsteht [*5*].

Das Punktschweißen, bei dem zwischen stiftförmigen Elektroden die zu verbindenden Teile während eines kurzzeitigen Stromstoßes zusammengedrückt werden, läßt sich nicht anwenden. Bei den Kontakt- und Trägermetallen mit hoher elektrischer und Wärmeleitfähigkeit, wie z.B. Silber und Kupfer, ist eine Erhöhung des Kontaktwiderstands zwischen den zu schweißenden Flächen zweckmäßig und gelegentlich notwendig. Die Erhöhung des Kontaktwiderstands kann durch Verwendung von Engstellen erreicht werden, indem eine oder beide Flächen mit einer oder mehreren Warzen oder einem geprägten Raster oder mit einem Krümmungsradius versehen werden. Diese Technik wird beim Buckel- oder Warzenschweißen für verschiedene Metalle angewendet [*6*]. Gegenüber dem Punktschweißen verwendet man beim Warzenschweißen großflächige Elektroden. Eine weitere Möglichkeit zur Erhöhung des Kontaktwiderstands besteht in der Verwendung von Fremdmetallen oder Legierungen mit einer geringeren Leitfähigkeit als die der zu schweißenden Metalle. Als Schweißen ist ein Vorgang zu bezeichnen, bei dem die Schmelztemperaturen der benutzten Fremdmetalle oder Legierungen gleich oder höher sind als die Schmelztemperaturen der zu schweißenden Metalle. Das Fremdmetall kann in Form einer Folie zwischen die zu schweißenden Flächen gelegt werden, oder es wird zuvor auf eine oder beide Flächen nach einem der bekannten Verfahren, wie Aufplattieren, Aufdampfen oder Galvanisieren, aufgetragen. Im folgenden wird über die Erhöhung des Kontaktwiderstands durch Engstellen berichtet.

Warzenschweißen von Silber auf Kupfer. Bei Silber und Kupfer sind eine oder mehrere künstliche Stromengen erforderlich, die durch Warzen auf einem der beiden Metalle erzeugt werden. Die Kontakte sind 10 mm im Durchmesser und 4 mm dick. Die Warzen haben die Form eines Kegelstumpfs und etwa folgende Größe: Durchmesser 3 bis 5 mm, Höhe 0,3 bis 0,6 mm. Die Abmessungen der Warze richten sich nach der Härte des Kontakt- und Trägermetalls. Beim Schweißen werden je nach Größe der Kontakte Ströme von 30 bis 60 kA verwendet. Beide Metalle müssen mit etwa 300 kg aufeinandergedrückt werden, da sie bei kleinerem Druck verspritzen. Der Anpreßdruck muß von der Warze ohne Verformung aufgenommen werden. Für die Schweißung sind die Größe des Schweißstroms (kA), der Stromanstieg, die Stromzeit und das Druckprogramm, d.h. der Druck vor, während und nach dem Schweißen, von Einfluß. Für jede dieser Einflußgrößen lassen sich Bereiche angeben, in denen einwandfreie Schweißungen möglich sind. Für den Schweißstrom ist die untere Grenze dadurch festgelegt, daß beim Unterschreiten keine Bindung entsteht, und die obere Grenze, daß beim Überschreiten beide Metalle explosionsartig aus den Engstellen herausgeschleudert werden. Je höher der Druck, um so höher liegt die zulässige obere Stromgrenze. Andererseits ist der Druck nach oben durch die bereits erwähnte plastische Verformung der Warze begrenzt. Die Stromzeit ist ebenfalls von Einfluß. Wesentlich

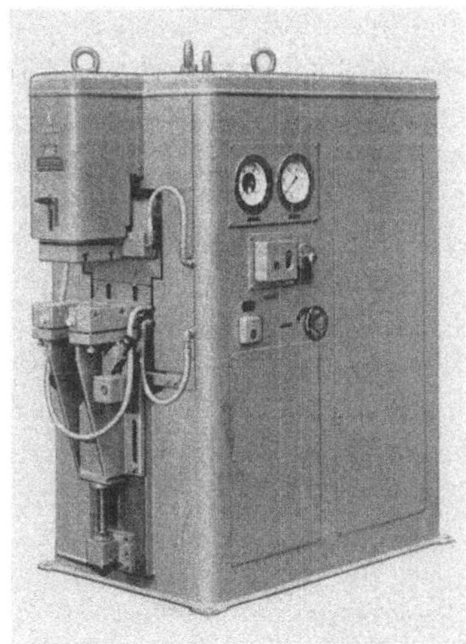

Abb. 193. Buckelschweißmaschine mit Sondertisch.

Abb. 194. Buckelschweißmaschine mit zwei Druckbereichen.

sind die ersten beiden Perioden. Wahrend dieser Zeit wird die Warze erwärmt, unter dem bestehenden Druck verformt und der Engewiderstand verkleinert. Lange Stromzeiten erwarmen unnotig und setzen die Harte herab, ohne ein weiteres Verschweißen zu bewirken.

Die Schweißungen wurden mit den in Abb 193 und Abb 194 gezeigten Schweißmaschinen durchgefuhrt. Dabei zeigte sich auf den Oszillogrammen, daß die erste Periode eine Stromspitze aufweist. Unter diesen

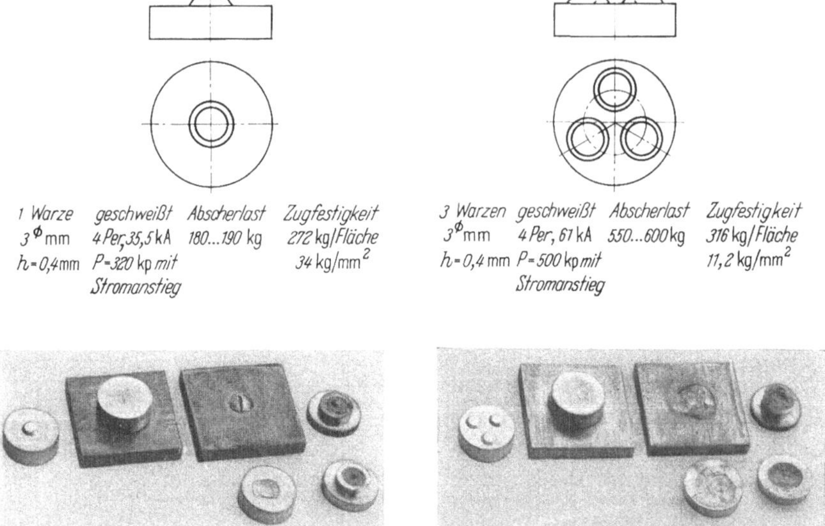

Abb. 195. Schweißen von Kontakten auf Tragermetalle; Silber auf Kupfer.

Schweißbedingungen konnten nur in einem ganz engen Bereich gute Schweißungen erhalten werden, wobei bereits die Schwankungen in der Netzspannung Störungen verursachten. Die auftretende Stromspitze konnte dadurch unterdruckt werden, daß mit Stromanstieg geschweißt wurde. Durch diese Maßnahme gelang es, den Arbeitsbereich so zu erweitern, daß auch bei Netzschwankungen serienweise einwandfreie Schweißungen erhalten wurden. Abb. 195 zeigt das Einfach- und Mehrfach-Warzenschweißverfahren am Beispiel Silber auf Kupfer. Die Bruchflachen und die damit errechneten Zugfestigkeiten konnten nur ungefahr ermittelt werden. Wesentlich ist, daß der Bruch nicht in der Schweißstelle, sondern daneben im Silber erfolgt ist.

In der Schweißfläche konnte zwischen Silber und Kupfer eine bis 40 µm starke Schicht nachgewiesen werden, die wesentlich harter ist als Silber und Kupfer (Abb. 196).

Die Schicht ist auch mikroskopisch sichtbar. Sie ist ein Nachweis dafür, daß beim Aufschweißen des Silberkontakts auf den Kupferträger die Grenzfläche kurzzeitig aufgeschmolzen worden ist.

Silber auf Kupfer ist wegen der hohen Leitfähigkeiten dieser Metalle am schwersten zu schweißen. Kontaktmetalle mit niedrigerer Leitfähigkeit als Silber und Trägermetalle mit kleinerer Leitfähigkeit als Kupfer können leichter verschweißt werden.

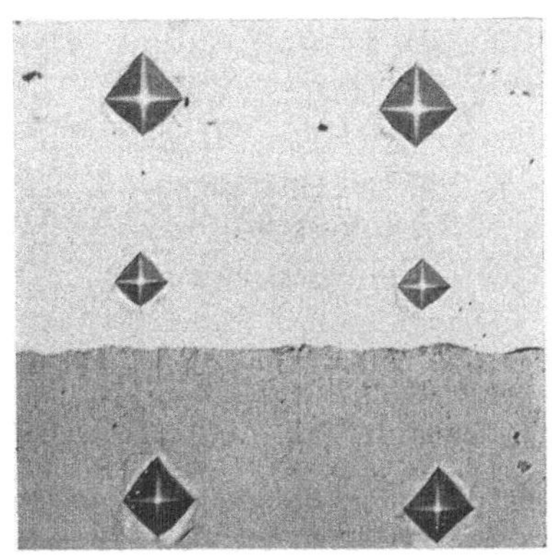

350 : 1

Abb. 196 Silber auf Kupfer geschweißt; Härteeindrücke, Querschliff.

Flächenschweißen von Kontaktmetallen auf Kupferlegierungen

Messing. Beim Schweißen von Silber auf Messing erhält man bei drei Warzen eine Abscherlast von 604 kp. Aus Abb. 197a ist zu ersehen, daß die Silberwarzen in das Messing eingedrückt werden und das Verschweißen zum Teil auch in der inneren Fläche zwischen den Warzen erfolgt. Der Bruch verläuft bei den Warzen im Silber und im inneren Bereich im Messing.

Beim Messing ist es nicht notwendig, Stromengen in Form von Warzen zu verwenden. Wegen seiner geringen elektrischen Leitfähigkeit läßt es sich mit Silber auch verschweißen, wenn die ebenen Flächen beider Metalle aneinandergedrückt werden und ein Stromstoß 4 bis 6 Perioden, 50 kA darüber fließt. Die Ergebnisse zeigt Abb. 197b. Die Schweißfläche beträgt 65 % und die Abscherlast liegt mit 692 kp, deutlich höher als bei der Warzenschweißung.

Abb. 197a u. b Schweißen von Kontakten auf Trägermetalle, Silber auf Messing, a) drei Warzen, b) ebene Flächen.

Bronze. Bronze als Trägermetall läßt sich noch leichter mit den üblichen Kontaktmetallen verschweißen, wobei der Arbeitsbereich größer ist. Bei zu hohem Schweißstrom neigt Bronze weniger zum Spritzen als Messing. Bei Silber auf Bronze, mit 52 kA, 4 Perioden, Stromanstieg und 500 kp Preßdruck geschweißt, betrug die Abscherlast bei Verwendung von drei Warzen 698 kp. Beim Flächenschweißen ohne Warzen mit

64,5 kA, 4 Perioden und 500 kp Preßdruck wurden Abscherlasten von 796 kp gemessen. Die Schweißfläche betrug beim Flächenschweißen über 90%. Aus diesen Daten ist der verhaltnismaßig breite Arbeitsbereich ersichtlich.

In Entwicklung befindliche Verfahren. Neben diesen Schweißverfahren wurden mit den Kontaktmaterialien und Tragermetallen hoher Leitfahigkeit auch andere Schweißverfahren untersucht, die eine Verschweißung der ganzen Flache zum Ziel haben Dabei wird eine kleine zentrale Warze durch einen hohen Strom verdampft, und ein zwischen dem Kontakt und Tragermetall entstehender Lichtbogen verschweißt die gesamte Flache. Bei diesem Verfahren müssen die Kontakte und das Trägermetall an den Elektroden befestigt werden.

Literatur zu 12

[1] SCHREINER, H.: Aufbringen von Kontaktwerkstoffen auf Tragermetalle, Fachbuchreihe Schweißtechnik, Bd. 17 (1960) S. 45–50.

[2] HUGHES, J. E.: Metallurgia 50 (1954) 15–19.

[3] HOFMANN, W., u. H. J. SCHUELLER: Z. Metallkde. 49 (1958) 302–311.

[4] SCHIMPKE, P., u. H. A. HORN: Praktisches Handbuch der gesamten Schweißtechnik, Bd 1 u. 2, Berlin/Gottingen/Heidelberg: Springer 1948, 1950.

[5] SUDASCH, E.: Schweißtechnik, Munchen: Hanser 1950.

[6] BRUNST, W.: Das elektrische Widerstandsschweißen, Berlin/Gottingen/Heidelberg: Springer 1952.

Schlußwort

Stromkreise konnen außer durch bewegliche elektrische Kontakte auch „kontaktlos“ durch ruhende Bauelemente ein- und ausgeschaltet werden.

Fur das kontaktlose Schalten werden schon seit Jahrzehnten Hochvakuumrohren, gas- oder dampfgefullte Rohren und Magnetverstarker verwendet. Diese Gerate erfullen die folgenden an einen idealen Schalter gestellten Forderungen nur zum Teil: im Sperrzustand unendlich hoher Widerstand, im Durchgangszustand sehr kleiner Widerstand, kurze Schaltzeiten, geringe Steuerleistung, unempfindlich gegen Temperaturerhohung und Atmospharilien, Stoß, hohe Schalthaufigkeit und Lebensdauer, Überlastbarkeit und kleiner Raumbedarf. Durch die Reindarstellung und Dotierung der Halbleiter Si und Ge gelang es durch Erkenntnisse der Stromleitung mit aufeinander folgenden p- und n-leitenden Schichten Ventile mit kleinen Abmessungen und hohem Wirkungsgrad herzustellen [*1*]. Die Transistoren mit p-n-p-Schichten ermöglichen eine bemerkenswerte Leistungsverstarkung und werden als Steuer und Schaltelemente eingesetzt [*2* bis *5*]. Die Si-Stromtore mit p-n-p-Schichten zeigten ein ahnliches Verhalten wie ein Thyratron. Die

Halbleiterbauelemente werden fur die verschiedensten Steuerungen eingesetzt [*6* bis *9*]. Durch die mit einigen 100 A belastbaren Stromtore wird die Anwendung kontaktloser Schalter auch fur den Starkstromsektor erschlossen. Durch Parallelschaltung mehrerer Stromtore konnen schon Strome von 1000 A und daruber geschaltet werden. Diese Halbleitertechnik wird fur kontaktlose Schalter Anwendungsbereiche finden, bei denen bisher Schaltkreise mit beweglichen Kontakten verwendet wurden.

So lassen sich zum Beispiel in der Autoelektrik mit Kontakten arbeitende Gerate durch Schaltungen mit Halbleiterbauelementen ersetzen; z.B. werden die Kontakte fur Zundunterbrecher, Schalter zur Stromregulierung der Lichtmaschine und Zerhacker zuruckgehen. Dafur enthalten die Halbleiterbauelemente als Tragerplatte fur die Halbleiterscheibe Sinterteile aus Molybdan oder Wolfram.

Neben dem kleinen Raumbedarf, der hohen Lebensdauer, der kürzeren Schaltzeiten wird die Betriebssicherheit fur den Einsatz kontaktloser Schalter ausschlaggebend sein Aus Wirtschaftlichkeitsgrunden kommen die Anwendungsbereiche in Betracht, bei denen die hoheren Kosten gerechtfertigt erscheinen.

Literatur zum Schlußwort

[*1*] Spenke, E.: Elektronische Halbleiter Berlin/Gottingen/Heidelberg: Springer 1955.
[*2*] Lichling, G , u E Rohloff: Siemens-Z. (1957) 497–501.
[*3*] Sickling, G.: ETZ-A 79 (1958) 492
[*4*] Walk, K : Regelungstechn Prax 1 (1959) H 4, 112–114.
[*5*] Fritzsche, W : AEG-Mitt 50 (1960) H. 1/2, 15–19.
[*6*] Zenneck, H., u. M. Zscherniak. Siemens-Z. (1959) 593-598.
[*7*] Weitbrecht, W : ETZ-A 81 (1960) 889–895.
[*8*] Jotten, R.: AEG-Mitt 50 (1960) H. 6/7, 285–287.
[*9*] Keller, H., u G. Wieczorek· Frequenz 15 (1961) 33–39.

Namenverzeichnis

Sachverzeichnis

721/49/63

Berichtigung

S. 29, 3. Z. v. u.:	statt installographischer **lies** metallographischer
S. 33, 12. Z. v. o.:	statt Kornanalyse **lies** Teilchenanalyse
S. 40, 18. Z. v. o.:	statt Korngröße **lies** Teilchengröße
S. 52, Gl. (31)	statt v_{P_s} **lies** v_{P_Σ}
S. 71, 7. Z. v. u.:	statt Innoern **lies** Inneren
S. 143, 10. Z. v. u.:	statt Auflösung **lies** Auflötung
S. 229, Literatur [*6*]:	statt ZSCHERNIAK **lies** TSCHERMAK
S. 232, Namenverz.:	statt Zscherniak **lies** Tschermak

Schreiner, Pulvermetallurgie